机器人学译丛

[新西兰] 克里斯托夫 · 巴特内克（Christoph Bartneck）
[比] 托尼 · 贝尔帕梅（Tony Belpaeme）
[德] 弗里德里克 · 埃塞尔（Friederike Eyssel）
[日] 神田崇行（Takayuki Kanda）
[新西兰] 梅雷尔 · 凯瑟斯（Merel Keijsers）
[美] 塞尔玛 · 萨巴诺维奇（Selma Šabanović）
著

刘伟 牛博 王小凤 罗昂 瞿小童　等译

人-机器人交互导论

HUMAN-ROBOT INTERACTION

AN INTRODUCTION

机械工业出版社
CHINA MACHINE PRESS

图书在版编目（CIP）数据

人 - 机器人交互导论 /（新西兰）克里斯托夫·巴特内克（Christoph Bartneck）等著；刘伟等译. -- 北京：机械工业出版社，2022.5（2023.9 重印）
（机器人学译丛）
书名原文：Human-Robot Interaction: An Introduction
ISBN 978-7-111-70593-2

I. ① 人… II. ① 克… ② 刘… III. ① 人 - 机系统 - 交互技术 - 研究 IV. ① TB18

中国版本图书馆 CIP 数据核字（2022）第 064916 号

北京市版权局著作权合同登记 图字：01-2021-0923 号。

本书主要介绍人 - 机器人交互领域的相关知识，广泛概述机器人、人工智能、心理学、社会学、伦理学和设计领域等多学科主题，适合工程学、计算机科学、心理学、社会学和设计领域等的学生和研究人员阅读。

出版发行：机械工业出版社（北京市西城区百万庄大街 22 号 邮政编码：100037）

责任编辑：张秀华　　责任校对：马荣敏
印　刷：北京建宏印刷有限公司　　版　次：2023 年 9 月第 1 版第 2 次印刷
开　本：185mm × 260mm 1/16　　印　张：14.25
书　号：ISBN 978-7-111-70593-2　　定　价：79.00 元

客服电话：（010）88361066 68326294

译者序

人–机器人交互是一个复杂系统，也是多学科交叉的产物。鉴于此，编著一部人–机器人交互领域的书极具挑战性，要求作者既精通本领域内的学术知识，也知晓其相关学科的知识，并能做到融会贯通。在本书之前，关于人–机器人交互的书籍大多数只涉及单一学科或领域（如机械），综合性不够。庆幸的是，本书脉络清晰，综合性好，既有硬件方面的内容也有软件方面的内容，还有软硬件与人、环境的结合部分，里面有大量实时更新的例子，可读性很强。

对待场景中的变化，机器智能可以处理重复性的“变”，人类智能能够理解杂乱的相似性的“变”，更重要的是还能够适时地进行“化”，其中“随动”效应是人类计算计（计算–算计模型）的一个突出特点，另外，人类计算计还有一个更厉害的武器——“主动”。只靠机器智能永远无法理解抽象的现实场景，因为它们只操纵不包含语义的语法符号。

人机混合智能有一个难题，即机器的自主程度越高，人类对态势的感知程度越低，人机之间接管的难度也越大，我们不妨称之为“生理负荷下降、心理认知负荷增加”现象。如何攻克这个难题呢？有经验的人常常抓关键任务中的薄弱环节，在危险情境中提高警觉性和注意力，以防意外，随时准备接管机器自动化操作；也可以此训练新手，进而锻炼并增强他们敏锐把握事故苗头、恰当把握处理时机、准确随机应变的能力。即便如此，如何在非典型、非意外情境中解决人机交互难题仍需要进一步探讨。

本书第1章大致介绍本书想要解决的问题，同时介绍了这本书的作者们；第2章介绍人–机器人交互领域以及本书的重点；第3章主要介绍机器人的工作原理，包括组成机器人的基本软件和硬件，以及可以用在人–机器人交互方面的技术；第4章重点介绍机器人的设计，包括从设计方法到拟人化再到原型工具等。第5～7章讨论不同的交互方式，通过这些方式人类可以与机器人进行交互，例如通过语音和手势可以实现人与机器人的空间交互、非言语交互和言语交互。第8章重点介绍人和机器人交互过程中的一个重大挑战——机器人对于情绪的处理和交流；第9章讨论研究人员在进行人类与机器人交互的实证研究时面临的独特问题，包括在建立和执行人–机器人交互研究时需要考虑的方法和各种决策，以及各种方法的优缺点等；第10章介绍交互机器人的应用（比如服务机器人、学习用机器人、娱乐用机器人、医疗护理领域的机器人等），以及用于研究的除机器人之外的应用，并介绍未来可能的应用和机器人应用方面的问题；第11章重点介绍机器人在媒体中扮演的角色以及交互机器人的伦理问题；第12章则展望未来的人–机器人交互发展。本书系统性地介绍人–机器人交互领域所涉及的问题、过程和解决方案。阅读本书不需要读者拥有某些领域的足够深的知识，只需要读者对相关领域抱有好奇心即可。

本书翻译工作的具体分工为：第1章和第2章由王小凤翻译，第3章由金潇阳翻译，第4章由武钰翻译，第5章由马佳文翻译，第6章由罗昂翻译，第7章由高雨辰翻译，第8章由牛博翻译，第9章和第10章由瞿小童、王玉虎、段承序翻译，第11章和第12章由张一鸣翻译，全书的统校工作由刘伟负责。感谢刘欣、庄广大、胡少波、余栖洋、关天海、何瑞麟在本书翻译过程中给予的大力帮助。

本书翻译难度较大，主要原因是人–机器人交互跨多个学科领域，包括社会科学、计算机科学、心理学、工业设计、普适计算、人机交互以及艺术学。有些专业术语在不同学科中会有不同的名称与用法，因此需要译者进行讨论，并根据语义与上下文确定。

本书翻译历时一年多，在此感谢机械工业出版社的编辑团队，正是因为他们的努力才使得本书中文版在最短的时间里与读者见面。

由于本书的专业性，本书的翻译难免存在纰漏，望读者在阅读过程中不吝赐教。

刘　伟
北京邮电大学
2021年7月于北京

目　　录

Human-Robot Interaction: An Introduction

第1章

Human-Robot Interaction: An Introduction

引　言

1.1　关于本书

现在有很多关于机器人的话题。机器人经常出现在新闻里、电影屏幕上，甚至我们的日常生活中。你和机器人互动过吗？比如扫地机器人，机器人玩具、宠物或同伴？如果你没有，相信你很快就会与它们互动。科技公司正在关注个人机器人的潜力，初创企业以及大型跨国公司都在准备用机器人彻底改变我们的生活。

但是机器人技术的发展方向是什么呢？机器人的未来会是什么样子的，应该是什么样子的？机器人将如何在我们的生活中找到一席之地？这些仍然是非常开放的问题。一系列未知但令人兴奋的未来在等待着我们，机器人都会为人类做一些协助、运输或娱乐等工作。如果你翻开这本书，你一定很想看看未来会怎样。也许你甚至想参与机器人革命。

要踏入这一旅程，首先，你要了解自己：你有什么样的教育背景？对机器人着迷是因为对工程学、心理学、艺术或设计感兴趣吗？拿起这本书是因为它重新点燃了你童年对机器人的迷恋？人－机器人交互（Human-Robot Interaction，HRI）是一项将各种学科的思想结合在一起的工作。工程学、计算机科学、机器人学、心理学、社会学和设计学都在如何与机器人交互方面有贡献。人－机器人交互研究属于跨学科的研究。作为一名计算机科学家，了解社会心理学是值得的；作为一名设计师，涉足社会学是有价值的。

如果你有工程学背景，你认为你能造一个只与其他工程师一起工作的机器人吗？不幸的是，我们预测你无法做到。要设计人们想要与之互动的机器人，你需要对人类社会互动有很好的理解。要达到这样的理解，你需要从受过社会科学和人文学科训练的人那里获得洞察力。

你是设计师吗？你认为自己不需要与工程师和心理学家合作就能设计出社会互动机器人吗？人们对机器人及其在日常生活中的作用的期望不仅很高，而且因人而异。有些人可能想要一个能为他们做饭的机器人；有些人则希望有一个机器人来替他们做家庭作业，然后就最新的《星球大战》电影展开一场智力对话。然而，机器人作为助手的能力仍然相当有限。莫拉维克悖论在最初被发表的几十年后仍然成立：

任何对成人来说似乎很困难的事情对机器来说都相对容易，而任何小孩子能做的事情对机器来说几乎都是不可能的。因此，作为一名设计师，你需要对技术能力、人类心理学和社会学有很好的理解，才能创造出现实可行的设计。

最后，同样重要的一点的是，你们这些受过心理学和社会学训练的人，你们想等着这样的机器人突然出现在我们的社会中吗？在这些技术出现在我们的生活中之后再开始研究它们不是太迟了吗？你不想影响它们的长相和交互方式吗？你可以做的一件事是开始与友好的工程师和计算机科学家交谈，或者与设计师共进午餐。他们会让你的社会科学思想在技术上可行，并帮助你找到能够产生最大影响的领域。

就像我们六个人（见图1.1）写这本书一样，你们也需要共同努力。为了有效地做到这一点，你需要了解不同学科的人－机器人交互管理从业者的观点，并了解开发成功的人－机器人交互管理项目所需的不同类型的专业知识。本书将概述人－机器人交互领域的核心主题，让你开始思考你可以如何在这些领域做出贡献。我们希望你能加入我们，与我们一起拓展本领域的研究。技术已经发展到可以用很少的成本建造和编程机器人的程度。机器人将是我们未来生活的一部分，所以抓住机会去塑造它吧！

我们组建了一个由众多学科的顶尖专家组成的团队，一起为人－机器人交互研究做出贡献。我们所有人的心都在为改善人类和机器人的交互方式而跳动。

图1.1　本书的作者于2018年1月在新西兰韦斯特波特聚会，在为期一周的“书稿冲刺”中开始撰写手稿。在之后的一年半里，一直通过远程协作（Skype长途电话和电子邮件）进行写作和编辑

1.2 克里斯托夫·巴特内克

克里斯托夫·巴特内克（Christoph Bartneck）是新西兰坎特伯雷大学人机界面技术（HIT）实验室的副教授和研究生课程主任。他有工业设计和人机交互背景，经常在重要期刊、报纸和会议上发表自己项目的研究成果。他主要关注人机交互、科学技术研究和视觉设计领域。更具体地说，他关注的是拟人化对人－机器人交互的影响。

他还对文献计量分析、基于智能体的社会模拟以及科学过程和政策的批判性评论等感兴趣。在设计领域，克里斯托夫研究了产品设计、镶嵌和摄影的历史。新闻界——包括《新科学家》《科学美国人》《大众科学》《连线》《纽约时报》《泰晤士报》、英国广播公司（BBC）、《哈夫邮报》《华盛顿邮报》《卫报》和《经济学人》——会定期报道他的工作。

1.3 托尼·贝尔帕梅

托尼·贝尔帕梅（Tony Belpaeme）是比利时根特大学教授、英国普利茅斯大学机器人学和认知系统教授。他获得了布鲁塞尔弗里杰大学的计算机科学博士学位。从智能以社会互动为基础这一前提出发，托尼和他的研究团队试图进一步发展社交机器人的人工智能。这种方法产生了从理论见解到实际应用的一系列成果。他参与过众多大型项目，如研究如何利用机器人支持儿童接受教育、如何将与机器人的短暂互动变成长期互动，以及如何将机器人用于治疗等项目。

1.4 弗里德里克·埃塞尔

弗里德里克·埃塞尔（Friederike Eyssel）是德国比勒费尔德大学卓越认知交互技术中心应用社会心理学和性别研究方面的教授。她对从社交机器人、社会智能体和环境智能到人类心理变化、如何减少人们的偏见和女性的性客体化等研究课题感兴趣。她跨越学科，在社会心理学、人－机器人交互和社交机器人领域发表了大量论文，并担任20多家期刊的审稿人。目前由第三方资助的研究项目（DFG、BMBF、FP7）涉及用户体验和智能家居技术，以及与辅助技术和社交机器人相关的伦理方面。

1.5 神田崇行

神田崇行（Takayuki Kanda）是日本京都大学信息学教授。他还是日本京都高级电信研究所（Advanced Telecommunications Research，ATR）智能机器人和通信实验室的访问小组组长。他分别于1998年、2000年和2003年在日本京都大学获得工程学学士学位、工程学硕士学位和计算机科学博士学位。他是京都高级电信研究所通信机器人项目的起始成员之一。他开发了一种通信机器人Robovie，并将其应用到了日常生活中，例如用作小学的同伴辅导和博物馆展览指南。他的研究方向包括人－机器人交互、交互式类人机器人和现场试验。

1.6 梅雷尔·凯瑟斯

梅雷尔·凯瑟斯（Merel Keijsers）是新西兰坎特伯雷大学HIT实验室的博士生。她拥有乌得勒支大学统计学和社会与健康心理学研究硕士学位。在她的博士项目研究中，她研究了是什么样的意识和潜意识的心理过程驱使人们虐待和欺负机器人。她有社会心理学的背景，主要研究领域是人们如何处理机器人与其他人类之间的异同。

1.7 塞尔玛·萨巴诺维奇

塞尔玛·萨巴诺维奇（Selma Šabanović）是印第安纳大学布卢明顿分校信息学和认知科学的副教授，她在那里创建并指导R-House人－机器人交互实验室。她的研究结合了不同社会和文化背景（包括医疗机构、用户家庭和不同国家）下社会互动和辅助机器人的设计、使用和影响的研究。她还致力于在日常环境中开发和实施机器人的社会意义和潜在影响的批判性研究。2007年，她在伦斯勒理工学院获得了科学和技术研究博士学位，并发表了一篇关于日本和美国社交机器人的跨文化研究的论文。她目前是*ACM Transactions on Human-Robot Interaction*的主编。

什么是人 – 机器人交互

本章内容包括：

- 人 – 机器人交互领域汇集的学术学科；
- 学科不同范式造成的障碍，以及如何解决这些障碍；
- 人 – 机器人交互作为一门科学的历史和演变；
- 人 – 机器人交互历史上具有里程碑意义的机器人。

人 – 机器人交互通常被认为是一个新兴领域，但人类与机器人交互的概念与机器人本身的概念一样早就存在了。艾萨克·阿西莫夫在 20 世纪 40 年代创造了“机器人”这个词，围绕着人与机器人之间的关系撰写了自己的故事：“人们会在多大程度上信任机器人？”“人能和机器人有什么样的关系？”“当机器做着类似人类的事情时，我们对‘什么是人类’的想法会发生怎样的变化？”（有关阿西莫夫的更多信息，请参见 11.2 节）。几十年前，这些想法属于科幻范畴，但如今，这些问题中的许多已成为现实，并成为人 – 机器人交互研究领域的核心研究问题。

区分物理和社会交互

理解人 – 机器人交互和机器人学之间一些关键区别的一种方法是，机器人学关注的是物理机器人的创造以及这些机器人操纵物理世界的方式，而人 – 机器人交互关注的是机器人在社会中与人互动的方式。例如，当类人机器人 ASIMO（见图 2.1）在家里爬楼梯或在办公室推手推车时，它独自在物理世界中感知和行动，并处理自己身体和环境的物理问题。当 ASIMO 给员工送咖啡或在院子里追逐孩子时，它处理的是这些行动所需的肢体动作，但它还必须处理环境的社会方面，如孩子或员工在哪里，如何以安全和他们认为合适的方式接近，以及互动的社会规则。这样的社会规则对人类来说可能是显而易见的，比如感谢其他参与者，知道标签游戏中的“它”是谁，当有人说“谢谢”时说“不客气”。但是对于机器人来说，所有这些社会规则和规范都是未知的，需要机器人设计师多加注意。这些问题使得人 – 机器人交互问题不同于单纯的机器人学问题。

作为一门学科，人－机器人交互研究涉及人机交互、机器人学、人工智能、技术哲学和设计。这些学科中训练有素的学者们共同努力发展了人－机器人交互信息系统，从他们各自的学科中引进了方法和框架，同时也发展了新的概念、研究问题以及研究和建设世界的人－机器人交互信息系统的具体方法。

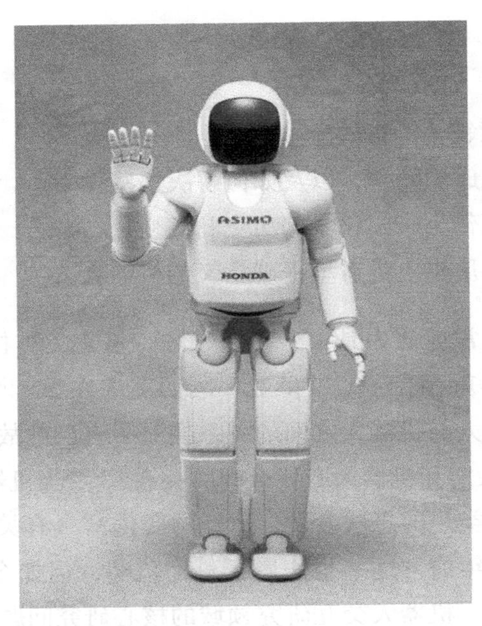

图 2.1　本田从 2000 年至 2018 年开发了 ASIMO 机器人（来源：本田）

人－机器人交互的独特之处是什么？显然，人类与社交机器人的互动是这一研究领域的核心。这些交互通常包括有身体特征的实体机器人，它们的实施方式使它们与其他计算技术有本质的区别。此外，社交机器人被视为具有文化意义的社会行为体，对当代和未来社会产生巨大影响。说机器人是具体化的并不意味着它只是一台腿上或轮子上的计算机。我们必须理解如何设计这种具体化——无论是在软件方面还是在硬件方面（就像机器人学中常见的那样），它对人的影响，以及他们可以与这样一个机器人进行的各种交互。

机器人的具体化对它在世界上感知和行动的方式设置了物理限制，但它也代表了一种与人互动的秩序。机器人的身体构造能让人们做出类似于与他人互动的反应。机器人与人类的相似性使人类能够在人与机器人的交互中利用现有的人与人之间的交互经验。这些经验对于构建交互非常有用，但是如果机器人不能达到用户的期望，它们也会使人产生挫败感。

人－机器人交互方面的研究致力于开发能够在各种日常环境中与人交互的机器

人。由于人类和社会环境的动态性和复杂性给人 – 机器人交互带来了技术挑战，这也开启了与机器人外观、行为和感知能力相关的设计挑战，以激发和引导交互。从心理学的角度来看，当面对人以外的社会智能体时，人 – 机器人交互提供了一个独特的机会来研究人类的情感、认知和行为。在这种情况下，社交机器人可以作为研究心理机制和理论的工具。

当机器人不仅仅是一种工具，而是合作者、同伴、向导、导师和各种社会互动伙伴时，人 – 机器人交互研究将考虑当今和未来社会发展的许多不同关系。人 – 机器人交互研究包括与社会相关的问题和与物理设计有关的问题，以及社会和组织实施与文化意义的形成，其方式不同于相关学科。

2.1 本书的重点

人 – 机器人交互是一个广泛的、跨学科的领域，本书对所涉及的问题、过程和解决方案进行了介绍。这本书使读者能够概览该领域，而不会被所面临的所有挑战的复杂性所淹没，我们提供了大量相关的参考文献，感兴趣的读者可以在闲暇时查阅。这本书提供了一个目前非常需要的领域介绍，使学生、学者、从业者和政策制定者可以熟悉未来的人类将如何与技术互动。

本书是一本介绍性书籍，因此，它不需要读者在相关领域有非常广博的知识，它只要求读者对机器人和人类如何与之交互感到好奇。

在介绍人 – 机器人交互领域和机器人的工作原理之后，将重点介绍机器人的设计。接着，将讨论人类可以与机器人交互的不同方式，例如语音或手势。在反思机器人在媒体中扮演的角色之前，将介绍情绪的处理和交流。第 9 章将介绍研究人员在进行人类与机器人交互的实证研究时面临的独特问题。接下来，我们将介绍社交机器人的应用领域及其面临的具体挑战，然后讨论社交机器人使用的伦理问题。最后，将展望未来的人 – 机器人交互。

2.2 人 – 机器人交互是一门跨学科的学科

人 – 机器人交互是一个多学科的、以问题为基础的领域。人 – 机器人交互汇集了不同领域的学者和实践者：工程师、心理学家、设计师、人类学家、社会学家和哲学家，以及其他应用和研究领域的学者。创建一个成功的人 – 机器人交互系统需要多个领域的协作，以开发机器人的硬件和软件，分析人类在不同社会环境中与机器人交互时的行为，创建机器人的具体化和行为的美学，以及机器人特殊应用所需的领域知识。由于不同的专业术语和实践，这种协作可能很困难。然而，众多参与者都有一个共同点，即熟悉且尊重人－机器人交互过程中获取知识的不同方式。

在多学科的意义上，人－机器人交互与人机交互（Human-Computer Interaction, HCI）领域相似，尽管处理与社会智能体的具身交互方式将人－机器人交互与人机交互区分开来。

不同的学科在共同的信仰、价值观、模式和范例方面各不相同（Bartneck & Rauterberg，2007）。这些方面形成了一个"范式"，指导它们的理论界和实践者（Kuhn，1970）。范式中的研究者共享信仰、价值观和范例。在共同的项目下合作的困难在于设计师 [D]、工程师 [E] 和科学家（特别是社会科学家）[S] 之间的三个障碍（见图 2.2）：

- 知识表示（显式 [S，E] 与隐式 [D]）；
- 对现实的看法（理解 [S] 与转化现实 [D，E]）；
- 主要关注点（技术 [E] 与人 [D，S]）。

障碍 1：工程师 [E] 和科学家 [S] 通过在期刊、书籍和会议记录上发表研究成果或获得专利来明确他们的成果。他们的知识体系被外化，并被描述给其他工程师或科学家。这两个团体通过同行间的讨论和对照测试来修改他们公布的结果。另外，设计师 [D] 的成果主要表现在具体的设计上。创造这些设计所必需的设计知识存在于设计师个人脑海之中，主要是隐性知识，通常被称为直觉。

障碍 2：工程师 [E] 和设计师 [D] 将世界转变为首选状态（Simon，1996；Vincenti，1990）。他们首先确定一个首选状态，例如河流两岸之间的连接，然后实现转换，在我们的示例中，转换就是一座桥。科学家们 [S] 主要通过追求涵盖一般真理的知识或运用一般规律来理解世界。

障碍 3：科学家 [S] 和设计师 [D] 主要对人类作为潜在用户的角色感兴趣。设计师对人的价值感兴趣，他们将其转化为需求，并最终转化为解决方案。人机交互领域的科学家通常熟悉社会科学或认知科学。他们感兴趣的是用户的能力和行为，如感知、认知和行动，以及这些因素如何受到不同环境的影响。工程师主要对技术感兴趣，包括交互式系统的软件。他们研究这些技术系统的结构和工作原理来解决某些问题。

并不是每一个人－机器人交互项目都能负担得起每学科请一个专家。人－机器人交互研究的研究人员往往身兼数职，试图获得各种主题和领域的专业知识。尽管这种方法可能减少寻找共同点的问题，但也相当有限，因为我们常常意识不到自己的知识盲区。因此，让所有或许多相关学科的专家直接参与，或至少与各自领域的专家交流，是很重要的。随着人－机器人交互研究领域的发展和成熟，它也在不断扩展，包括越来越多不同的学科、框架和方法（如历史学家、哲学家），这可能需要更广泛的知识。在这种情况下，建议养成广泛阅读的习惯，不仅仅是在你自己的学科或人－机器人交互的子领域，而且在相关的领域，以了解自己的工作如何适应大局。在开发特定的人－机器人交互应用程序时，在设计过程中（从项目开始）与领域专家（包括潜在用户和利益相关者）合作也很重要，以确保提出相关问题，使用适当的方法，并意识到研究对应用领域的更广泛的潜在影响。在开发具体的人－机器人交互应用程序时，从项目开始就与领域专家（包括潜在用户和利益相关者）在设计中合作也很重要，以确保提出相关问题，使用适当的方法，并意识到研究对应用程序领域的潜在的更广泛的影响。

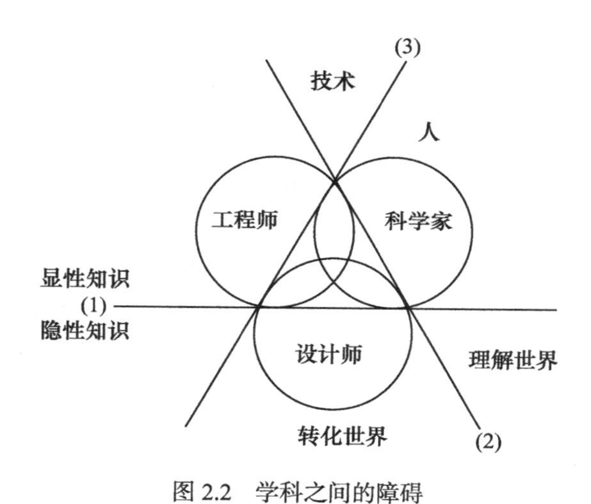

图 2.2 学科之间的障碍

2.3 人－机器人交互的演变

“机器人”的概念在许多不同社会的文化想象中有着悠久而丰富的历史，包括可以追溯到几千年前的类人机器的故事、后来发展出的能再现人类某些能力的自动机，以及最近关于社会中机器人的科幻故事。尽管这些关于机器人的文化观念在技术上并不总是现实的，但它们改变了人们对机器人的期望和反应。

1935 年，“社交机器人”在印刷品中首次被提及，当时它被用作一个贬义词，用来形容性格冷漠、疏远的人。

“他因奉承专制的上级而获得了晋升。他是生意上的成功者。但他牺牲了个人的一切。他已经成为一个社交机器人、一个商业工具。”(Sargent，2013)

1978 年，“社交机器人”首次出现在机器人学领域。*Interface Age* 杂志的一篇文章描述了服务机器人的工作原理，除了避障、平衡和行走等技能外，它还需要具备社交技能才能用于家庭环境中。这篇文章称这种机器人为“社交机器人”。

自从“机器人”概念出现以来，我们就一直在思考机器人和人之间的关系，以及它们如何相互作用。机器人学的每一项新技术或概念的发展都迫使我们重新考虑我们与机器人的关系和对机器人的认知。

1961年，当第一台工业机器人Unimate安装在通用汽车公司位于美国新泽西州尤因镇的内陆费舍尔指南工厂时，人们确实考虑过如何与机器人互动，但他们更关心的是机器人在人类工人中的地位。第一次看到基于行为的机器人的人们不禁惊叹于机器人的逼真本性。在小型移动机器人上实现的简单反应行为（Braitenberg，1986）产生的机器似乎被注入了生命的本质。20世纪90年代，这些机器人在实验室中不断被测试和实验，唤起了类人的性格特征，并从根本上改变了我们关于如何创造智能（至少如何表现智能）的想法（Brooks，1991；Steels，1993）。这导致了机器人的诞生，这种机器人使用快速、反应性的行为来创造社会存在感。

社交机器人的一个早期例子是Kismet（见图2.3）。Kismet于1997年由麻省理工学院研发，是一种安装在桌面盒上的机器人头颈组合。Kismet可以使它的眼睛、眉毛、嘴唇和颈部动起来，能够平移、倾斜和抬起头部。它以视觉和听觉输入为基础，能对视野中出现的物体和人做出反应。它从语音韵律中提取视觉运动、视觉隐现、声音幅度和情感等信息，并通过面部表情、耳朵和脖子的运动以及含糊不清的非人类语言来做出反应（Breazeal，2003）。Kismet在呈现社交状态方面出人意料得有效，尽管控制软件只包含少量的社交驱动程序。它不仅利用了硬件和软件架构，而且还利用了人类的心理，包括所谓的“幼儿图式”，即人们倾向于用大眼睛和夸张的特征来对待事物，尽管它们缺乏全面的社交技能。

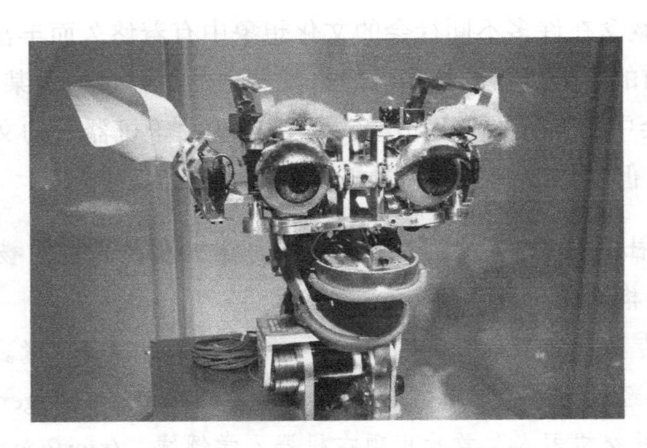

图2.3 麻省理工学院一个早期的社交人－机器人交互研究的例子Kismet（1997—2004）

像早期社交机器人学和人 - 机器人交互中的许多机器人一样，Kismet 是一种定制机器人，研究人员只能在一个实验室使用，需要学生、博士后和其他研究人员不断努力来保持和增强机器人的能力。可以理解，这些局限性限制了在该领域早期可以参与人 - 机器人交互研究的人数和学科范围。人 - 机器人交互的研究现已得到了实验室可以轻易购买的价格合理的商用平台的支持。这既扩大了跨实验室人 - 机器人交互研究的可复制性和可比性，也扩大了能够从事这一学科的人员范围。

许多机器人在这一领域产生了重大影响。由 Aldebaran Robotics（现为欧洲软银机器人技术公司）开发的 Nao 机器人可能是社交机器人研究中最具影响力的机器人（见图 2.4）。这款小型类人机器人于 2006 年首次上市，由于其价格低廉、鲁棒性强、易于编程，成为研究人 - 机器人交互的通用机器人平台。因为它的体积小，这个机器人也非常便于携带，从而让研究可以在实验室外进行。

图 2.4　Nao（2006 年至今），一个 58 厘米高的类人机器人，目前是社交机器人领域最流行的研究平台

由 Hideki Kozima 开发的 Keepon 机器人是一种最小的机器人，由两个柔软的黄色球体组成，球体上面包含一个鼻子和两只眼睛。机器人通过安装在机器人底座上的电机旋转、弯曲和防喷（Kozima et al.，2009），如图 2.5 所示。Keepon 后来被商业化，成为一款价格实惠的玩具，通过一些适度的侵入，可以作为人 - 机器人交互的研究工具。对 Keepon 机器人的研究有力地证明，社交机器人不需要看起来像人类；机器人的简单形式足以实现交互效果，而人们往往可能会假设需要更复杂和更像人类的机器人。

Paro 同伴和治疗机器人（见图 2.6），形状像一只小海豹，在老年护理的社会辅助机器人研究以及其他场景中特别受欢迎。自 2006 年起，Paro 在日本开始商用，自 2009 年起在美国和欧洲开始商用，它是一个强大的平台，几乎不需要任何技术能力即可操作。因此，众多心理学家、人类学家和卫生研究人员都在使用 Paro 来研究机器人对人的潜在心理和生理影响，探索机器人在医疗机构中的应用途径。机器人操作的简单性和鲁棒性使其能够在许多不同的环境中使用，包括在长期和自然的研究中。同时，它是一个封闭的平台，不允许从机器人中提取机器人日志或传感器数据，也不允许改变机器人的行为，这一事实对人 – 机器人交互研究有一些限制。

图 2.5 Keepon（2003 年至今），由 Hideki Kozima 开发的最小社交机器人，后来被商业化为价格实惠的玩具（图片来源：Hideki Kozima，日本东北大学）

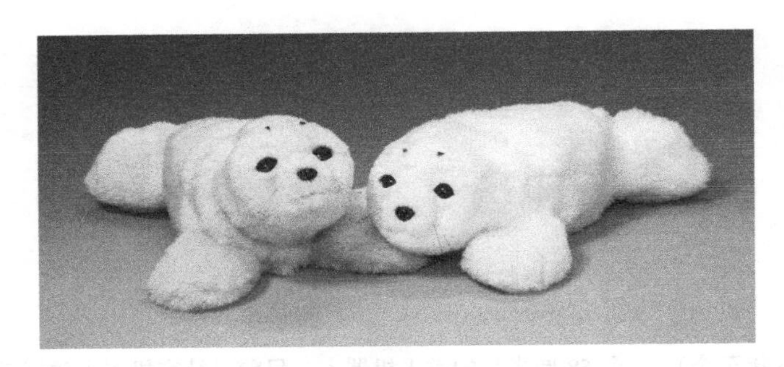

图 2.6 Paro（2003 年至今），外形酷似小竖琴海豹的社交伙伴机器人（来源：日本国家高级产业科学技术研究所）

Baxter 机器人由 Rethink Robotics 出售，一直到 2018 年，它既是一个工业机器人，也是一个人 – 机器人交互平台（见图 2.7）。机器人的双臂是主动柔顺的，与典型工业机器人的僵硬机械臂不同，Baxter 的手臂是响应外部施加的力而移动的。结合其他安全功能，Baxter 机器人在附近工作是安全的，这使得它适合协作任务。此外，Baxter 有一个安装在头部的显示屏，控制软件可以在上面显示面部运动。Baxter 的脸可以用来传达它的内在状态，它的目光注视传达一种对人类同事的关注感。

尽管具有开放应用程序接口的廉价商用机器人的可用性导致了人 – 机器人交互研究的激增，但是二次开发允许内部构建社交机器人。机电一体化原型技术的新发展意味着机器人可以进行修改、侵入或从头开始制造。三维（3D）打印、激光切割和低成本单板计算机的可用性使得研究人员能够在短时间内以最低成本制造和修改机器人，例如 InMoov（见图 2.8）或 Ono。

图 2.7 Baxter（2011—2018）和 Sawyer（2015—2018），Rethink Robotics 的工业机器人与柔顺手臂。Baxter 是第一个在工业机械手上加入社会互动功能的工业机器人（来源：Rethink Robotics，Inc.）

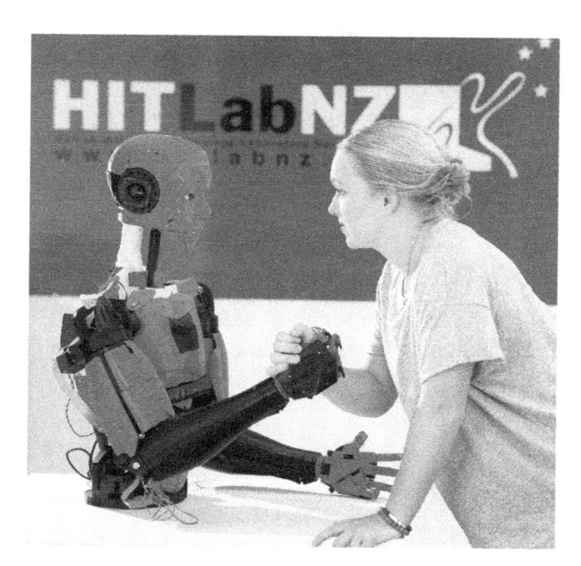

图 2.8 InMoov（2012 年至今）可以使用快速原型技术和现成的组件制造，是一个开源社交机器人

正如你所看到的，机器人硬件的多样性展开了无尽的研究问题，可以从多学科的角度来解决（见图 2.9）。与其他学科不同，人－机器人交互特别强调研究人类和机器人之间的社会互动的性质，不仅在二元体中，而且在群体、机构中，迟早在我们的社会中。本书会清楚地表明，技术进步是跨学科共同努力的结果，具有重要的社会和伦理意义。通过以人为中心的研究将这些牢记在心，有望促进机器人的发展，这些机器人被广泛接受，并为人类的更大利益服务。

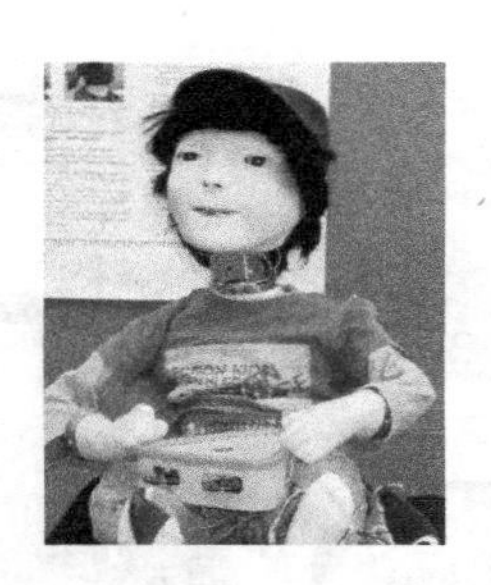

图 2.9　Kaspar（2009 年至今）是一款“极简表达”的机器人，使用支架、伺服电机和外科硅面罩构建，用于自闭症治疗

可供思考的问题：

- 人 - 机器人交互研究领域从许多其他领域汲取了见解，但还有哪些领域可以从人 - 机器人交互研究中受益？
- 你是设计师、工程师，还是社会科学家？试着想象一下这样一种情况：你正在与他人合作构建一个机器人（例如，如果你是一名工程师，你现在正与一名设计师和一名社会科学家合作进行这项工作）。你的工作方式与其他队友可能使用的方法有何不同？
- 人 - 机器人交互和人机交互学科之间的主要区别是什么，是什么使人 - 机器人交互具有独特性，成为一个新领域？

机器人的工作原理

本章内容包括：

- 组成机器人的基本硬件和软件；
- 可以用在人－机器人交互中的技术。

作为一种思考机器人是怎样工作的方法，让我们通过角色扮演来想象自己是个机器人。我们可能认为自己可以做很多事情，但很快就会发现我们的能力受到严重限制。如果我们是新造的机器人，没有合适的软件，大脑完全是空的。我们不能做任何事情——不能移动，无法知道自己在哪里，不能了解周围的一切，甚至不能寻求帮助。我们觉得当机器人的经历很奇怪，很难想象。令人感到奇怪的主要原因是，这种新造机器人的大脑一点也不像人类的大脑，甚至连婴儿的大脑都不像。这种机器人没有基本的本能，没有目标，没有记忆，没有需求，没有学习能力，也没有感知或行动的能力。为了制造一个机器人系统，我们需要将硬件和软件集成在一起，并且至少开发部分软件或硬件，使机器人能够感知世界并行动。

本章将介绍机器人的常见组件，以及它们是如何连接起来以参与交互的。3.1 节将解释构建机器人所需组件的基本思想。3.2 节将介绍硬件的类型。3.3 节将介绍传感器，如相机、测距仪和麦克风。3.4 节将介绍执行器。3.5 节将探讨硬件元素附带的软件，解决机器人的感知（例如，计算机视觉）、规划和动作控制问题。

3.1 机器人的制造

要造一个机器人，首先要在机器人的传感器、计算机和电机之间建立连接，这样机器人就能够感知、解释它所感知的东西，规划行动，然后实施行动。例如，一旦机器人连接到相机，它的计算机就可以读取相机提供的数据。但相机图像不过是一个由数字组成的大表，和下表类似：

9	15	10
89	76	81
25	34	29

从这些数字，你能猜出机器人看到了什么吗？也许是一个球，一个苹果，或者一个叉子？假设表中的每个值代表相机中一个传感器元件的亮度值，我们可以将这些数字转换为对人类更有意义的图形（见图3.1），但该图形对机器人来说仍然毫无意义。

你可能可以在图3.1所示的图像中看到一条线，但是机器人不知道线是什么。如果这条线是一个悬崖的边缘，机器人可能会从那里坠落并损毁。但是机器人没有高度和重力的概念，它不会理解如果越过这条线它会掉下去。它不知道，如果它倒下，它很可能会摔个底朝天，甚至摔断胳膊。换言之，即使是对于与我们周围的世界互动并在其中生存至关重要的、已经成为人类的本能的概念，也必须明确地在机器人中加以解释并编程。

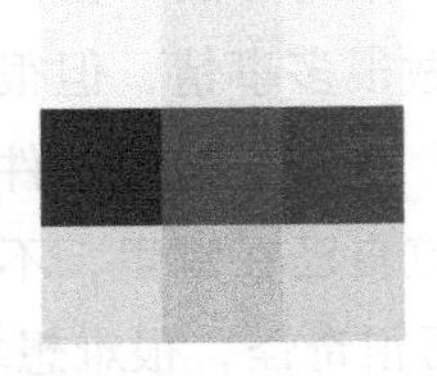

图3.1 相机的数据转换为灰度像素网格

机器人本质上是一台有身体的计算机。任何功能都需要在机器人中进行编程。所有机器人都必须面对的一个问题是，尽管它们的传感器和电机足够让它们在这个世界上运行，但是它们的智慧不够。机器人学家关注的任何概念都需要内化，也就是说，编程到机器人中。这需要花费大量的时间和精力，而且往往需要反复试验。外面的模拟世界被转化为数字世界，将数字表格转化为有意义的信息和有意义的反应是人工智能的核心目标之一。能够从很大的数值表中识别一张脸，识别以前是否见过此人，知道此人的名字，这些都是需要编程或学习的技能。因此，人–机器人交互（HRI）的发展受人工智能领域进展的制约。机器人工程师集成传感器、软件和执行器，使机器人能够理解其物理和社会环境并与其进行交互。例如，由于加速度计传感器可以检测加速度和地球的引力，工程师可能会使用加速度计传感器来读取机器人的方位，并确定机器人是否坠落。悬崖传感器由一个指向下方的小红外光源和一个光传感器组成，可以被用来避免机器人从楼梯上摔下来。

机器人工程师必须为机器人解决的典型问题包括：

- 机器人有什么样的身体？有轮子吗？有手臂吗？
- 机器人如何知道自己在空间中的位置？
- 机器人如何控制和定位自己的身体部位——例如手臂、腿、轮子？
- 机器人周围的空间是什么样子的？有障碍物、悬崖或门吗？为了安全移动，机器人需要什么样的环境感知能力？
- 机器人的目标是什么？它如何知道这些目标何时实现？
- 周围有人吗？如果有，他们在哪里，他们是谁？机器人怎么知道？
- 有人在看机器人吗？有人在和它说话吗？如果有的话，机器人从这些线索中能了解到什么？
- 人类试图做什么？想要机器人做什么？怎样才能确保机器人明白这一点？
- 机器人应该做什么，应该如何反应？

为了解决这些问题，HRI研究人员需要为机器人构建或选择合适的硬件和合适的形态，然后开发相关的程序——软件——来告诉机器人如何处理它的身体。

3.2 机器人硬件

在撰写本书时，消费市场中已经有了许多机器人。尽管并非所有这些机器人都已成为家庭必需品，但这些商用机器人往往是适合人 - 机器人交互研究的平台。这些商用机器人提供了各种各样的身体类型，包括动物形、人形和机械型的。

Aibo是一个类似动物的机器人，看起来像一只具有机械外表的狗（见图3.2），具有看、听、感觉、触摸、发声、摇耳摆尾，以及行走的能力。Aibo于1999年上市，2006年停止销售。11年后，开始了其新款的销售。

图3.2　Aibo ERS-1000机器人（2018年至今）(图片来源：索尼）

Pepper是一种青少年大小的人形机器人（见图3.3）。一些商店用Pepper来吸引游客，推销商品和服务。生产Pepper的公司也有小型的类人机器人Nao（见图2.4）供消费者购买。

看起来更机械的机器人有K5保安机器人，它可在美国市场买到，是为数不多的在户外使用的机器人。

尽管如此，没有明确说明用于HRI的机器人仍然可以改进后用于甚至直接用于HRI研究。商业上最成功的家用机器人仍然是iRobot Roomba扫地机器人，其中数百万的机器人已经销往世界各地。Roomba不仅是可用于研究公众与机器人关系（Forlizzi & DiSalvo，2006）的有趣的智能体，而且还被改造并用于HRI研究。iRobot还制造了Roomba的可编程版本，即Create，它没有吸尘组件，用于机器人的研究和教育应用。

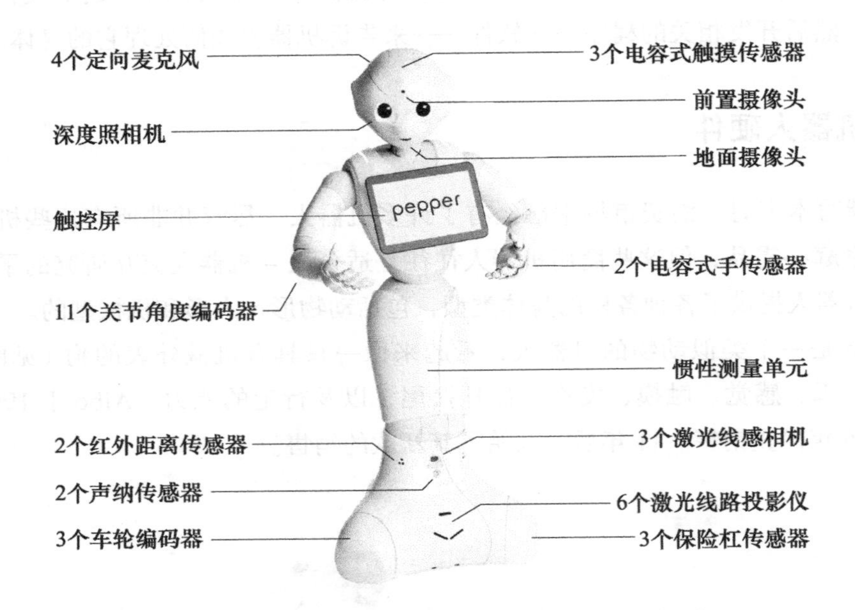

图3.3　Pepper机器人（2014年至今）及其传感器（资料来源：软银机器人和菲利普·杜罗伊尔托马）

临场感机器人也可以作为HRI研究的平台。市场上有许多不同的版本，包括移动版的Beam和桌面版的Kubi。携带屏幕显示友好面孔的小型移动机器人正在研发中，很快就可以在消费市场上发布了。

尽管商用机器人硬件提供了各种各样的形态、传感和编程能力，但每个机器人的功能都是有限的，它的外观和能力限制了它可以参与的交互。因此，研究人员也在设想并建造自己的机器人，范围从简单的桌面和移动平台、有没有机械手，到非常像人类的人形机器人。在HRI研究中使用的机器人的特定形态的选择通常取决于预期任务所需的能力（例如，它是否需要能够拾起物体）、交互类型（例如，类似动物状的机器人实现类宠物的交互）以及人们对不同形态的期望和感知（例如，人们期望类人机器人能拥有人类水平的智力）。

3.3 传感器

大多数社交机器人都配备了传感器，以判断环境中发生的事情。许多常用的传感器与人类交互中最常用的三种模式（视觉、听觉和触觉）有关，但机器人完全不局限于人类的感知模式。因此，与其专注于再现人类的能力，不如考虑机器人需要感知哪些类型的信息，以及感知信息最准确、最方便的方式是什么。

3.3.1 视觉传感器

1. 相机

相机由将图像聚焦到传感器表面的透镜组成。传感器表面使用电荷耦合器件（Charge-Coupled Device，CCD）或更常见的互补金属氧化物半导体（Complementary Metal-Oxide-Semicoductor，CMOS）技术来实现。相机的基本元件是光传感器，它主要由硅构成，硅可以将光转化为电能。

相机由数百万个这样的光传感器组成。通常，相机图像中的颜色用三个值表示，即 R、G 和 B。因此，相机通常被称为 RGB 相机。传感器表面的传感器对照射到它们的光的颜色不敏感，它们只对光的强度敏感。为了制作 RGB 相机，在传感器表面的顶部放置小的彩色滤光片，每个滤光片只允许红光、绿光或蓝光（见图 3.4）通过。相机是机器人可以使用的最丰富、最复杂的传感器，通过在数码相机和智能手机中的广泛采用，RGB 相机已经变得微型化，而且非常便宜。

在计算机视觉研究中，研究人员经常在环境中放置摄像机，以便获得精确的视觉。尽管这是从计算机视觉中获得稳定性能的务实方法之一，但在 HRI 研究中，这有时是不可取的，因为人们在摄像机前会感到不自在。例如，若项目中涉及老年人在家中由机器人协助，工程师们会喜欢在机器人和家中安装摄像头，因为这样机器人就可以准确地跟踪和与人互动。然而，老年参与者会非常坚决地拒绝安装和使用摄像头，研究小组不得不改用定位信标和激光测距仪（Cavallo et al.，2014）。

大多数相机的视野都比人类的视野更窄。人们的视线范围可以超过 180°，而典型相机视线范围可能只有 90°，因此会错过外围很多正在发生的事情。只有一个相机的机器人视野有限，可能需要依靠其他传感器，如激光测距仪或麦克风，才能感知周围的情况。

最重要的是，相机图像需要使用计算机视觉算法进行处理，以便机器人能够对其视觉环境做出反应（见 3.5.4 节）。

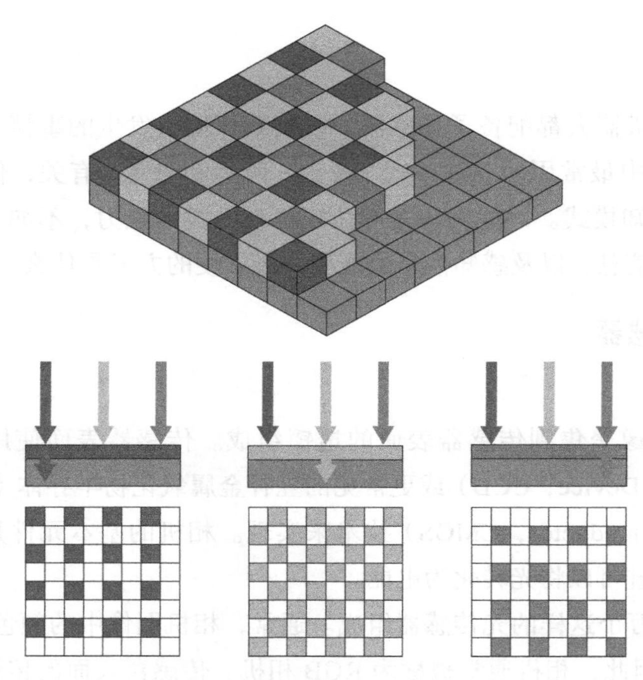
图 3.4　RGB 相机中的 CCD 阵列

2. 深度传感器

正如人类视觉使用立体视觉、物体知识和自我运动来计算到物体的距离一样，计算机视觉算法也可以用来从二维信息中提取三维图像。立体相机一直是人们选择的技术，但近年来，出现了一些能够让我们直接看到深度而不需要计算机视觉的技术。这些"深度传感器"会输出"深度图像"或 RGBD 图像（D 代表深度），即到相机视野中物体的距离图。

通常，深度传感器可以测量到几米外物体的距离。根据发射的红外光的强度，大多数深度传感器只能在室内进行可靠工作。制造这种深度传感器的方法有几种。其中一个典型的机制是飞行时间（Time Of Flight，TOF），在该机制下，装置发射不可见的红外光脉冲，并测量从它发射光到它接收到反射光之间的时间。由于光速如此之高，相机需要以当前电子硬件无法达到的精度记录返回光的时间。取而代之的是，相机发射红外光脉冲，并测量离开相机的光和返回相机的光之间的相位差。微软游戏控制器的第二代产品 Kinect One 就基于这一原理（见图 3.5）。尽管它是作为一种游戏控制器被开发出来的，但很快就被机器人制造商采用，现在被广泛用于赋予机器人深度感。结合适当的软件，Kinect 传感器还可以执行骨骼跟踪，这有助于了解人们在哪里，了解他们在做什么，甚至了解他们的感觉。现在可以使用更小的设备返回基于一系列不同技术（包括 TOF、结构光和立体视觉）

的 RGBD 图像。

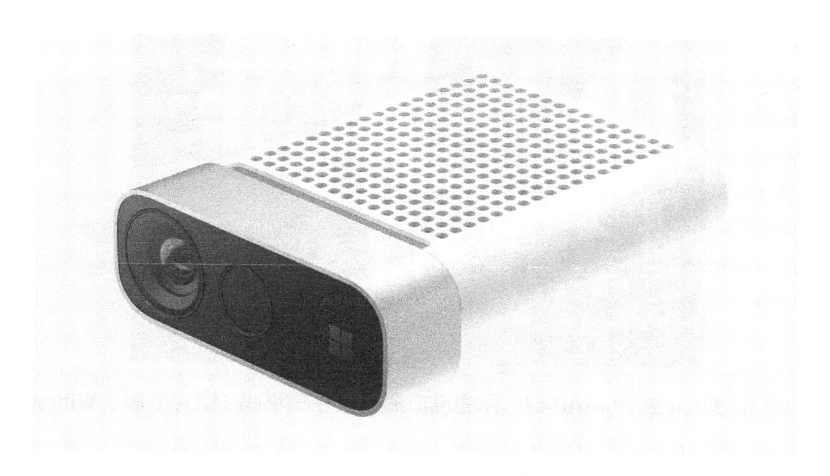

图 3.5 微软 Kinect Azure DK 传感器（来源：微软）

3. 激光测距仪

为了测量更远的距离，研究人员经常使用激光测距仪，也称为激光雷达（Light Detection And Ranging，LiDAR）。典型的激光测距仪可以测量到 30 米以外的物体的距离，它每秒对环境进行 10 ～ 50 次采样。激光测距仪的精度在几厘米以内。这种传感器的基本原理也采用 TOF 机制。激光测距仪发射一束红外激光，通过测量从发射激光束到接收反射激光束之间的时间来测量距离。通常，发射器和接收器位于旋转平台上，可以将激光束扫向周围环境。因此，该装置仅测量单一二维平面（即旋转平台的旋转平面）中的距离。

机器人可以把测距仪安装在不同的高度，以便在水平面上扫描物体。测距仪靠近地面可以感应到地板上的物体和人的腿，而测距仪更高一些可以感应桌子或柜台上的物体（见图 3.6）。

3.3.2 听觉传感器

麦克风是听觉感知的常用设备。麦克风可以把声音转换成电信号。麦克风有不同的灵敏度曲线；有些是全向的，可以拾取环境中的所有声音，而有些是定向的，只能拾取麦克风前面锥形区域的声音。将多个麦克风组合成阵列可以让我们使用“波束形成”技术，将特定方向的声音信号与环境噪声分离开。麦克风阵列可用于声源定位，即获得给定声源相对于麦克风阵列位置的角度的准确读数。

图 3.6 PR2 机器人（2010—2014），你能说出测距仪在哪里吗（图片来源：Willow Garage）

3.3.3 触觉传感器

触觉传感器在 HRI 中可能很重要，例如，当机器人由用户物理引导时。从物理按钮或开关到电容传感器（如触摸屏上的传感器），存在许多不同的实现方式（见图 3.7）。

图 3.7 iCub（2004 年至今）类人机器人的手指、手掌和躯干都有电容式触觉传感器（图片来源：IIT 热那亚中央研究实验室）

最常用的触觉传感器是机械式按钮开关。它经常与保险杠一起使用。当机器人与物体碰撞时，开关闭合，允许机器人检测碰撞。压力传感器和容量传感器，比如在触摸屏上读取手指位置的传感器，也可以用来检测与环境的物理接触。压力传感器可以使用各种技术实现，但通常都包含施加力时会改变电气特性（电阻或电容）的材料（见图 3.7）。压力传感器可以帮助机器人识别它们是否接触到人或物体以及接触的力度。它们也非常有利于使机器人适当地拿起和处理物体。触觉传感器也可以用来让机器人知道是否有人在触摸它，机器人可以被编程来做出相应的反应。例如，像海豹一样的 Paro 机器人有一个遍布全身的触觉传感器网络，可以感知人触摸它的位置和压力，并做出相应的反应，针对轻触动作发出咕咕声，针对重击动作发出尖叫声。

3.3.4 其他传感器

还有各种其他传感器，其中许多可能与 HRI 有关。光传感器可读取落在传感器上的光量，因此可以用来感知光线的突然变化，发出环境发生变化的信号。当与光源结合使用时，它们可以用来探测物体。一个简单且非常有效的障碍物传感器将红外发光二极管（Light-Emitting Diode，LED）光与红外光传感器结合了起来，当光线从传感器前面的物体反射回来时，它可以确定到物体的距离。这不仅可以用来探测机器人前方的障碍物，还可以用来感知人们何时接近机器人。

近年来，惯性测量单元（Inertial Measurement Unit，IMU）已成为一种流行的传感器。它包含三个传感器：加速度计、陀螺仪和磁强计，可用于读取传感器的旋转和运动数据，更准确地说，是读取旋转和平移加速度。微电子制造技术的最新进展使这些传感器可以小型化到几毫米。它们在移动手机和微型无人机中无处不在，当用于机器人时，可以让机器人感知它自己是否坠落或跟踪随时间移动的位置。

远红外（Far Infrared，FIR）传感器是一种对温暖物体发射出的长波红外光敏感的相机。它们可以用来检测是否有人，就像防盗警报器中使用的那样，当集成到 FIR 相机中时，它们可以用来记录房间温度的图像。FIR 传感器仍然很昂贵，主要用于热成像，但它们终将能够让机器人在夜间或杂乱的环境中检测是否有人。

重要的是要认识到，与我们自己的感官不同，传感器不一定要安装在机器人上。机器人可以依靠天花板上安装的摄像头来解读社会环境，也可以使用壁挂式麦克风阵列来定位说话的人。从某种意义上说，整个环境可以被视为机器人系统的一部分。

3.4 执行器

执行器将电信号转换为物理运动。带有一个执行器的系统通常只在一条直线或一个旋转轴上实现运动，这意味着系统只有一个自由度。通过组合多个电机，我们可以开发出具有多个自由度的机器人，允许在二维平面上导航或用类似人类的手臂做手势。

3.4.1 标准执行器

机器人的标准执行器是直流（DC）伺服电机（见图 3.8）。它通常由直流电机和微控制器组成，微控制器带有传感器，如电位计或编码器，输出电机输出轴的绝对或相对位置。为了控制速度，控制器通常向直流电机发送脉宽调制（Pulse-Width Modulation，PWM）信号。PWM 是一个开 / 关脉冲，字面上说是打开电机几毫秒，然后关闭。这一过程每秒进行好几次（最多每秒 100 次），接通阶段与断开阶段之间的持续时间（称为占空比）决定了电机旋转的速度。PWM 信号控制电机的速度，控制器设置电机的位置。这是通过反馈控制完成的，控制器不断读取电机的位置，并调整电机的 PWM 和方向，以达到或保持所需的位置。对于机器人手臂和头部使用的电机，控制器通常执行位置控制，以使电机朝给定的指令角度旋转。对于移动基座上用于车轮的电机，控制器通常执行速度控制，以使电机以指令速度旋转。

图 3.8 将伺服电机相互连接可以让机器人以各种方式移动，比如这个机器人手臂（来源：Trossen Robotics）

机器人可以有不同的配置和不同的电机数量，这取决于机器人身体的形状和要执行的功能。商用扫地机器人，如 Roomba，通常有 2 个驱动轮子的电机和 1 个让它在房间里移动的触觉传感器。因此，Roomba 有 2 个自由度（Degree Of Freedom，DOF）。简单的点头机器人可能只有 1 个电机来控制它的头部方向，这也意味着它有 1 个自由度。装备较齐全的类人机器人的头部可能有 3 个自由度——分别控制平移、倾斜和偏航，两臂有 4 ～ 7 个自由度，移动基座至少有 2 个电机，它还有视觉、听觉和触觉传感器。机器人手臂，如 KUKA（见图 3.9），必须至少有 6 个自由度才能操控物体，其中3个自由度来定位其末端执行器（例如手）以使其处于物体可到达范围内的位置，另外3个自由度来抓取物体。人的手臂可以近似为有7个自由度的手臂，除了必要的6个自由度之外，还有一个额外的冗余自由度。为了抓取物体，机器人手臂必须在末端连接某种类型的末端执行器。单自由度的手爪可以用来抓取物体，但更复杂的机器人手可以有多达16个自由度。人形机器人设计得与人类非常相似，通常有更多的自由度（例如，50个自由度），与简单的机器人相比，它能够以相对细微的方式控制自己的面部表情和其他身体动作。

电机有许多不同的尺寸、速度和强度，因此需要不同的功率。因此，要尽早地考虑机器人的设计以及机器人需要做出什么样的动作，比如它是需要拿起一个1公斤重的袋子，还是只需要挥动手臂；机器人能有多大，同时还能很好地适应它的环境；它对刺激的反应速度有多快；它需要便携式电源组，还是可以连接墙上的电源插座。

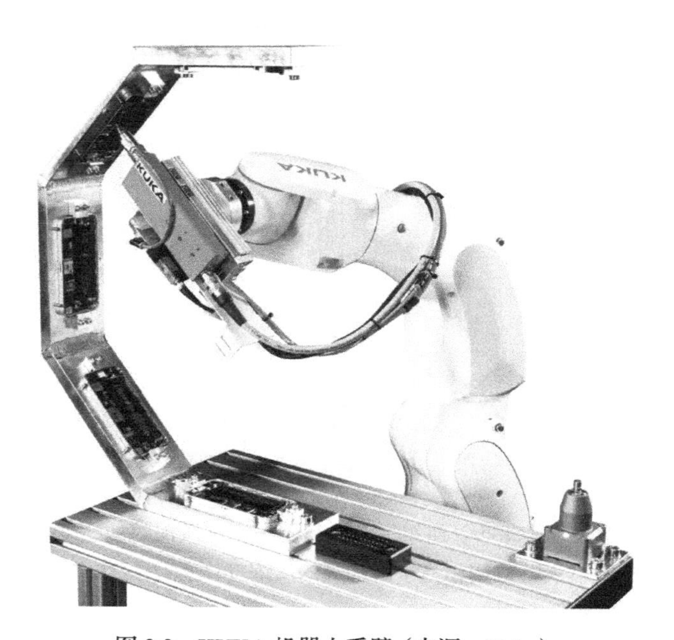

图3.9 KUKA机器人手臂（来源：Kuka）

3.4.2 气动执行器

气动执行器使用活塞和压缩空气。空气从压缩机或含有高压空气的容器中输送，这些高压空气需要以某种方式连接到机器人上。活塞通常可以伸展和收缩，这取决于打开哪个阀门让压缩空气进入。与电机相反，气动执行器产生线性运动，这在某种程度上类似于人体肌肉运动，并且能够产生使用电机难以实现的加速度和速度。因此，它们通常是类人机器人和人形机器人的首选，这些机器人需要以与人类相似的加速度和速度来做手势（见图 3.10）。它们需要操作的压缩机可能噪声很大，因此考虑如何在不破坏交互体验的情况下让机器人获得压缩空气是很重要的。

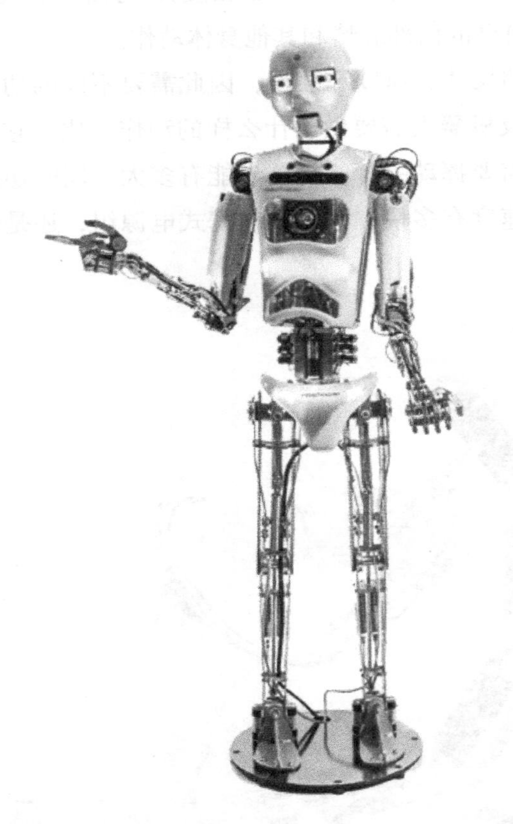

图 3.10　RoboThespian（2005 年至今）使用气动执行器来实现所需的加速度，以提供令人信服的戏剧表演。这个机器人可以用相当于潜水罐的压缩气体运行一天左右，不过它也可以连接到压缩机上（图片来源：Arts）

3.4.3　扬声器

为了产生声音和语音，我们使用标准扬声器。扬声器也许是机器人上最便宜的执行器，但就 HRI 而言，它们是不可或缺的。在设计与人交互的机器人时，在机器人体内何处放置扬声器是需要考虑的一个重要因素。（Takayama，2008）表明，用户和交互智能体的声音投影的相对高度可以影响谁在交互中占主导地位。

3.5 软件

目前所有可用的机器人都由一台或几台计算机上运行的软件控制。计算机接收来自传感器的数据，并定期向执行器发送命令。有些机器人在本机完成所有处理工作，但许多机器人会将处理工作转移到其他计算机上。在最近的机器人软件中，语音识别、计算机视觉和用户数据的存储通常发生在云端，通过由互联网连接的软件服务传输，通常按使用付费。基于云计算的优势在于，机器人获得的计算能力和存储空间远远超过了它所能携带的。像 Google Home 和 Amazon Alexa 这样的智能音箱都依赖于云计算。然而，它有一个缺点，即当机器人依赖于云计算时，它需要与云服务器进行稳定流畅的通信，而这并不一定能得到保证，特别是当机器人可移动时。因此，时间关键型计算和用于保证安全（例如紧急停止）的计算通常在本地进行。

3.5.1 软件体系结构

机器人不仅仅是一台有身体的计算机。计算机需要在纯粹的数字环境中运行，而机器人则需要与现实世界中杂乱无章、嗡嗡作响的混乱环境进行交互。它不仅需要了解世界，而且还需要实时了解世界。这种环境要求对机器人软件采用完全不同的方法。

体系结构模型

机器人的软件应该如何组织？第一条经验法则就是应该避免混乱的程序代码，这也适用于非机器人软件。研究人员和开发人员必须以模块化软件为目标。一个典型的方法是遵循“感知 – 决策 – 执行”模型（见图 3.11），其中传感器的输入使用特定于感知的软件模块进行处理，然后将传感器流转换为高阶表示。例如，将语音录音转换成文本转录，分析相机图像来报告人脸的位置。接着，涉及决策的模块使用从感知过程中收集到的信息规划机器人的下一个动作，然后将命令输出到执行模块中执行动作。

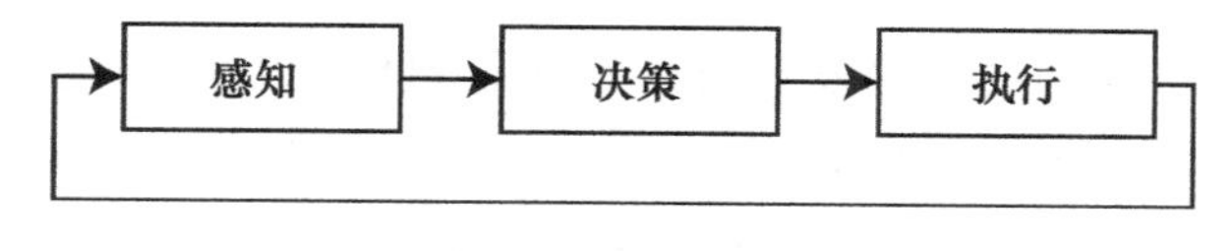

图 3.11 “感知 – 决策 – 执行”模型

例如，“人员查找”感知模块报告在二维相机图像中检测到的人员的位置，并且返回头部的大小，指示人员与机器人的距离。接着，决策模块计算机器人面对最近的说话人的头部方向，并向执行模块发送移动头部的命令。执行模块计算机器人颈部电机需要转动的角度，并将其发送给底层电机控制器。

“感知 – 决策 – 执行”方法也被称为协商方法，因为机器人会仔细考虑下一个动作。通常，我们希望机器人能对外部事件做出快速反应，而不用花太多时间思考下一步该怎么做。在这种情况下，我们通常为机器人编程简单的“行为”程序（Brooks，1991）。行为是紧密耦合的传感器 – 动作处理循环，它能立即响应外部事件。这些可以用在机器人即将下楼梯时的紧急停止，但它们在社会互动中也同样可以发挥作用。当听到一声巨响，或者一张脸出现在视野中时，我们希望机器人能尽快做出反应。先行动，后思考。通常，机器人上运行着几十种行为程序，并且存在着一些机制来调节哪些行为是活跃的，哪些行为不是活跃的。包容体系结构就是一种这样的机制，它将行为组织成层次结构，允许一种行为激活或抑制其他行为（Brooks，1986）（见图 3.12）。

用这种方法，即使机器人没有明确世界“表象”，它仍然可以表现出明显的智能方式。例如，如果清洁机器人同时拥有两种行为，一种是避开墙壁，另一种是使其稍微向右拉动，那么由此产生的或紧急的行为就是紧贴着墙壁。尽管紧贴着墙壁没有被明确编程，但它是在两个简单行为的交互中产生的。扫地机器人 Roomba 就是基于这样的想法开发出来的。

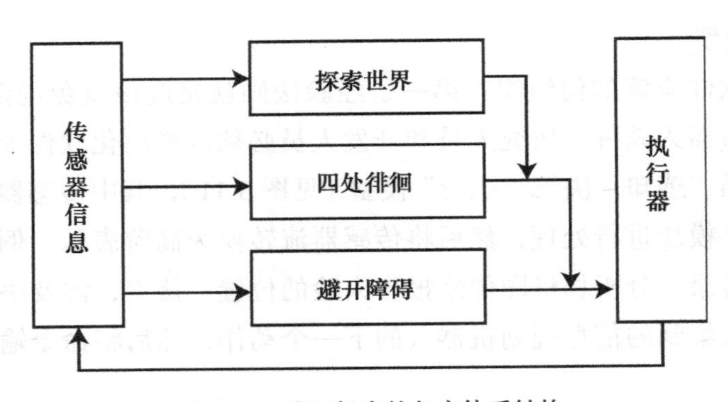

图 3.12　基于行为的包容体系结构

在 HRI 研究中，我们通常会发现自己在深思熟虑的方法和反应性方法之间寻找中间方法。我们需要一个反应性的控制层，让它对亚秒级的社交事件做出快速反应，然后紧跟一个商议层，让它对较慢的交互元素（如会话）做出连贯的反应。

鉴于此，开发可分解为若干较小模块的软件非常重要。即使不需要完全丰富的“感知 – 决策 – 执行”模型，将模型分为感知、决策和执行模块仍然是常见的做法。“决策”在组件和复杂性方面是多样化的，并且在很大程度上取决于机器人和应用程序。清洁机器人可能需要计算下一个要清洁的位置，而同伴机器人可能需要决定应该如何启动与用户的对话。因此，Roomba 真空吸尘器上的软件将与 Pepper 类人机器人上的完全不同。对于交互式机器人，需要将各种形式的 HRI 知识嵌入各种软件模块。

执行模块负责机器人的驱动和社交输出，如非言语、言语、手势和运动。例如，语音合成模块可以接收文本并将其与定时信息（允许机器人用适当手势强调其语音）一起转换成口语。

3.5.2 软件实现平台

软件通常在操作系统（如 Windows 或 Linux）上运行，并且通常能在某些实现平台上运行。机器人操作系统（Robot Operating System，ROS）是机器人技术和 HRI 社区常用的平台。它处理传感器和软件模块之间的通信，并提供库和工具来支持经常使用的机器人功能，如定位和导航。ROS 拥有一个庞大的用户社区，用户们经常在公共软件存储库上共享模块。

3.5.3 机器学习

有些任务需要学习，无法显式编程。让机器人学习一种技能的实践叫作机器学习。下面将介绍各种机器学习技术。

1. 训练数据

机器学习需要机器人能够学习的数据。这个训练数据集应该包含大量要学习的东西的样本，这些样本可能是来自传感器或文本的数据，通常由人们手动标记。例如，可以有一个由人脸图像组成的数据集，每幅图像中的人的情绪（例如"平静""微笑"或"愤怒"）都会标记出来。典型的数据集包含数十万甚至数百万个样本。

2. 特征提取

为了辅助机器学习，需要预处理传感器数据，通常将传感器数据转换成更合适的表示形式并从数据中提取显著特征。这个过程称为特征提取。从原始传感器输入中提取特征有很多算法。例如，边缘检测算法突出显示图像中强度突然变化的像素，分割算法识别图像中颜色都相似的区域，这些区域可以表示人脸、头发或眼睛（见图 3.13）。

特征本质上是数字。通常，这些特征被放置到特征向量中，形成一行待处理的数字。例如，可以计算检测到的边缘像素数，并将其用作特征向量的变量之一。研究人员经常手工分析他们的数据集并识别显著特征。例如，通过仔细观察，人们可能会发现儿童比成人更易烦躁不安。一旦发现这样的特征，就可以在特征向量中添加运动量作为变量。

图 3.13 用户操作机器人按钮图像的 Canny 边缘检测

3. 基于训练的分类

机器学习方法有许多。一种常用的方法是分类。在分类方法中，算法根据训练数据决定未知数据点属于哪一类。例如，给定一个人的相机图像，让分类器来辨别这个人脸显示了什么样的情绪。

假设我们可以计算一个代表人的身高的一维特征向量，并且有一个包含两个类别（“成人”和“儿童”）的数据集，即训练数据中的每个数据点都有一个标签，说明该数据点属于儿童还是成人。分类器从训练数据集学习阈值（例如，150 厘米）以区分这两个类。

在这个例子中，特征向量只包含一个特征，即用户的身高。我们称之为一维特征向量。机器学习算法通常可以处理数千个特征，识别多达数千个类别。分类错误经常发生，例如，高个子的孩子或矮个子的成年人可能会被错误地分类。

当使用更多数据训练时，机器学习算法的性能更好。理想情况下，我们希望机器学习算法能够“泛化”，这意味着它们能够正确处理从未接触过的数据。然而，有时机器学习会产生“过度拟合”的算法，当发生这种情况时，算法在训练过的数据上表现得非常好，但在遇到新问题时表现很差。

4. 深度学习

深度学习也称为深度神经网络（Deep Neural Network，DNN)，是一种通过提高计算能力使机器学习成为可能的技术。深度学习依赖于人工神经网络，其中有大量相互连接的人工神经元层，因此得名“深度”。训练 DNN 需要大量的计算能力，但是最近在并行计算和图形处理单元（Graphical Processing Unit，GPU）使用方面的进展使我们能够在几天内训练这些网络。

DNN 不需要仔细的手工特征提取。相反，DNN 可以自己从数据中发现相关的特征。缺点是 DNN 需要大量的数据，通常需要数百万个数据点。例如，谷歌收集了一个庞大的数据集，包含2300多亿个数据点，用来训练其语音识别算法。

对大型数据集的需求是HRI研究面临的一个重大挑战，因为很难收集到大量人类和机器人交互的数据。深度学习的复杂性也使得我们很难确切地知道网络的决策依据是什么（例如，我们可能不知道它识别了哪些特征，或者它是如何决定使用这些特征来进行分类的），当我们需要相信系统是鲁棒的、安全的和可预测的时，这对于实验室以外的HRI来说尤其成问题。如果机器人做错了什么，我们需要弄清楚如何调试和纠正系统，比如一辆自动驾驶的优步（Uber）汽车在对横穿马路的人进行分类时遇到了问题，结果撞倒了人（Marshall & Davies，2018）。

3.5.4 计算机视觉

计算机视觉是HRI研究的一个重要领域。本质上，计算机视觉在处理单个图像时解释的是一个二维数字数组，在处理视频数据时解释的是一段时间内记录的一系列二维图像。在HRI领域，计算机视觉可以是相当直接有效的。例如，运动检测可以通过相差不一到1秒拍摄的两个相机图像相减来实现。捕捉到运动的任何像素都将有一个非零值，这反过来又可以用来计算运动最多的区域。当在机器人上使用时，运动检测器可以让机器人将自己定位到运动最多的区域，产生机器人意识到物体移动的错觉。在HRI领域中，这通常涉及人的手势或语音。

另一种与HRI相关的计算机视觉技术是人脸处理技术。在图像中检测人脸的能力已经提高，可以用来让机器人看着人的眼睛。然而，人脸识别（即在图像中识别特定的人）仍然是一个挑战。此项技术近年来取得了令人印象深刻的进展，这主要得益于深度学习的发展，现在可以可靠地识别并区分面对镜头的数百人。但当从侧面识别用户时，人脸识别通常会失败。

骨架跟踪技术是与HRI相关的另一种技术。在骨架跟踪中，软件试图跟踪用户身体和四肢所在的位置。这项技术最初是在微软Xbox游戏机上使用的，带有特定于Kinect RGBD传感器的软件，但现在是许多HRI应用程序中的主要技术。此技术有几种软件解决方案，但最近，深度学习已经能够从简单的相机图像读取复杂场景中数十个用户的骨架，而不需要RGBD传感器。这方面的软件称为OpenPose，现在可以免费获得，并经常用于HRI研究（Cao et al.，2017）。

有许多商业和免费软件解决方案，提供了一系列开箱即用的计算机视觉功能。OpenCV也许是最著名的，它是一个经过20多年开发的免费软件库，可用于人脸识别、手势识别、运动理解、物体识别、深度感知和运动跟踪等。

因为计算机视觉通常需要相当大的计算能力，这对于小型或廉价的机器人来说是不现实的，因此有时计算机视觉过程是在云端处理的。在这种情况下，机器人的视频流通过互联网连接发送到云上的服务器。目前有基于商业的云解决方案，可用于人脸识别、个人识别和图像分类，按使用付费。

3.6 HRI 机器人技术的局限性

机器人技术有几个局限性，其中一些仅针对 HRI，还有一些则适用于全部机器人技术。一个普遍的挑战是，机器人是一个复杂的系统，需要在模拟世界和机器人的数字内部计算之间进行转换。现实世界是模拟的、嘈杂的，而且经常是多变的，机器人首先需要一个合适的数字世界表示，然后才能由软件来做决策。一旦决策完成，就会被转换成模拟动作，比如说一句话或移动一条腿。

另一个适用于所有机器人的主要挑战是学习。目前，机器学习需要迭代数百万的样本，才能慢慢推动自己以合理的技能水平执行任务。尽管由于 DNN 和 GPU 的进步而有一定的加速作用，但在撰写本书时，计算机仍需要几天甚至几周的时间来学习，而且还只是在所有学习都可以在内部进行时，例如在模拟或使用预先记录的数据时。从机器人采集的实时数据中学习几乎是不可能的。与此相关的是“迁移”的挑战，或从一种技能迁移到另一种技能的表现。例如，人们可以学习玩一种纸牌游戏，然后能够将知识迅速迁移到另一种不同规则的纸牌游戏。机器学习通常很难完成此任务，对于新的挑战需要从头开始学习。

机器人上各种系统的无缝集成也是一个重大挑战。语音识别、自然语言处理、社会信号处理、动作选择、导航和许多其他系统都需要协同工作，才能在机器人中创造令人信服的社会行为。在简单的机器人上，这是可控的，但在更复杂的机器人上，这些不同技能的集成和同步仍然是我们无法掌握的。人脸检测、情绪分类和声源定位在单独运行时可能都能很好地工作，但是将这三者结合起来，使机器人以类似人的方式对接近机器人的人做出反应仍然是一个挑战。向对机器人微笑的人打招呼，在门砰的一声关上时抬头看，或者忽略对机器人不感兴趣的人，这些听上去都很容易，但要建立这样的行为并使之始终如一地工作是很困难的。一旦增加更多的技能，挑战就变得更艰巨了。会话机器人的目标是除了使用全套传感器以适当的方式做出反应外，还可以使用自然语言与人互动，而目前世界各地的研究实验室才开始尝试研发这种机器人。在未来的十年里，不太可能制造出能像人类一样处理对话的机器人。

一般来说，机器人和人工智能（Artificial Intelligence，AI）系统都面临语义难题：它们往往无法真正理解周围发生的事情。机器人似乎对接近它并询问方向的人反应很好，但这并不意味着机器人了解所发生的事情，即这个人不熟悉这个地方，或者它给出的方向实际指向哪里。通常情况下，机器人被编程为在人们走近时面对他们，并对听到的关键词做出反应。目前，真正地理解语义仍然是人类独有的。尽管有一些研究项目是为了让人工智能系统具有理解力（Lenat，1995；Navigli & Ponzetto，2012），但还没有机器人能够利用它们与世界的多模态交互来理解社会和物理环境。

人工智能尚未达到人类一般智能水平的原因是多方面的，但概念问题从一开始就被确定了。Searle 指出，数字计算机自己永远无法真正理解现实，因为它们只操纵不包含语义的句法符号（Searle，1980）。在他的“中文屋思维实验”中，一张带有中文符号的纸条滑到房间门下。房间里的一个男人读了这些符号，然后用他在一本含有更多汉字说明的书中找到的一套规则做出反应。然后他用其他汉字写下回应，然后把它从门下滑回去。门后的观众可能会认为房间里的人懂中文，而实际上，他只是查看了规则，并不了解这些符号的真正含义。同理，计算机也只操纵符号来对输入做出反应。如果计算机的反应像人一样，那是否意味着计算机是智能的？

根据 Searle 的观点，IBM 的国际象棋计算机 Deep Blue 实际上并不懂国际象棋，而 AlphaGo 也并不懂围棋。这两个程序可能都打败了人类游戏大师，但它们只是通过操纵对它们来说毫无意义的符号来做到这一点的。Deep Blue 的创造者德鲁·麦克德莫特（Drew McDermott）对这一观点做出了回应：“说 Deep Blue 并不真正懂国际象棋，就像说飞机并不是真正在飞行是因为它不拍打翅膀”（Drew McDermott，1997）。也就是说，他认为，只要能按预期实现，新机器或人工智能并不需要复制人类、动物或鸟类的所有细节。这场辩论反映了关于思考和理解意味着什么的不同哲学观点，至今仍在进行中。同样，开发通用人工智能的可能性仍然是一个悬而未决的问题。尽管如此，这方面还是取得了进展。在过去，会下象棋或围棋的机器被认为是智能的。但是现在它被认为是一台计算机器的壮举，我们对于什么是智能机器的标准随着机器的能力而改变。

无论如何，目前还没有建立出足够智能的机器，为机器人所设想的许多高级应用场景提供基础。研究人员经常运用 WoZ（Wizard-of-Oz）方法（见 9.8.4 节）来伪造机器人的智能。HRI 的要求往往意味着对当前技术可以实现任务的不切实际的假设，研究新手和公众应该意识到机器人技术和人工智能的局限性。

3.7 结论

机器人由多个与传感器和执行器相连的软件模块组成。软件设计需要 HRI 知识，反之，HRI 研究人员需要对软件有一个基本的了解，才能为未来的 HRI 开发人员提供有用的知识。为了使机器人获得成功，需要选择和集成不同的组件，并着眼于特定的 HRI 应用及其需求。尽管有局限性，但机器人仍然可以被设计成在各种类型的短期甚至长期的互动中与人类成功互动。

可供思考的问题：

- 第 2 章和第 3 章介绍了市场上可用的各种机器人类型。这些机器人有哪些传感器？有哪些执行器？你认为哪些硬件组件至关重要？
- 想象一下你想使用智能社交机器人的场景。它应该有哪些传感器和执行器？应该具备哪些技能？是否有软件可提供这些技能？
- 需要什么样的数据集才能训练机器学习算法来实现机器人的新交互功能，例如人脸识别功能？

延伸阅读：

- AI 基础：
  Stuart Russell and Peter Norvig. *Artificial intelligence: A modern approach.* Pearson, Essex, UK, 3rd edition, 2009. ISBN 978-0136042594. URL `http://www.worldcat.org/oclc/496976145`
- 机器人基础：
  Maja J. Matarić. *The robotics primer.* MIT Press, Cambridge, MA, 2007. ISBN 9780262633543. URL `http://www.worldcat.org/oclc/604083625`
- 机器人技术的不同主题：
  Bruno Siciliano and Oussama Khatib. *Springer handbook of robotics.* Springer, Berlin, 2016. ISBN 9783319325507. URL `http://www.worldcat.org/oclc/945745190`

第 4 章

设 计

本章内容包括：

- 设计精良的机器人如何将交互提升到下一个层次（实体设计）；
- 人们如何不将机器人视为塑料、电子器件和代码的集合，而是将其视为类人实体（拟人化）；
- HRI 研究如何借鉴拟人心理学理论来设计和研究人与机器人的互动；
- 用于人 – 机器人交互的设计方法和原型工具。

如何将一堆电线、电机、传感器和微控制器变成一个人们想与之互动的机器人？虽然这听起来很神奇，但将金属和塑料变成社交伙伴的诀窍在于机器人设计的跨学科迭代过程。

机器人设计是人 – 机器人交互（HRI）中一个快速发展的研究和实践领域，开发能够与人类交互的机器人的需求对现有的机器人设计方法提出了挑战。到目前为止，大多数机器人都是由工程师开发的，它们与人类互动的能力随后由社会学家进行测试。这个设计过程从内部开始，再到外部——首先解决技术问题，然后设计出符合要求的机器人外观和行为。以移动平台 TurtleBot（见图 4.1）为例，首先在机体上添加所需的传感器和执行器，随后如果时间允许，可以设计一个外壳来覆盖所有的技术。机器人的外观和特定的社交能力必须建立在这个技术基础之上。这种常见的机器人建造方法也被称为“弗兰肯斯坦方法”：采用任何可用的技术，并将其组合在一起，以获得某些机器人功能。然而，在设计过程中不考虑应用的社会背景会导致机器人交互中出现令人诧异的效果。

另一种更为全面的机器人设计方法需要先考虑机器人的使用者、使用地点以及使用方法。根据用户的特点和使用环境，我们可以确定具体的机器人设计特征，如外观、交互方式和自主程度。这可以被称为开发机器人的一种更“由外而内”的模式，在这种模式中，设计过程始于我们期望机器人参与的交互，它将决定机器人的外形和行为。一旦设计确定下来，我们就把所有的技术都融入其中。

设计师被训练以这种方式来处理工件的设计（参见图 4.2 的示例），并且能够做出有价值的贡献（Schonenberg & Bartneck，2010）。独特的贡献包括机器人的美学，但设计师也有能力创造出发人深省的机器人，挑战我们对人类和机器人角色的理解。

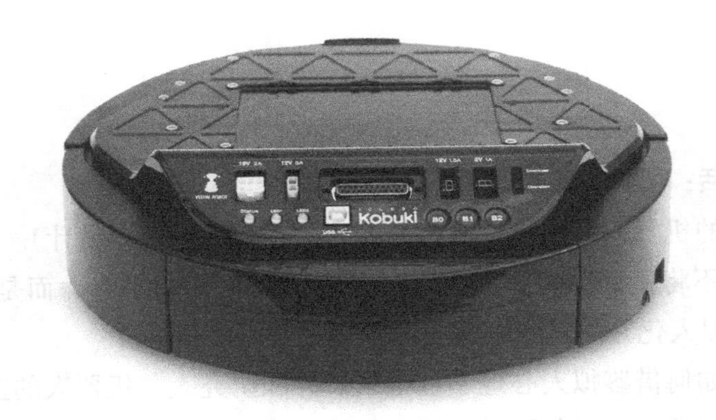

图 4.1　TurtleBot2（2012 年至今）平台（资料来源：Yujin Robot）

这种形式的机器人设计通常需要结合多个学科的专业知识，例如，设计师可能致力于开发设计的特定概念，社会科学家可能进行探索性研究以了解潜在用户和使用环境，工程师和计算机科学家需要与设计师沟通以确定具体的设计思想如何在技术中得到体现（Šabanović et al.，2014）。HRI 设计可以利用现有机器人的优势，设计特定的行为或使用适合特定应用的任务，也可以开发新的机器人原型以支持所需的交互。无论哪种情况，HRI 设计既利用了现有的设计方法，又开发了特别适合具体化交互工件（即机器人）开发的新的概念和方法。

图 4.2　从外到内设计的神秘机器人。首先，机器人的外形是经过雕刻的，然后再将技术融入其中

4.1 HRI 设计

4.1.1 机器人形态

设计 HRI 的一个共同出发点是思考机器人将要做什么。关于物体的形状在很大程度上取决于其预期的功能或目的，即形式是否服从功能，或者反过来是否成立，存在着争论。然而，在人－机器人交互系统中，形式和功能是内在相互联系的，因此不能单独考虑。

当代 HRI 设计师有几种不同形式的机器人可供选择。人形机器人和类人机器人（见图 4.3）在外表上与人类最为相似，但在能力方面，它们还有很多值得商榷的地方。动物形态机器人的形状像我们熟悉的动物（如猫或狗）或我们熟悉但通常不与之互动的动物（如恐龙或海豹）。HRI 的设计师们渴望让机器人的外观与其有限的能力相称，也经常设计极简机器人，探索激发 HRI 所需的最低要求，例如 Muu（见图 4.4a）或 Keepon（见图 4.4b）。可以说，最简约的机器人是街头艺人机器人，它由盒子及盒上的一双动画凉鞋组成，盒子前面有一个路标，上面写着"裸体隐形人"（Partridge & Bartneck，2013）（见图 4.4c）。

最近，随着这些基于有机体的机器人，HRI 领域已经开始考虑"机器人对象"，即交互式机器人工件，其设计基于对象而不是生物——例如社交垃圾桶 Robot Ottoman（见图 4.5）和自动存钱罐（Fink et al.，2014）。由于机器人的设计空间相对较大，并且考虑了有关形式、功能、自主程度、交互方式以及所有这些如何与特定用户和使用环境相适应的问题，因此设计的一个重要方面是弄清楚如何对这些不同的设计方面做出适当的决定。

图 4.3　Robovie-MR2（2010）是一个通过手机控制的类人机器人

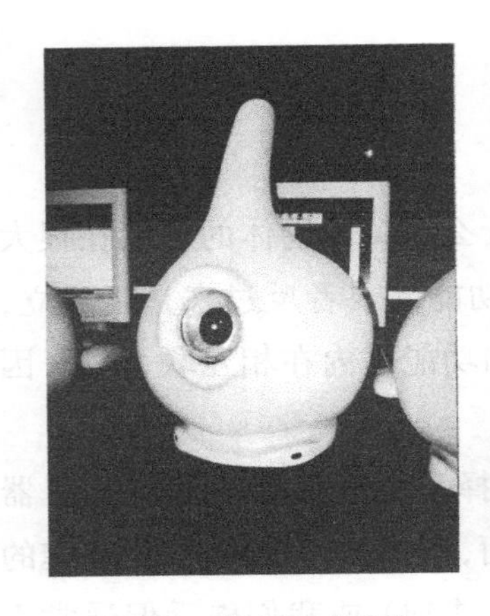

a) Muu（2001—2006）

b) Keepon（2003年至今）

c) 裸体隐形人

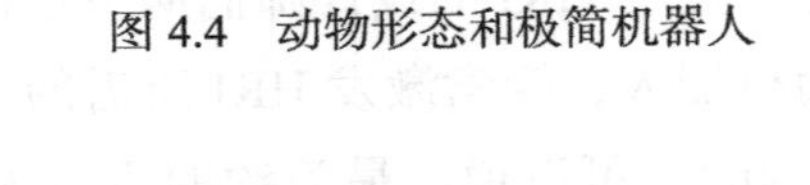

图 4.4 动物形态和极简机器人

图 4.5 社交垃圾桶机器人是“机器人对象”的一个例子，机器人对象具有交互功能（资料来源：Michi Okada）

4.1.2 自解释性

人 – 机器人交互设计中的另一个重要概念是自解释性（Affordance）的概念。这一概念最初是作为生态心理学的一个概念发展起来的（Gibson，2014），其中提到了有机体与其环境之间的内在关系。例如，当一个人看到一块石头时，他可能想扔它，但是老鼠会想躲在石头后面。Don Norman 对这一概念进行了修正（Norman，2008），以描述有机体与其环境之间的可感知关系，从而实现某些动作（例如，椅子是可以坐的东西，楼梯也是）。

设计师需要设计具有明确自解释性的产品。此外，他需要在设计中结合用户期望和文化认知。对于 Norman 来说，这些“设计自解释性”是在机器人和人类之间发展共同点的一个重要途径，以便人们能够恰当地理解机器人的能力和局限性，并相应地调整他们的交互方式。机器人的外观是一个重要的自解释性，因为人们往往认为机器人的能力与其外观相称。如果机器人看起来像人类，那么它的行为也应该像人类。如果它有眼睛，它应该能看见东西；如果它有胳膊，它应该能拿起东西，也许还能握手。另一个自解释性是机器人的交互方式。例如，如果机器人会说“你好”，人们将期望它能够理解自然语言并能够进行对话。如果它通过面部表情表达情绪，人们可能希望它能够读懂自己的情绪。其他机器人自解释性可以基于技术能力，例如，如果它的身体上有一个触摸屏，人们可能希望通过触摸屏与机器人交互。因为机器人是新颖的互动伙伴，设计师使用的自解释性对于发出与机器人接触的适当方式的信号尤为重要。

4.1.3 设计模式

由于 HRI 的重点是人与机器人之间的关系，因此 HRI 设计的任务不仅是创建一个机器人平台，还包括设计和实现人与机器人在各种社会环境中的某些交互。这表明，需要考虑的主要设计单元不仅包括机器人个体的特征（例如，外观、感知能力或驱动力），还包括 Peter Kahn 在 HRI 中所称的“设计模式”，其灵感来源于 Christopher Alexander 的建筑设计模式思想（Kahn et al.，2008）。这样的模式描述了在环境中一次又一次出现的问题，以及该问题解决方案的核心，这样你就可以多次使用这个解决方案，而不必以同样的方式重复两次（Alexander，1977）[x]。

在 HRI 中，Kahn 等人认为模式应该足够抽象，这样就可以有不同的实例，可以将它们组合起来，可以将不太复杂的模式集成到更复杂的模式中，可以用来描述与社会和物理世界的交互。例如，说教式的交流模式（机器人扮演教师的角色）与运动模式（机器人发起运动并将与其交互中的人类对手匹配）相结合可以创建机器人导游。Kahn 等人提出，HRI 设计模式可以通过迭代设计过程，基于对人类交互的观察、关于人类和机器人的先前经验知识以及设计师在 HRI 方面的经验来开发。他们开发并在设计中使用的一些模式类似于机器人的“初始介绍”或者“一起运动”（机器人和人一起移动）。尽管 Kahn 等人的设计模式并不是详尽无遗的，但他们强调，设计应该关注人与机器人之间的关系。

4.1.4 设计原则

在 HRI 的设计过程中，当将设计的自解释性和设计模式这两个概念结合起来时，通常的设计类型（例如，机器人可能被分为类人机器人、人形机器人、动物形机器人、极简设计机器人或机器人对象）不再是主要的设计焦点或问题。设计师要考虑不同的机器人形式和能力如何适应或表达特定的 HRI 设计模式，以及如何将其设计为能适当传达机器人交互能力和功能的“功能可供性”。鉴于此，HRI研究人员提出了以下原则，在HRI设计中开发合适的机器人形式、模式和自解释性时需要考虑这些原则。

与设计的形式和功能相匹配 如果机器人是人形的，人们会期望它像人类一样说话、思考和行动。如果这对于它的目的（比如清洁）而言不是必需的，那么最好还是坚持用不那么拟人化的设计。同样，如果它有眼睛，人们会期望它能看到东西；如果它能说话，人们会期望它能倾听。通过设计，人们还可以将特定的社会规范和文化定型观念与机器人联系起来。例如，研究人员已经表明，人们可能期望女性机器人对约会更了解，中国研发的机器人会更了解中国的旅游景点（Powers et al., 2005；Lee et al., 2005）。

不足和过度的自解释性 当人们的期望值被机器人的外观提高或人们通过机器人介绍认为其为智能型或同伴型，而这些期望值没有被其功能所满足时，人们显然会失望，甚至会对机器人产生负面评价。有时，这些负面评价会非常严重，甚至影响互动。为了避免这样的问题，最好降低人们对机器人的期望（Paepcke & Takayama，2010），而期望值可能会因社会对机器人的描绘而提高（见第11章）。这甚至可能包括不要称自己的设计为机器人，因为“机器人”这个词本身就意味着相当先进的能力。

交互扩展功能 当面对一个机器人时，实际上，人们会根据具体价值观、信仰、需求等情况来填补设计留下的空白。因此，以一种开放的方式来设计机器人（特别是对于能力有限的机器人）是很有用的。这使得人们可以用不同的方式来解释设计。这种开放式设计方法尤其适用于类似海豹的机器人Paro（见图2.6）。这种海豹宝宝机器人可以唤起人们对宠物的联想，但它还是不能与人们认识的动物（如猫和狗）相比，这将不可避免地会让人们失望。因此，Paro自然地融入了与人类的互动中，并作为宠物般的角色出现，尽管它的能力远远低于典型家养动物或真正的海豹宝宝（Šabanović & Chang, 2016）。

不要混淆隐喻 设计应该从整体出发——机器人的能力、行为、交互功能等都应该是协调的。假设你设计了一个类人机器人，如果它的皮肤只覆盖了身体的一些部位，人们可能会感到不安。同样，如果机器人是一种动物的形象，它如果会像成年人一样说话或者试图教你数学，都是令人感到奇怪的。这与“恐怖谷理论”有关（见4.2.2节），因为匹配不当的能力、行为和外表往往会导致人们对机器人产生负面印象。

讨论：请看图4.6中的两张图片。它们给你什么样的感觉？尽管科幻作家Philip K. Dick的两个机器人形象都有点奇怪和不可思议，其中一个似乎没有完成，并具有混淆的设计隐喻——机器人的机械内部和人类外形，因此它更令人不安。

与 Kahn 的设计模式一样，这些设计原则并非详尽无遗，而是旨在启发人们思考如何设计 HRI，以一种承认并融合人类和机器人能力之间相互依赖，明白互动伙伴需要相互理解和支持，并且清楚互动语境对其成功有影响的方式。

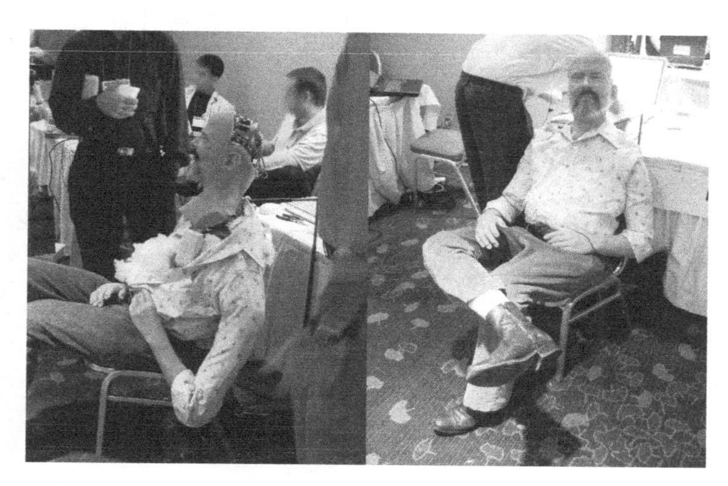

图 4.6　Philip K. Dick 机器人（2005），其于 2010 年重建

4.2　HRI 设计中的拟人化

你有没有在写几小时后就要交的论文时计算机突然死机而对其大发脾气的经历？那时，你希望计算机重新启动后将论文恢复，在意识到文件确实能重新打开并且可以继续编辑后，会轻轻触摸鼠标，如释重负地松了一口气，因为“天才”（你对自己的计算机的称呼）没有让你失望。事实上，此场景中的“天才”称呼就是一种将物拟人化的例子。但拟人化到底是什么？

拟人化是将人类的特征、情感或意图赋予非人类实体。它源于 ánthrōpos（意思是“人”）和 morphē（意思是“形式”），指对非人类实体进行人类形式的感知。我们在日常生活中都经历过拟人化。“我的计算机讨厌我！”“查克（车）最近不舒服”“那个磨碎器看起来像有眼睛”——你以前肯定听过或说过这样的话。后者是拟人化的一个特殊例子，这种现象称为“空想性错视”，即在随机模式或普通物体中看到类人特征的效果。1976 年 7 月 25 日，“维京一号”宇宙飞船在火星上拍摄了一张 Cydonia 地区的照片（见图 4.7）。许多人在火星表面看到一张“脸”，这引发了许多关于火星上是否存在生命的猜测。2001 年，美国国家航空航天局（National Aeronautics and Space Administration，NASA）将其火星全球探测器派往同一地点，在不同的光照条件下拍摄高分辨率照片，结果显示 1976 年拍摄的人脸结构并不是人脸。

拟人化是人类社会交往意义和社会认知意义的自然产物。这也是 HRI 系统设计和研究的一个主题。我们将在这里详细讨论 HRI 研究中的拟人化，该主题包括技术发展、心理学研究，以及实现人 - 机器人交互的设计。机器人的拟人化程度是机器人设计师需要做出的主要设计决策之一，因为它不仅影响机器人的外观，而且还影响它需要提供的功能。

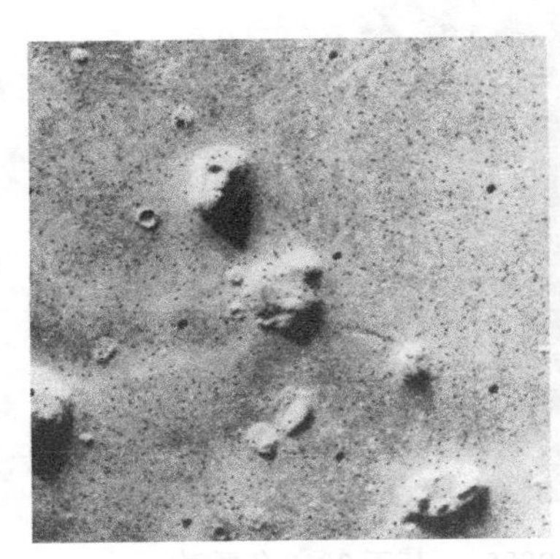

a) 摄于1976年

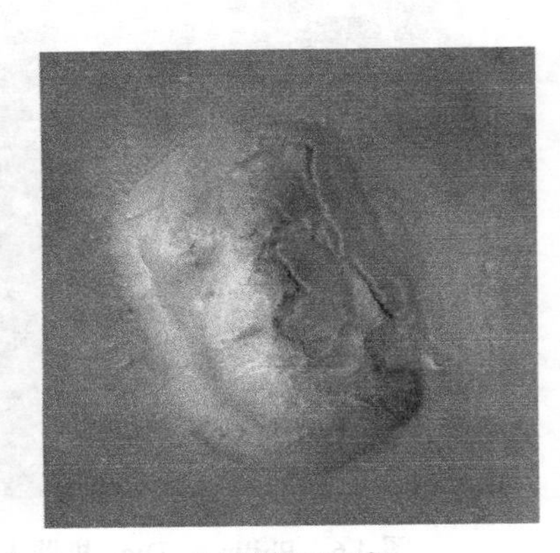

b) 摄于2001年

图 4.7 火星上的“脸”就是一个“空想性错视”的例子（资料来源：NASA/JPL、NASA/JPL/MSSS）

4.2.1 拟人化和机器人

人与生俱来的对周围事物进行拟人化的倾向，已经成为 HRI 领域的一个常见设计启示。在拟人化设计中，机器人被构造成具有某些类人特征，例如外观、行为或某些社交暗示，这些特征会让人们将其视为社会智能体。一方面，机器人被设计成尽可能像人类，有些已经被塑造成活人的精确复制品，比如杜莎夫人蜡像馆的移动蜡像（见图 4.8）或具有人类综合表现的机器人（如 Kokoro）。类人机器人在其拟人化设计中使用了更为抽象的拟人概念。例如，ASIMO 有一个人形身体（两条胳膊两条腿、一个躯干和一个头）和比例，但它没有眼睛。它的头就像宇航员的头盔。Nao 同样拥有一个人形身体，还有两只发光二极管（LED）的眼睛，可以改变颜色来表达不同的表情，但它没有嘴巴。其他类人机器人，如 Robovie、Wakamaru 和 Pepper，虽不是两足动物，但也有胳膊，有头，有眼睛（见图 4.9）。

然而，非人形机器人也可以有拟人特征。极简机器人 Keepon 有两只眼睛和对称的身体，还有激发拟人化行为的注意力和情感的行为线索显示器。谷歌的一款自动驾驶汽车原型外观近乎卡通，宽大的前大灯和按钮似的鼻子让人联想到拟人化的外观。最后，赋予机器人动物般的外观或行为——例如 Pleo（见图 10.5）与带尾巴的 Roomba（Singh & Young，2012），也可以被视为拟人化设计的一种形式，因为它的灵感来自人们对动物的普遍拟人化和社会认知。

图 4.8　Geminoid HI 4 机器人（2013）是 Hiroshi Ishiguro 的复制品（资料来源：Hiroshi Ishiguro）

a) Keepon

b) Wakamaru（2005—2008）

c) Nao（2008年至今）

d) ASIMO（2000—2018）

e) Kokoro的Actroid人形机器人（2003年至今）

图 4.9　人们很容易将各种各样的机器人拟人化，其外观从极简到难以与人类区分不等

一段时间以来，拟人化一直是动画设计师的关键，直到最近才引起社会心理学家的兴趣。*The illusion of life*：*Disney animation*（Thomas et al.，1995）激发了几个社交机器人项目的灵感，例如 Wistort 等人的“豆腐”机器人——它展示了“挤压”和“拉伸”的动画原理（Wistort & Breazeal，2009），以及 Takayama 等人的 PR-2 机器人——利用动画给机器人明确的目标、意图和对事件的适当反应（Takayama et al.，2011）。诸如预期和夸张交互等动画原理也被应用到了机器人设计中，例如，Guy Hoffman 的马林巴演奏机（Hoffman & Weinberg，2010）和音乐伴侣机器人（Hoffman & Vanunu，2013）。这些拟人化的设计不仅利用了外观和形式，而且还利用了与环境有关的行为和其他行为体来唤起使用者对机器人的拟人化情感。

机器人设计中的拟人化因素包括与形式和外观有关的因素以及与行为有关的因素，但所有这些都依赖于使用者个体的想象力，即赋予机器人一些超出其实际可能拥有的特性和能力。

4.2.2 拟人理论

1. 心理学的观点

在经典的面向工程的拟人学文献中，研究人员主要聚集于评估机器人的感知外观。最近的心理学理论超越这个概念，关于拟人化的本质提出了一个补充观点。Nicholas Epley 等人提出的理论框架（Epley et al.，2007）在心理学和机器人学领域都有影响，有助于拓宽我们对拟人化概念及其原因和后果的理解。他们提出了三个决定非人类实体拟人化推理的核心因素：有效性动机、社交动机和引出的能动性认识。我们来简单介绍一下这些概念。

首先，有效性动机关注我们解释和理解他人作为社会行为体的行为的愿望。当人们不确定如何与不熟悉的互动伙伴打交道时，这可能会被激活。大多数人对作为社会交往伙伴的机器人还比较陌生，因此很容易想象，当被要求与机器人进行社会交往时会激发他们的有效性动机，从而增加他们对机器人拟人化的倾向。因此，人们可能会将类人特征赋予机器人，以便在心理上获得对他们所处的新环境的控制。在这种情况下，拟人化可以减少与人 - 机器人交互相关的压力和焦虑。

其次，机器人的拟人化也可能是由社交动机引起的，尤其是缺乏社交关系的人。在这种情况下，人们可能会将非人类实体作为社会互动伙伴来解决他们的情绪或长期孤独感。支持这一观点的是，之前的研究表明，在实验情境中感到孤独的人或者长期孤独的人，在更大程度上比社交联系充分的人愿意使用拟人化机器人（Eyssel & Reich，2013）。

最后 这里提到的能动性认识指的是人们利用他们对社会互动和行为的常识性理

解去理解机器人。例如，Powers 等人的研究（Powers et al.，2005）表明，那些认为女性对约会规范更了解的人对待男性和女性机器人时，会表现得就好像男性和女性机器人在约会方面也有与众不同的能力一样，例如，他们用更多的时间和语言向男性机器人解释约会规范。这一因素可以专门用来指导各种任务的社会化机器人的设计和技术实现。

这三个决定因素揭示了为什么我们倾向于将非人类实体拟人化的心理机制。拟人化包括将情感、意图、典型的人类特征或其他本质上的人类特征赋予任何类型的真实的或想象的非人类实体（Epley et al.，2007）。基本假设是，人们使用自我相关或以人为中心的知识结构来理解周围的非人类事物（本例中为机器人）。机器人在外观和行为上与人类的相似性触发了人类拟人化的情感，因此人们可以将特征和情感赋予一个技术系统，尽管这个系统实际上只是一种技术部件。反过来，这不仅影响了机器人的社会感知，而且也影响了机器人在互动过程中的实际行为。Reeves 和 Nass 的研究（Soash，1999）已经在人机交互（HCI）的背景下证明了计算机和其他媒体的拟人化是自动发生的。不过，这对于机器人是否适用，目前仍在实证辩论中（Zlotowski et al.，2015）。然而，拟人化的三因素模型已经用社交机器人进行了彻底的实证测试和验证（Eyssel，2017）。

2. 恐怖谷理论

Mori 预测了机器人的拟人化与对其好感度之间的关系（见图 4.10）（Mori，1970）。机器人越像人类，它们就会越讨人喜欢，直到几乎与人类无法区分时，对它们的好感度会急剧下降。机器人的移动能力会放大这种效应。

Mori等人合作将原稿翻译成英文（Mori et al.，2012）。值得注意的是，Mori 只是提出了这个观点，并没有做过任何实证工作来检验他的观点。此外，Mori 还使用“亲和感”（shinwa-kan）来描述他的一个关键概念。将这个概念（亲和感）翻译成英文仍然是一个挑战，因此它被翻译成 likeability（好感度）、familiarity（熟悉度）和 affinity（亲和力）。其他研究人员则通过询问参与者机器人的怪异之处来解决这个问题。不幸的是，Mori 的理论没有适当的理由或经验支持，但已经被用来解释大量的现象。它经常被用来解释为什么某些机器人被认为是不利的，而没有研究好感度与机器人确切的关系。拟人化是一个多维的概念，把它简化为一个维度并不能充分地模拟现实。

此外，越像人类的机器人，其外观或行为的某个方面出错的风险就越大，从而降低了受欢迎程度（Moore，2012）。为什么类人机器人比玩具机器人更不受欢迎，一个可能的简单解释是，设计机器人来满足用户期望的难度随着其期望的复杂度的增加而增加。

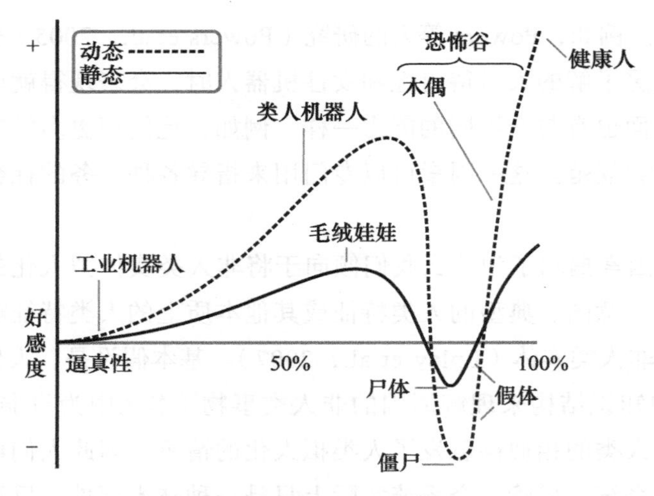

图 4.10 Mori 的恐怖谷理论

4.2.3 拟人化设计

机器人设计师将拟人化视为机器人本身的一个特征，而社会科学家则将拟人化视为人类赋予机器人的某种属性。综合考虑这两个因素，可以发现拟人化是关于机器人设计和人们对机器人的感知之间的关系。

1. 设计方法

为了触发拟人化推理，机器人设计者可以考虑机器人外观和行为等许多方面。通过利用这些方面，可以实现机器人像人类的程度的即时感知。

2. 机器人外观

图示告诉我们，通常在一张纸上只需要几行就可以勾画出人形。同样，机器人中的拟人化也可以非常简单：只要有两个圆点表示的眼睛和一个简单的鼻子或嘴巴就足以表明机器人是人形的。这可以通过添加更多的人类特征（例如手臂或腿）来进一步增强，但是这些特征不一定对进一步增强拟人化有很大作用。虽然有很多原因使机器人看起来越来越像人类，但拟人化只能通过少量的人类特征来实现。虽然机器人在大多数方面模仿人类的外观，但像 Keepon 和 R2D2 这样的简单机器人已经非常有效地触发了拟人化。因此，大量的研究已经记录了最少有多少设计线索就足以引发类似人类的感知。

3. 机器人行为

增加拟人化的第二种方法是设计人工制品的行为，使人们在其行为中感知到类似人类的特征。Heider 和 Simmel 展示了在白色背景下移动的简单几何形状三角形和圆圈是如何诱导人们用涉及社会关系（例如，这两个人是朋友或这一个是攻击者）与人类情感和动机（例如，愤怒、恐惧、嫉妒）的术语来描述互动的（Heider & Simmel，1944）。动画师知道如何运用运动（而不是形式）来表达非人对象的情感和意图。类人表达行为的广泛性令人惊讶。这些行为不需要类人的形式，只通过运动就可以进行交流。

The Dot and the Line: A Romance in Lower Mathematics 是查克·琼斯（Chuck Jones）根据诺顿·贾斯特（Norton Juster）的一本短篇小说改编的一部 10 分钟动画电影。它讲述了一个点、一条线和一根潦草的线条的冒险故事。尽管视觉效果很少，但让观看者理解故事是没有问题的。这是一个很好地说明如何用动作而不是形式来传达性格和意图的例子。

许多机器人在外形上不是人形的，或者没有人形特征，但仍然是拟人化的。机器人吸尘器试图从桌子底下爬出来，会被描述为“迷路了”或“不知道它想要什么”这样类似人类的描述，这与机器人的实际感知和处理几乎没有关系，但能帮助我们与其他人交流机器人在做什么。

机器人制造商可以积极鼓励拟人化。一个有效的方法是提高机器人对外部事件的反应速度：对触摸或声音做出立即反应的机器人将被认为更具拟人性。这种机器人对外界事件做出快速反应的**反应性行为**，是增加拟人化的一种简单方法。当门砰地关上时，机器人会抖动，当碰到它的头部时，它会抬起头来，这些行为都立即传达了它既有活力又有反应。**权变**，即回应与互动情境相适应的行为，也可以用来增强拟人化。例如，当机器人检测到运动时，它应该简单地朝运动的原点看。如果事件与机器人无关（如一棵树在风中摇曳），那么它应该移开视线，如果它是相关的（比如人类挥手打招呼让机器人参与互动），那么机器人应该保持注视。

尽管机器人制造商通常更喜欢结合形式和行为来使用户拟人化其机器人，但某些类型的机器人可能会受到限制。人形机器人看起来和人几乎一模一样，但从技术上讲，它们的行为能力有限。另外，许多玩具机器人的开发人员面临着压力，他们被要求尽可能降低硬件成本，因而只能选择简单视觉特征和反应性行为的有效组合。同样重要的是，要考虑到人们的期望，机器人像人像得越明显，人们就越期待它有权变、对话和其他功能。

4. 环境、文化和个性的影响

人们对拟人化机器人设计的认知往往受到环境因素的影响。一些人比其他人更有可能将周围的事物拟人化，这会影响他们对机器人的感知，正如之前的研究所表明的那样（Waytz et al.，2010）。人的年龄和文化背景也会影响他们拟人化的可能性和他们对机器人社交和互动能力的理解（Wang et al.，2010）。

此外，机器人的使用环境也可以支持拟人化。特别是，仅仅把机器人放在人类的社交场合，似乎就增加了人们将其拟人化的可能性。协作式工业 Baxter 机器人在工厂里与人类工人一起使用时，经常被他们拟人化（Sauppé & Mutlu，2015）。另外，与机器人一起工作的人似乎更喜欢机器人以更拟人化的方式设计：人们更喜欢 Roomba 能够用狗尾巴一样的尾巴来展示自己的情感和意图（Singh & Young，2012）。使用 Baxter 的工人把帽子和其他配件放在上面，希望它更礼貌，能够和他们闲聊（Sauppé & Mutlu, 2015）。汽车厂的工人使用一个名为 Walt（见图 10.12）的合作机器人，该机器人的设计融合了社会特征和让人想起老式汽车的特征，被认为是团队成员（El Makrini et al.，2018）。得到休息管理机器人的上班族给机器人起了名字，并要求它更具社会互动性（Šabanović et al.，2014）。

看到别人把机器人拟人化这种行为本身也可以说明拟人化是一种应该遵循的社会规范。研究人员发现，当老年人在养老院看到其他人与类似海豹的机器人 Paro 像宠物或社交伙伴一样互动时，他们更有可能与之进行社会互动（Chang & Šabanović，2015）。显然，人对机器人的拟人化情感在与机器人互动的一开始就会出现，并且随着长期的互动和对技术系统的熟悉而被重塑。

4.2.4 拟人化测量

除了将机器人拟人化确定为 HRI 中的常见现象外，研究人员还需要知道如何测量机器人的拟人化程度。根据影响拟人化的三因素模型，拟人化扩展到了非人类实体，即将本质上是人类的精神和情感状态赋予非人类实体。HRI 的研究人员试图评估机器人的外观或行为与人类的相似性，他们从大量关于测量人类属性的文献中获取信息。如今，HRI 社群测量了各种相关概念，包括询问研究参与者他们在多大程度上归因于心智（即能动性和经验（Gray et al.，2007））或人性和人类独特性，这些都是典型的人类特征（Haslam，2006）。同样，其他研究也评估了心理拟人化，并询问人们是否认为机器人能够体验人类独特的情感（Leyens et al.，2001）、意图或自由意志（Epley et al.，2008）。

已经专门为测量拟人化程度开发了 Godspeed 量表。它已被广泛应用于该领域，并已被翻译成多种语言（Bartneck et al.，2009）。最近，研究人员开始开发其他相关量表，如 ROSAS 量表（Carpinella et al.，2017）和修订的 Godspeed 问卷（Ho & MacDorman，2010）。

尽管这些措施中有许多基于自我报告和问卷调查，但其他更微妙的行为指标（如语言使用以及空间关系学等人际互动中社会规范的应用）也可用于调查在社交机器人中实现类人形式和功能的结果。将测量方法从直接方法丰富到更间接的方法将是有益的，不仅对当前社交机器人领域的研究是有益的，而且作为心理学理论的一种外部验证形式也是有益的。

4.3 设计方法

HRI 中的设计涵盖了从工程到人机交互和工业设计等多个学科实践中获得灵感的各种方法。根据方法的不同，设计的出发点和侧重点可能更侧重于技术探索和开发，也可能更侧重于探索人类的需求和偏好，但 HRI 设计的最终目标是将这两个领域结合起来，构建成功的 HRI 系统。

设计过程从本质上来说应该是循环的，按如下模式进行：
（1）定义难点或问题。
（2）创建交互。
（3）测试。
（4）分析。
（5）从步骤（2）重复，直到对交互满意（或资金用完，时间超时）。

4.3.1 工程设计过程

顾名思义，工程设计方法是工程中常用的方法。从一个问题定义和一组需求出发，考虑许多可能的解决方案，并针对哪种解决方案最能满足需求给出合理的决策。通常，可以对工程解决方案的功能建模和模拟。这些模拟能让工程师系统地操作所有设计参数，计算机器的最终性能。对于理解透彻的机器，甚至可以计算出满足性能要求所需的具体设计参数。如果一架新飞机起飞试飞，工程师几乎可以肯定它会飞起来。然而，值得注意的是，他们不能绝对确定，因为新飞机将与所有细节都不完全可预测的环境相互作用。尽管如此，我们已经充分了解了环境的宏观特性，这使得工程师们能够设计出一种跨越模拟原型到实际原型的边界的飞机，而不会产生任何问题。然而，在模拟中验证解决方案并不总是可行的。模拟可能无法捕捉到足够详细的真实世界。设计参数的数量可能非常多，以至于完全模拟所有可能的设计在计算上变得无法实现，因为计算每个解决方案的性能需要花费数年的时间。

HRI 领域的工程师们试图设计一个机器人来教 8 岁到 9 岁的孩子素数是什么。他们认为，孩子们的学习将受益于非常个人化和友好的机器人，所以他们对机器人进行了编程，使机器人能进行眼神交流，能叫出孩子的名字，并在教学中礼貌地鼓励孩子。他们将这个友好的机器人与一个关闭了维持礼貌关系的软件的机器人进行了比较，并且预测后者是一个差劲的机器人老师。令他们惊讶的是，他们预想的那个个人化和友好的机器人在现实场景中并没有获得很好的效果（Kennedy et al.，2015）（见图 4.11）。

设计问题定义不清或者关于需求或环境的信息不足都会令事情变得更加困难。在这种情况下，设计师可能会说他们正在处理一个“邪恶的设计问题”（Buchanan，1992），这个问题具有不断变化的、不完整的、相互依赖的或不确定的需求，因此很难遵循线性设计思维模型。在线性设计思维模型中，问题的定义可以清晰地对应问题解决的过程。HRI 设计常常是“邪恶的设计问题”，因为缺乏关于机器人在社会环境中的适当行为和结果的信息。在这种情况下，要采取的另一种方法是不要关注产生绝对最佳的解决方案，而要关注产生令人满意的解决方案（Simon，1996）。“满意”（satisficing）是“满足”（satisfy）和“充分”（suffice）的组合，这意味着最终的解决方案对于它所要服务的目的来说已经足够好了。这是人类工程实践中常见的解决问题的方法，在 HRI 系统中几乎也是不可避免的，也就是说，在 HRI 系统中，技术能力可能永远达不到机器人的最终设计要求，即性能与人类一样好或更好。

图 4.11 用机器人学数学的男孩

4.3.2 以用户为中心的设计过程

如前所述，仅依靠工程设计方法指导 HRI 开发只能到此，特别是当 HRI 预期用在开放式交互和开放式空间、外部实验室或严格控制的工厂环境中时。在满足用户需求的过程中，我们往往会选择不去衡量重要的东西，而只关注那些容易衡量的东西。解决这些问题的一种方法是在整个设计过程中更具体地关注使用机器人的人以及他们所处的使用环境。这可以通过以用户为中心的设计（User-Centered Design，UCD）来实现。UCD 并不专属于 HRI，也可用于许多其他设计领域，如 HCI。UCD 是一个广泛使用的术语，用于描述“由终端用户影响设计方式的设计过程”（Abras et al.，2004）。用户可以通过许多不同的方式参与，包括对需求和愿望进行初步分析，帮助确定设计问题，对潜在的机器人设计变化进行评论，看看哪些是更可取的，并对机器人和最终产品的各种设计迭代进行评估以评估机器人在不同用户和不同使用环境下的成功率。

开发人员常常面临的是必须做出设计决策，而这些决策没有明显的答案。人们喜欢机器人有红色的躯干还是蓝色的躯干？零售机器人上欢快的声音会吸引更多的人进入商店吗？为了回答这些问题，他们通常会构建不同设计方案的原型，并通过目标受众对其进行测试。使用与实验研究中所用方法类似的方法（见第 9 章），仔细地从用户那里获取响应，开发人员可以确保他们观察到的偏好或差异不仅仅是巧合，而是真正由所考虑的设计特性引起的。然后，结果会告知开发人员如何构建最佳设计方案，并且设计周期会随着新问题或设计决策而继续。尽早运行这些周期是很重要的，因为在后期，对系统进行更改的成本会急剧增加。因此，要牢记信条“早测试、经常测试。”

设计师通常主要关注那些他们认为会直接使用他们产品的人（即主要用户），比如与药物输送机器人互动的护士和病人。然而，对于设计师来说，同样重要的是还要考虑那些可能只是间歇性地接触机器人或通过中间人使用机器人的人（即二级用户）——比如在走廊里看到机器人的其他医务人员，以及那些将受机器人使用影响的人（即三级用户）——比如由于新机器人技术的引入可能会被替换或取代的人。这些参与机器人使用并受其影响的各种各样的人被称为利益相关者，设计初期可以进行一些研究，以确定谁是相关的利益相关者。一旦确定了利益相关者，设计师就可以通过各种以用户为中心的方法让他们参与到设计过程中，这些方法（详见第 9 章）包括需求和条件分析、实地研究和观察、焦点小组、访谈和调查，以及原型或最终产品的用户测试和评估（Vredenburg et al.，2002）。

卡内基梅隆大学的 Snackbot 是通过以用户为中心的设计过程来设计的，考虑了机器、人和环境。这种设计过程反复循环了 24 个月，包括确定用户可以在哪里获取食物的需求、进行初步技术可行性和交互研究，探究多个原型以及进一步的研究机器人的不同形式对话和行为对用户满意度的影响（Lee et al.，2009）（见图 4.12）。

4.3.3　参与式设计

最近，HRI 的研究者们开始将更多的协作式和参与式设计方法应用到 HRI 中。无论是协作式方法还是参与式方法，都试图将潜在用户和其他利益相关者，或者可能受到机器人影响的人，在设计过程的早期就纳入机器人设计的决策过程中。这显然不同于在评估阶段引入用户的概念，在评估阶段，设计已部分或全部形成，用户的输入主要用于测试设计中已经表达的特定因素和假设。通过这种方式，参与式设计认可了人们在日常经验和环境中所具备的专长。

图 4.12　Snackbot（2010），卡内基梅隆大学开发的机器人，用于研究在现实环境中的机器人

自 20 世纪 70 年代以来，参与式设计已经出现在其他计算技术，特别是信息系统的设计中，当时它被用来使组织中的工作人员能够参与未来工作中使用的软件和其他技术的设计。HRI 的参与式设计一直致力于开发用户参与机器人设计决策过程的方法，例如，通过测试和开发机器人的特定行为，为当地环境设计机器人应用程序，将“现有机器人能力潜在满足他们的需求并适应他们日常环境的方式”概念化。DiSalvo 等人在其“邻里网络”项目中执行了一个 HRI 早期参与式设计项目（DiSalvo et al.，2018）。在这里，社区成员使用研究人员提供的机器人原型为他们的社区开发环境传感器。在另一个参与式项目中，机器人专家和视障社区成员和设计者合作在一系列研讨会中为移动 PR-2 机器人开发适当的引导行为（Feng et al.，2015）。参与式设计也被用于 HRI 的各种医疗保健和教育应用中（Šabanović et al.，2015）。

参与式设计总是具有挑战性的，但是用机器人进行参与式设计有其特殊的困难。一个事实是，人们对机器人有许多不同的先入之见，但对制造机器人所涉及的技术知之甚少，这导致了不现实的设计想法。与此同时，在许多最需要 HRI 的应用（例如老年人护理）中，设计者对人们的日常生活和体验知之甚少。Lee 等人和 Winkle 等人在与老年人和养老院工作人员合作，为患有抑郁症的老年人开发辅助机器人的同时，重点支持 HRI 研究人员和参与者之间的相互学习过程，使双方能够探索和相互传授各自不同领域的专业知识（Lee et al.，2017；Winkle et al.，2018）。这也有助于让参与者开始思考设计，而不仅仅是为自己设计。参与式设计在 HRI 中仍然较新，但是随着越来越多的应用被设想用于不同的人群和日常环境，它正在成为 HRI 设计方法工具包中日益重要的组成部分。

4.4　原型工具

虽然有可能利用普通可用的材料（如纸板或发现的物体）制作简单的机器人原型，但市场上最近出现了几种用于创造性交互技术的原型工具包和工具。这些工具使得具有不同水平技术专长和经济资源的人有可能尝试机器人设计。它们还通过使交互表示变得更容易创建，让机器人设计的发展更加快速。

也许最早可用于开发不同机器人设计的套件是第一代乐高“头脑风暴”系统（见图 4.13），该系统提供建筑用砖和编程及驱动简单机器人原型的专用砖。Bartneck 和 Hu 使用乐高机器人来说明 HRI 快速原型工具的实用性（Bartneck & Hu，2004），第一个案例研究出现在 2002 年（Klassner，2002）。

图 4.13　乐高“头脑风暴”（1998 年至今）来自麻省理工学院教授 Seymour Papert 的构想，Papert 是使用计算机支持儿童学习的狂热支持者

Vex 机器人设计系统[一]也广为人知并得到了广泛使用，其高级版本是广受欢迎的第一届机器人竞赛的首选套件[二]。最近新增的套件是 Little Bits，它提供易于使用的即插即用电子砖，包括传感器和执行器等，可用于快速、轻松地创建交互式原型。

Arduino 微控制器[三]非常经济实惠，拥有一个大型业余爱好者社区，该社区提供开源设计和代码，以及各种外设（传感器、电机、发光二极管、无线设备等）。这使得设计更加灵活，但需要更多技术知识。

其他设备，如树莓派[四]单板计算机和人们负担得起的便携式三维打印机，不仅使 HRI 原型制作更容易，甚至可以让大众（或至少大学生）使用。

[一] https://www.vexrobotics.com。

[二] https://www.firstinspires.org/。

[三] https://www.arduino.cc。

[四] https://www.raspberrypi.org。

设计师还将其他现有技术纳入机器人设计，包括智能手机。如今，即使是普通的智能手机也有足够的计算能力来控制机器人。此外，它还有许多内置传感器（麦克风、摄像头、陀螺仪、加速度计）和执行器（屏幕、扬声器、振动电机）。Robovie-MR2 是将智能手机集成到机器人中来控制所有功能的早期例子（见图 4.3）。Hoffman 称之为社交机器人设计的“愚蠢的机器人、智能手机”方法（Hoffman，2012）。

现有的原型技术仍在继续发展，至少部分是由于想要不断努力让更多的学生、爱好者甚至潜在用户参与技术设计。

4.5 HRI 设计中的文化

作为一个跨学科的研究领域，同时也是一个国际性的研究领域，人 – 机器人交互设计对文化对机器人感知和交互的影响问题特别感兴趣。文化是一群人不同的信仰、价值观、实践、语言和传统，在机器人设计中发挥着重要作用，既以设计师引入因素的形式发挥作用，也以用户解释不同人 – 机器人交互设计的环境的形式发挥作用。

研究人员通常将文化传统与机器人的设计和使用联系起来，特别是会对比东西方的规范、价值观和信仰：万物有灵论被用来解释日本和韩国人对机器人的舒适感受（Geraci，2006；Kaplan，2004；Kitano，2006），而人类中心论被认为是西方人对社交机器人和类人机器人感到不适的一个原因（Geraci，2006；Brooks，2003）。身心一体概念和二元概念（Kaplan，2004；Shaw-Garlock，2009）与个人主义和社群主义的社会实践（Šabanović，2010）被认为是机器人和人类与机器人潜在互动的设计模式。

除了文化和机器人之间的这些普遍联系之外，HRI 研究人员还一直在研究文化差异对人们关于机器人的看法和面对面接触的影响。通过对荷兰、中国、德国、美国、日本和墨西哥参与者的比较，发现美国参与者对机器人的负面感受最少，而墨西哥参与者最多。出乎意料的是，日本参与者对机器人没有持有特别积极的态度（Bartneck et al.，2005）。MacDorman 等人的研究表明，美国和日本参与者对机器人的态度相似，这表明历史和宗教等因素可能会影响他们采用机器人技术的意愿（MacDorman et al.，2009）。根据日本、英国、瑞典、意大利、韩国、文莱和美国的参与者对海豹机器人 Paro（见图 2.6）的调查评估，参与者通常对机器人的评价是正面的，但不同国籍的人会确定不同的可能最喜欢的特征（Shibata et al.，2009）。

在人 – 机器人团队合作的背景下，Evers 等人发现中国和美国的用户对机器人的反应不同，人类团队成员发现，当机器人使用文化上合适的交流形式时，它们更有说服力（Lindblom & Ziemke，2003）。对美国和韩国的参与者进行的两项生成性设计研究要求用户思考自己家中的机器人技术，研究结果表明，用户对机器人技术的期望和需求在韩国与文化差异概念有关，这种概念是以关系为导向的，在美国则更具功能性（Lee et al.，2012）。越来越多的关于人 – 机器人交互中跨文化差异及其潜在设计影响的研究表明，在设计国际和本地使用的机器人时，应考虑文化因素。

4.6　从机器到人，再到介于两者之间

正如前面的讨论所示，设计人 – 机器人交互（HRI）涉及对机器人的形式、功能和预期效果的许多决定。然而，HRI 设计师也将更深层次的哲学、伦理甚至政治承诺带入了他们的工作。虽然这些可以被无意识地引入 HRI 研究中，但我们认为 HRI 学者在他们的机器人研究和开发过程中有意识地关注这些问题是有益的。

机器人研究人员做出的最基本的决定之一是确定他们想要研究的机器人类型——它是要像人类还是更像机器？另一个决定可能涉及研究的主要目标——它是侧重于生产技术发展、了解人类，还是开发可用于特定应用和使用环境的 HRI 系统？然而，这些决定的意义不仅仅在于机器人的设计和使用。有人可能会说，设计者创造机器人，尤其是创造真人的机器人复制品，是一项永垂不朽的工程。这些项目是“象征性的信仰系统，承诺个人不会被其肉体的死亡所消灭”（Kaptelinin，2018）。Hiroshi Ishiguro 在真人机器人复制品上的研究就是一个很好的例子，在他的研究中，机器人复制品可以在当前和表面上的未来交互中代替那个特定的人。他描述了自己是如何感觉到自己的身份与机器人相互联系的，机器人一直是更年轻的他的复制品，他现在感到了模仿的压力（Mar，2017）。但是机器般的机器人和设计师之间的关系也可以一样密切。日本机器人学家 Masahiro Mori 在描述他在工业机器人方面的成果时，将人和机器之间的关系定义为“融合在一个互锁的实体中关系”（Mori，1982）。这种密切的关系对机器人的形式和功能有直接影响，对设计师同样有影响，并且还影响机器人在社会中的未来后果和用途。

机器人设计也可以由个人对特定社会和哲学价值的承诺（例如改善更广泛人群的资源获取方法，增加对机器人设计和决策的参与，为解决紧迫的社会问题做出贡献）来指导。机器人专家 Illah Nourbakhsh 描述了他的个人价值观如何影响他的机器人项目，如下：

> 一种解决办法是说我的工作纯粹是理论性的，谁在乎他人如何应用它？我不想那么做。我想说我的工作涉及理论部分，但我要把它带到物理世界中，给出一

个真实的结果。此外，我希望它在某种程度上是有社会效益的……我想做一些对社会有意义的事情，不仅希望每个人都使用它，而且我想看到至少一个用例实现。然后就有了从现实应用到工程设计的反馈回路。(Šabanović，2007)[79]

通过这种方式，人－机器人交互项目类型的选择和设计中关注的目标可以反映个人或集体（例如，研究小组或项目合作者）的价值观。毕竟，时间是有限的，也很宝贵，所以有意识地选择是有意义的。

其中一位作者在Robert M. Pirsig（见图4.14）的作品中找到了设计灵感，他这样说：

真正的美学在于生产技术的人和他们生产的东西之间的关系，这就导致了使用技术的人和他们使用的东西之间的类似关系。(Pirsig，1974)

Pirsig强调，当设计者和被设计对象之间的障碍消除时，获得内心的平静对于实现好的设计至关重要：

因此，就像在任何其他任务中一样，在进行作品设计过程中，要做的事情是培养内心的平静，这种平静不会让自己脱离周围环境。当这一步成功完成后，其他的一切自然随之而来。内心的平静会让你产生正确的价值观，正确的价值观产生正确的思想。正确的思想产生正确的行动，正确的行动产生工作成果，这将是一种物质反映，可以让其他人看到这一切的中心——宁静。(Pirsig，1974)[305]

一旦达到内心的平静，打破了对象和设计者之间的障碍，设计工作就可以开始了。这项工作类似于艺术家的工作。它需要耐心、细心，需要你专注于正在干的事儿。评判设计是否朝着好的方向发展的一个很好的指标是设计师内心是否平静。如果设计师和设计对象是和谐的，那么机器人和设计师的思想将在一种经常被描述为“流动”的状态下一起改变（Csikszentmihalyi & Csikszentmihalyi，1988）。物质和内心的状态将在设计完成且良好的时候停止。根据Pirsig的说法，内心的平静不仅是好的设计工作的先决条件，而且伴随着好的设计工作，也是它的最终目标：

内心的平静对技术工作来说一点也不肤浅。这就是全部。产生它的是好的工作，破坏它的是坏的工作。规格、测量仪器、质量控制、最终检验，这些都是让工作负责人内心平静的手段。最终真正重要的是让他们保持内心平静。(Pirsig，1974)[302]

机器人和它的设计者之间的关系比想象的要深得多。Robert M. Pirsig一生都在研究“品质的形而上学”(Metaphysics of Quality，MoQ)，他认为设计师和他设计的物品之间没有根本的区别。连接它们的是“品质”(见图 4.15)。

考虑到设计师内心的平静起初听起来可能有些奇怪，但 Pirsig 认为，在感知品质的那一刻，没有客体和主体的划分。在这种纯粹品质的时刻，主体和客体是一体的(Pirsig，1974)[299]。艺术家可能熟悉与他们的作品相结合的体验，如果设计师和工程师也对这种关系更加敏感，他们的工作可能会更加顺利。

图 4.14　Robert M. Pirsig (1928 年 9 月 6 日—2017 年 4 月 24 日) 是“品质的形而上学”的作者，它启发了许多设计师

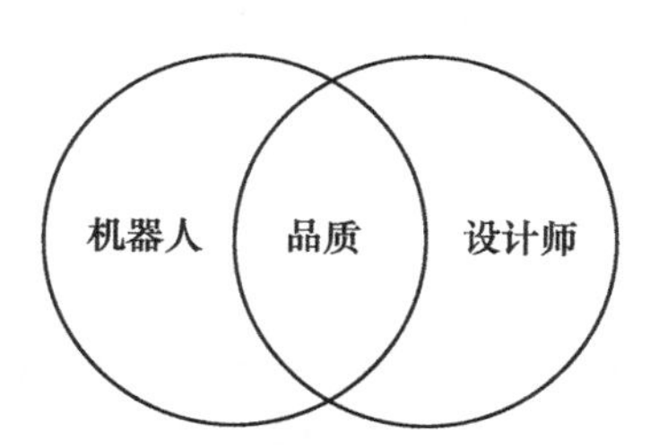

图 4.15　机器人设计中的品质

4.7　结论

设计机器人需要多学科的专业知识，通常需要团队合作，并且考虑用户和交互环境。有很多原型工具可用于快速构建和测试机器人。一旦理解了用户及其与机器人的交互过程，就可以从外到内设计机器人，即从潜在的用户开始，结合使用环境来开发机器人的设计概念和技术规范。无论是有意还是无意，HRI 设计还表达了设计师的社会和道德价值观。

机器人的拟人化是当代 HRI 中最重要的设计考虑因素之一。我们详细描述了心理学拟人化的结构，这是学科间富有成果的交流的主要机会，能让人们对社会科学和机器人学中这一概念有更全面的理解。除了从拟人化研究中获得的理论和方法方面的收获外，人－机器人交互研究还表明了在机器人设计中考虑仿人形式和功能对于感知交互质量、人－机器人交互接受度以及与类人机器人交互的乐趣的重要性。

可供思考的问题：

- 在你的环境中寻找“空想性错视”的例子。
- 从“设计自解释性”的角度考虑类人机器人的特征。类人机器人应考虑哪些功能自解释性？
- 试着思考一下每天与人打招呼的社交机器人的“设计模式”。在行为中找到并描述重复重用的模式。
- 假设你要设计一个机器人。若采取参与式设计方法，请考虑必要的步骤。
- 讨论用户期望在机器人设计中的作用。如果你想将机器人推向市场，你需要考虑哪些要点？
- 你认为社交机器人应该很少有类似人类的线索，还是应该在设计上高度拟人化（比如人形机器人）？一般来说，哪种机器人更容易被人们接受？为什么？
- 想想你在不久的将来可能想要拥有的机器人。想象一下这个机器人，试着想想如何根据它的行为来鼓励更多的拟人化。机器人应该表现出哪些行为才能被视为像人类？

延伸阅读：

- Brian R. Duffy. Anthropomorphism and the social robot. *Robotics and Autonomous Systems*, 42(3):177–190, 2003. ISSN 0921-8890. doi: 10.1016/S0921-8890(02)00374-3. URL `https://doi.org/10.1016/S0921-8890(02)00374-3`
- Nicholas Epley, Adam Waytz, and John T. Cacioppo. On seeing human: A three-factor theory of anthropomorphism. *Psychological Review*, 114(4):864–886, 2007. doi: 10.1037/0033-295X.114.4.864. URL `https://doi.org/10.1037/0033-295X.114.4.864`
- Julia Fink. Anthropomorphism and human likeness in the design of robots and human-robot interaction. In Shuzhi Sam Ge, Oussama Khatib, John-John Cabibihan, Reid Simmons, and Mary-Anne Williams, editors, *Social robotics*, pages 199–208, Berlin, Heidelberg, 2012. Springer. ISBN 978-3-642-34103-8. doi: 10.1007/978-3-642-34103-8_20. URL `https://doi.org/10.1007/978-3-642-34103-8_20`
- Peter H. Kahn, Nathan G. Freier, Takayuki Kanda, Hiroshi

Ishiguro, Jolina H. Ruckert, Rachel L. Severson, and Shaun K. Kane. Design patterns for sociality in human-robot interaction. In *The 3rd ACM/IEEE International Conference on Human-Robot Interaction*, pages 97–104. ACM, 2008. ISBN 978-1-60558-017-3. doi: 10.1145/1349822.1349836. URL `https://doi.org/10.1145/1349822.1349836`

- Travis Lowdermilk. *User-centered design: A developer's guide to building user-friendly applications.* O'Reilly, Sebastopol, CA, 2013. ISBN 978-1449359805. URL `http://www.worldcat.org/oclc/940703603`
- Don Norman. *The design of everyday things: Revised and expanded edition.* Basic Books, New York, NY, 2013. ISBN 9780465072996. URL `http://www.worldcat.org/oclc/862103168`
- Robert M. Pirsig. *Zen and the art of motorcycle maintenance: An inquiry into values.* Morrow, New York, NY, 1974. ISBN 0688002307. URL `http://www.worldcat.org/oclc/41356566`
- Herbert Alexander Simon. *The sciences of the artificial.* MIT Press, Cambridge, MA, 3rd edition, 1996. ISBN 0262691914. URL `http://www.worldcat.org/oclc/552080160`

空间交互

本章内容包括：

- 社会互动中智能体空间布局的重要性；
- 基本了解人类空间关系学（即人们如何在社会环境中管理周围的空间）；
- 机器人如何管理其周围的空间，包括互动（如接近、发起互动，保持距离和在周围的人中导航）；
- 如何利用空间交互的特性作为机器人的线索。

2012 年，Exertion Games Lab 发布了一款名为 Joggobot 的无人机运动伴侣（见图 5.1）。对于在跑步过程中需要一些额外动力或陪伴，但是没有私人教练或朋友加入的跑步者，现在可以在锻炼时让无人机陪伴了。Joggobot 的一个关键特征是它在跑步过程中的空间位置：就在跑步者的前面，就像一根诱惑马儿奔跑的胡萝卜。这个位置不是一时兴起选择的。开发者研究了无人机应该与跑步者保持哪种空间关系（即上方、后方、前方、侧边）以及为了最大化动机它应该保持多长的距离（Graether & Mueller，2012）。他们发现，让无人机在跑步者身后飞行会让人感觉像是在被追赶，这会降低他们锻炼的乐趣。用户更愿意自己承担追逐的角色。

图 5.1　Joggobot 无人机（2012）（资料来源：Eberhard Gräther 和 Florian “Floyd” Mueller 提供的照片）

这个例子表明，机器人相对于用户的位置是人－机器人交互的一个重要方面。在决定机器人的最佳位置或路径时，如果只考虑避免碰撞的需要，可能会无意中产生被认为不舒服、粗鲁或不合适的机器人行为。当 Roomba 真空吸尘器把人们视为“障碍物”，并在试图避开时不断撞到他们时，它看起来像是在“拱”他们的脚，这很滑稽。因此，在规划机器人在空间中的位置时，重要的是要考虑到人们的偏好和社会规范，这在某个位置和他人产生联系时是存在的。

5.1 在人机交互中对空间的利用

当空间可用时，人们强烈希望个人遵守社交距离规范。大多数人认为，在空旷的公共汽车上让陌生人坐在自己旁边是不合适的。然而，当我们在高峰时间乘坐公共汽车时，我们被迫进入别人的个人空间，坐或站得离他人很近是可以接受的。尽管在繁忙的通勤路上站在别人旁边并不会被认为是不礼貌的，但人们仍然会感到不舒服，会避免眼神接触，并在有更多空间时迅速调整自己的位置，远离他人。

5.1.1 空间关系学

文化人类学家创造了术语“空间关系学”来描述人们如何相对于他人占据空间，以及空间定位如何影响态度、行为和人际交往。

Hall 等人在他们最初的作品（Hall et al., 1968）中描述了四个距离区：亲密距离、个人距离、社交距离和公共距离（见图 5.2）。当可用空间（相对）不受限时，这些距离表明人与人之间的心理亲密度（见图 5.3）。

顾名思义，亲密距离是留给亲密的个人关系或分享私人信息的。亲密距离大约在几厘米到半米之间，具体取决于一个人的年龄和文化。加上个人距离（从大约半米到 1.2 米不等），这些区域构成了一个人的个人空间：人们通常认为的空间占用量。在正常情况下，只有朋友、亲戚和伴侣才会如此亲近。对于非亲密关系，如与熟人或同事的关系，人们应该保持社交距离，人际距离通常在 1.2 米至 4 米之间。最后，公共距离通常不低于 4 米，这是人们在相对客观的环境中（如在会议上公开发言时）应该保持的距离。Hall 认为人们对空间的使用是一种经常被忽视的文化体验，并指出不同文化的人有不同的个人空间偏好和期望。例如，在南美等“多接触文化”中，人们会频繁地进入对方的个人空间进行接触，而在美国等“少接触文化”中，接触陌生人可能会被视为攻击。Hall 观察到来到南美的北美人会发现自己“被限制在桌子后面，用椅子和打字机与拉丁美洲人保持一段舒适的距离。”

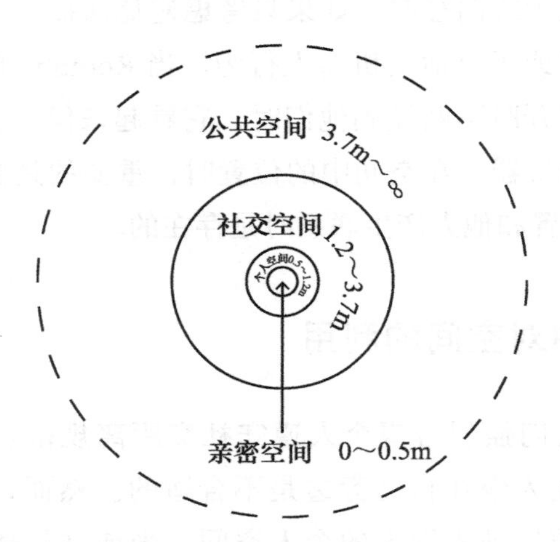

图 5.2　亲密、个人、社交和公共距离

图 5.3　上下班高峰时间，东京地铁上乘客的个人空间受到侵犯。我们经常通过避免与他人眼神接触来解决这个问题

有时，有些人会故意轻微违反空间关系学规范，例如，为了创造更多的心理亲近感或可能是为了恐吓。例如，如果一个男人漫不经心地把他的胳膊先放在他约会对象坐的沙发靠背上，然后小心翼翼地越来越近，那么他正在从个人距离过渡到亲密区域。当你讲一个私人故事的时候，那个碰你胳膊的朋友也会这么做，尽管潜在动机不同。然而，必须非常谨慎地采取这些举动，并不断评估对方的反应。如果这个满怀希望的追求者突然坐在约会对象的腿上，很少有人会被迷住。同样，如果我们试图安慰同事，却在错误的时间给了他一个拥抱，这种互动很快会变得尴尬。这是因为空间交互线索的意义是高度语境化的。与刚才提到的友好举动不同，调查人员询问嫌疑人时，可能会“当着嫌疑人的面”尽可能靠近他，以显得更具压迫性。

不仅我们相互交往的距离会受社会规范的约束，而且我们相对于交往伙伴的位置也受社会规范的约束。例如，研究人员发现，坐在一起的人更易合作，而坐在对面的人则表现得更有竞争性。在交谈中，人们通常会让自己与对方呈一定角度（Cook，1970）。因此，人们相互之间的位置是动态交互的一个重要方面（Williams & Bargh，2008）。

5.1.2 群体空间交互动力学

空间动力学的重要性不仅仅限于一对一的互动，在群体互动场景中也很突出。一个群体中的人相对于其他人的空间取向会使这个群体看起来像是在邀请更多的成员或试图把其他人拒之门外。例如，在鸡尾酒会上，当人们紧密地站成一个圈时，其他人似乎很难加入。然而，如果群体注意到有人想加入，并打开圈子以便有空间让新成员填补，这可以被解释为邀请参与。这种类型的信息对机器人来说很有用，可以用来判断它们可以在博物馆或商场等公共空间接近哪些人群，或者它们是否想影响人类群体的交互动力学。

像这样的群体空间动力学被 Adam Kendon 描述为“面对面的编队”（Facing formation）或“F 编队”（Kendon，1990）（见图 5.4）。这些队形是通过两个或两个以上的人相对定位而形成的，这样他们面对的和他们集中注意力的空间区域是重叠的。这些人之间的空间，也就是“他们有平等的、直接的和排他的机会”的空间被称为 o 空间。群体参与者自己占据 p 空间，被 r 空间包围着。人们可以调整他们的位置来维护这个空间，也可以让其他参与者参与群体对话，如前面的示例所示。根据人与人之间的方位，可以有不同的编队构型，两人之间可以形成面对面、L 形和并排编队，多人群体可以形成圆形和其他形状的编队。

这些群体编队已经被用来理解人们与技术的相互作用（Marshall et al.，2011），更具体地说是与机器人的交互（Hüttenrauch et al.，2006；Yamaoka et al.，2010）。Pérez-Hurtado 等人发现，在人周围导航时，机器人需要能意识到人们在运动或在交谈，即使有足够的空间，也不能在他们之间行走（Pérez-Hurtado et al.，2016）。

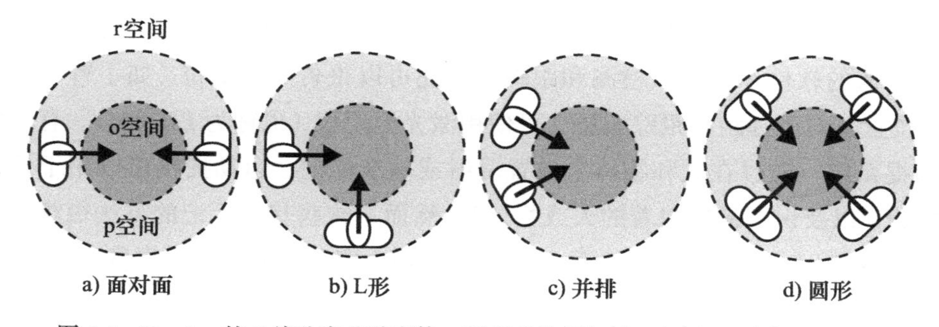

图 5.4 Kendon 的 F 编队有几种变体，所有变体都包括 o 空间、p 空间和 r 空间

5.2 机器人的空间交互

机器人将经常与人类共享物理空间。有些机器人是可移动的，可在地面或空中移动。有些机器人有手臂和机械手，这样它们就可以与物体和用户互动。在设计人－机器人交互时，必须考虑这些机器人相对于人的位置和运动。不尊重用户个人空间的机器人会引起用户的负面反应，甚至拒绝和回避。机器人设计师可以让机器人保持适当的距离（假设他们可以对机器人进行编码，使其知道在给定的时间和空间点上“适当的距离”是什么）并调整其位置来创造合适的交互体验，从而提高机器人的接受度。例如，安全机器人最初可能会保持礼貌的距离，但在互动的某个时候会进入一个人的私密空间，并试图恐吓这个人。

5.2.1 定位和导航

在讲到HRI之前，我们先简要解释一下机器人学的基本技术，这些技术是机器人与人类进行空间交互所必需的。当机器人想要与人互动时，它需要在空间中相对于它要与之互动的人来定位自己。因此，移动机器人所需的基本技术之一是定位，因为机器人需要知道它在哪里。这不是一个微不足道的问题。典型的机器人配备有里程计，这是一种记录机器人车轮行驶距离的传感器。然而，当机器人行进时，这些信息会失去准确性，因此机器人需要校正里程计提供的关于其位置的信息。对此的典型解决方案是让机器人构建其所处环境的地图，然后将里程计中关于其位置和方向的信息与其他传感器（如激光测距仪或相机）中的信息进行交叉引用，从而在地图上定位自己。这个过程被称为即时定位与地图构建（Simultaneous Localization and Mapping，SLAM）(Davison et al.，2007；Thrun et al.，2005)。

除了报告机器人的位置，定位功能还可以帮助机器人了解它所在空间的类型（例如，它是在客厅还是在浴室)。然而，它不会透露任何关于那个空间里任何人的下落。

因此，识别与机器人互动的人的位置和方向是下一个挑战。为了在短距离内探测到人，机器人将携带二维相机和深度相机等传感器，以便能够识别附近的人。处理相机图像的软件不仅可以检测和跟踪人，还可以报告身体部位（如手臂、腿、头部）的位置。对于远距离跟踪人员，可使用激光测距仪（也称为LiDAR)。有时使用运动捕捉系统。通过在人和物体上放置反射或基准标记，运动捕捉可以用于识别和定位标记（以及识别最初附着的人或物体)。然而，这些基于标记的方法很难在实验室环境之外使用。最后，研究人员还可以在环境中安装传感器（如摄像头)，以跟踪人（Brscić et al.，2013)。

在拥挤的环境中移动机器人，也称为机器人导航，是移动机器人学中研究得很好的问题。为了避免机器人和物体或人之间的碰撞，通常使用诸如动态窗口方法（Dynamic Window Approach，DWA）的技术（Fox et al.，1997）。这项技术背后的思想是，系统基于机器人的当前速度计算其未来位置，同时考虑是否在其驱动能力的限制内保持或改变其速度，并且计算不会导致碰撞的未来速度。对于更长的时间尺度，有基于路径规划的技术。在这些技术中，如果机器人的给定目标不在机器人的视野范围，路径规划算法就会为机器人计算一组路点或路径，让它到达目标位置。在HRI中，大多数能很好地在障碍物周围导航的路径规划算法在障碍物为人时，会导致不当社交行为。

定位和导航也可以考虑与用户交互的各种元素。例如，Spexard等人开发了一种机器人绘图技术，该技术利用与用户对话的输入来了解环境中的新地点（Spexard et al.，2006）。为了开发一种对人类友好的绘图技术，Morales Saiki等人让机器人在探索环境的同时收集视觉地标，从类似人类的角度构建认知地图，这使得机器人能够生成人们很容易理解的路线指令（Morales Saiki et al.，2011）。研究人员还致力于开发理解人类空间描述（如路线方向）的技术。例如，Kollar等人开发了一种技术，将用户的指令和关于环境的视觉信息相关联，以帮助机器人理解用户提到的位置（Kollar et al.，2010）。

5.2.2 满足社交的合适定位

尽管有一些基本的感知和导航技术可以让机器人在不碰撞障碍物的情况下四处移动，但机器人仍然经常缺乏在其他人在场的情况下以社交合适的方式导航的能力。假设我们想让一个机器人穿过办公楼的走廊。如果它把人视为障碍物，会发生什么？当人从走廊的另一端走向机器人时，机器人会继续沿着走廊直走，直到会碰撞的前几寸才让开。虽然它最终会避开这个人，但这种行为与人类在类似情况下的行为非常不同，我们人类会及时向对方让步，无声地显示我们将走在走廊的哪一边，并避免进入对方的个人空间。因此，机器人等到最后一刻才让开可能会被视为对抗或侵略性的，即使它仍然避免了与人碰撞。

大多数机器人地图绘制技术只提供几何地图，其中人被视为障碍物。它们不包含人们面对哪个方向的信息，也不包含人们是否正在交谈或只是站得很近的信息，更不包含人们移动方式的信息。因此，有几种技术可以让机器人在环境中获得更具人类意识的表现。

在HRI中，研究空间关系学的焦点之一是确定用户和机器人之间适当的交互距离。这些问题包括：人们更喜欢站得离机器人多近？在机器人被认为粗鲁、不合适或让人感到不舒服之前，它应该离人多近（见图5.5）。Walters等人测量了当机器人接近人们时，人们感到舒适的距离（Walters et al.，2005）。他们报告说，大多数人在与机器人互动时更喜欢保持个人或社交距离，尽管有些人更喜欢站得更近。Hüttenrauch 等人报告说，人们更喜欢机器人与人类的距离空间关系学（Hüttenrauch et al.，2006）。Kuzuoka 等人研究了机器人和人群之间的互动，发现机器人可以通过改变身体方向来改变群体的对话 F 编队形式，他们还发现让机器人全身运动比让机器人移动头部更有效（Kuzuoka et al.，2010）。

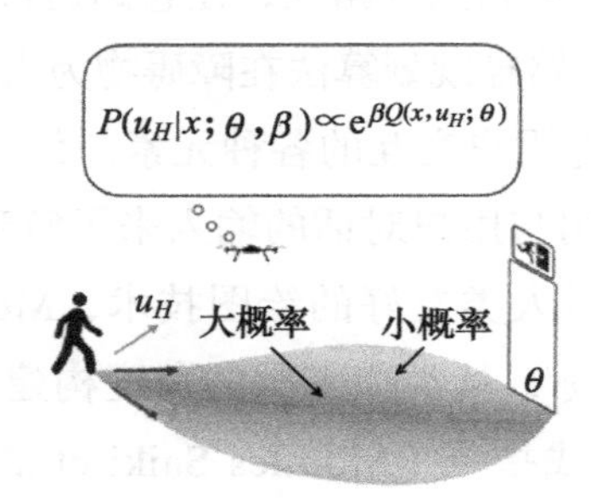

图 5.5　无人机针对人类将去哪里计算概率模型，并规划了一条安全的路线（Fisac et al.，2018）

当人和机器人在移动过程中互动时，相对位置也很重要。为了提高机器人的社会可接受性，已经开发了基于人类空间关系学的机器人导航技术。例如，当机器人从后面跟随用户时，机器人可以遵循与用户相同的轨迹，也可以直接移动到用户的当前位置（这可能对应更短更快的路径）。Gockley 等人表明用户认为第一种行为更自然（Gockley et al.，2007）。Morales Saiki 等人开发了一种允许机器人与用户并排导航的技术，他们发现这对机器人预测用户未来的运动很重要（Morales Saiki et al.，2012）。此外，人们对安全的感知并不一定与机器人计算的安全程度一致。例如，在通过走廊的问题中，发现机器人需要保持足够的距离以避免进入对方的个人空间（Pacchierotti et al.，2006）。另外，机器人可以模仿人们如何避免相互碰撞。例如，Luber 等人和 Shiomi 等人开发了一个行人模型，实现了动态环境下的防撞（Luber et al.，2012；Shiomi et al.，2014）。对舒适度和感知安全的考虑也可以纳入路径规划。Sisbot 等人为移动机器人开发了一个路径规划器，该规划器可以规划如何达到给定的目标，同时避免可能使人不舒服的情况（Sisbot et al.，2007）。规划器会考虑一些方面，比如人们是坐着还是站着，机器人是否会突然从障碍物后面出现，让他们大吃一惊。Fisac 等人使用人类行走的概率模型来规划室内无人机的安全轨迹（见图 5.5）。

当机器人只有一部分进入用户的个人空间时，规划一条人们认为安全舒适的运动路径也是必要的。例如，当机器人手臂靠近人（例如人和工业机器人协作完成同一任务）时，机器人在计算其末端执行器（例如手）的路径时必须考虑合适的社交距离来达到其给定的目标（例如，抓住物体或者把物体递给人）（Kulic & Croft,

2005）。从纯功能的角度来看，这可能会使机器人的运动效率低下，但将导致用户对互动的更积极的评价（Cakmak et al., 2011）。

5.2.3 引发 HRI 的空间动力学

每一次社交活动都必须由某人发起，例如，在鸡尾酒会上，当你的身体朝向对方并徘徊在你想与之交谈的人的附近时，或者走到一名同事旁交出年度报告时。你们如何接近对方，以及这种方法是如何被感知的，都会对接下来的互动产生影响。

在互动中，通常期望接近行为会对双方产生积极的影响。接近者努力吸引和分享注意力，这表明对被接近的人感兴趣。与此同时，发起互动会触发奖赏相关脑区的神经活动，从而对发起者产生积极影响（Schilbach et al., 2010）。此外，发起互动是自信和相信自己有能力进行成功社交的标志。更令人惊讶的是，结论是相反的。接近他人的人被同类人视为有更多的个人控制力（Kirmeyer & Lin, 1987）。

想象一下一个人第一次遇见机器人的瞬间。他们中的任何一方都可以接近另一方，发起互动。尽管这对人来说可能相当简单，但机器人需要经过精心设计才能恰当地启动互动。机器人的接近行为早就在人 - 机器人交互领域得到了研究。例如，在机器人加入队列的情境下，机器人需要尊重也在等待的其他人的个人空间（Nakauchi & Simmons, 2002）。当机器人遇到人时，它需要将其导航模式从纯粹的功能模式切换到考虑社交距离和空间配置的模式（Althaus et al., 2004）。

发起互动也依赖于环境和任务。Satake 等人展示了机器人如何提供有关商场中商店的信息，如果方法计划不当，商城将无法启动互动（Satake et al., 2009）。规划的轨迹需要既有效又能为人类访问者所接受（Satake et al., 2009；Kato et al., 2015）。当机器人试图发起对话时，从前面接近被认为是可取的；而当机器人向人传递物体时，从前面接近则不太可取，会导致更多的失败（Dautenhahn et al., 2006b；Shi et al., 2013）。

最近的一些研究结合了机器学习来生成适合环境的适当的接近行为。Liu 等人利用对观察到的人类行为的全自动分析，为店员机器人设计了接近和发起对话行为（Liu et al., 2016）。研究人员首先记录了人们在相机商店场景中是如何移动和说话的，然后使用机器学习来提取典型的语音行为和空间结构。然后将这些行为转移到机器人身上。一项用户研究表明，习得的言语和动作行为被用户认为是适合社交的。

即使在人接近机器人的情况下，机器人也应该在正确的时刻做出反应。如果不能做到这一点，用户可能会感觉互动不自然且尴尬，甚至可能在将来放弃发起互动（Kato et al., 2015）。人类空间关系学研究，特别是关于人类互动或与机器人互动的观察性研究，可以提供更多符合环境的相关模型。比如，Michalowski 等人通过观察人们与机器人的互动，开发了一个人类与接待员机器人空间交互和互动的分类模型(Michalowski et al.,2006)。他们定义了适当的时机和行为类型(例如，转向一个人，说“你好”)，机器人可以与不同空间区域的人相处，以便被认为更容易接近，并在适当的时候成功地发起互动。

社交导航在自动驾驶汽车中变得尤为重要。据说谷歌的第一辆自动驾驶汽车按照高速公路代码行驶在最佳轨迹上，但是它们经常因为开得太近或超车而吓到其他道路使用者。只有将礼貌明确地添加为优化标准时，汽车才会以社会可接受的方式行驶。

5.2.4 将机器人的意图告知用户

机器人的运动轨迹通常用来传达机器人的意图和目标。路径规划算法已经被开发出来，通过机器人的轨迹明确地传递信息。例如，通过缓慢地接近游客，移动机器人能够表达它是否可用于交互(Hayashi et al., 2012)。类似地，轨迹已经被用作一种手段，允许几乎没有其他方式来表达自己的机器人(例如清洁机器人和无人机)向用户传达它们的意图(Szafir et al., 2015)。

对于涉及物体移交的HRI，即当机器人将物体交给用户时，用户更喜欢机器人以“易读”的方式——能让用户理解其目标和意图的方式——行事(Koay et al., 2007a)。因此，研究人员开发了算法来控制机器人手臂在达到给定目标时产生清晰的运动。机器人可以以许多不同的方式将物体交给人，但是最节能的方式可能对人来说是不可理解的，所以最好执行更容易解释的运动(Dragan et al., 2013)。

当机器人与人密切合作时，它需要有能力理解人是如何感知自己周围的空间的。一个重要的相关能力是空间透视(Trafton et al., 2005)。想象一个两个人一起工作的情形，一个人要求另一个人传递一个物体时，会说“把那个物体给我”。如果只有一个物体，那么“物体”的指向将是明显的。但是如果有多个物体呢？对人们来说，推断“物体”的预期指向通常很容易。我们可以通过一组复杂的线索来消除请求的歧义，这些线索包括凝视方向、身体方位、交互的先前上下文、对该人及其偏好的了解、任务信息以及其他线索。然而，对于机器人来说，这可能相当复杂。有几种方法可以让机器人从用户的角度看问题。这些通常依赖于几何模型，这些模型会跟踪人、机器人和物体的位置，以及谁可以看见并到达这些位置(Lemaignan et al., 2017；Ros et al., 2010)。

5.3 结论

尽管我们不能期望效果总是相同，但在HRI研究中，空间交互的研究(见图5.6)

常常受到我们对人类空间关系、会话关系、关系定位和接近行为的理解的启发。然而，规范和理解对于人们来说是常识——甚至到了他们可能不再意识到它们的程度，通常被证明融入机器人的行为中并不那么简单。例如，人们会不自觉地、毫不费力地将与谈话对象的距离调整到适当的距离；然而，机器人需要进行仔细的计算，才能确定在与人类互动时应该保持多远的距离。当交互更加复杂时，甚至会遇到更多的困难，例如，当机器人不得不接近人时，当它不得不在谈话中保持空间队形时，或者当它不得不与移动中的人一起导航时。这些因素不仅对于实现社会可接受和舒适的人－机器人交互很重要，而且对于确保人们理解机器人的意图并能够在他们的物理空间中安全地与机器人接触也很重要。

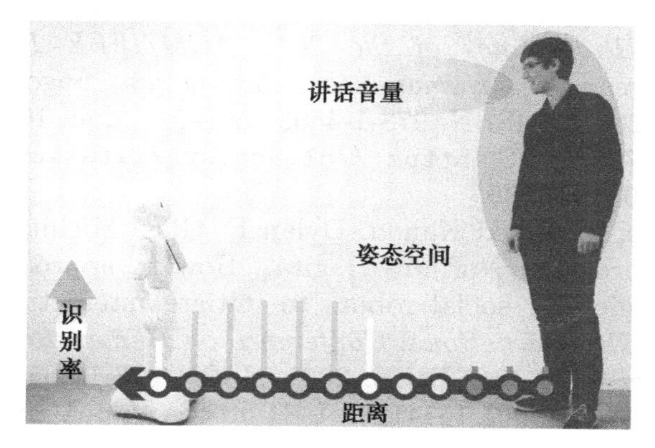

图 5.6　一个用于 HRI 的空间关系学研究的实验室装置

可供思考的问题：

- 角色扮演：要了解创建适合社交的导航涉及多少社交信息，请尝试表现得像一个哑巴机器人，不处理任何关于与朋友互动时的有关空间的社交信息（你可以事先告知你的朋友，也可以“忘记”这样做以获得更自然的反应）。会发生什么？你能坚持多久？
- 回想一下有人侵犯了你的个人空间的情况。你是怎么注意到的？你的反应是什么？
- 想象一下，你是一名工程师，正在建造一个机器人。这个机器人将进入日本、墨西哥和美国市场。进入每个国家的产品都一样吗？机器人的空间导航行为会不同吗？如果会，应该怎么做？
- 想想机器人在各种日常情境下（例如，在家、办公室和满载的火车上）的使用情况。 现在，考虑一下你需要如何调整机器人的空间导航行为来适应这些环境。这几种情况下要考虑的重要因素是什么？

延伸阅读：

- Howie M. Choset, Seth Hutchinson, Kevin M. Lynch, George Kantor, Wolfram Burgard, Lydia E. Kavraki, and Sebastian Thrun. *Principles of robot motion: Theory, algorithms, and implementation*. MIT Press, Cambridge, MA, 2005. ISBN 978-026203327. URL `http://www.worldcat.org/oclc/762070740`
- Thibault Kruse, Amit Kumar Pandey, Rachid Alami, and Alexandra Kirsch. Human-aware robot navigation: A survey. *Robotics and Autonomous Systems*, 61(12):1726–1743, 2013. doi: 10.1016/j.robot.2013.05.007. URL `https://doi.org/10.1016/j.robot.2013.05.007`
- Jonathan Mumm and Bilge Mutlu. Human-robot proxemics: Physical and psychological distancing in human-robot interaction. In *Proceedings of the 2011 ACM/IEEE International Conference on Human-Robot Interaction*, pages 331–338. ACM, 2011. ISBN 978-1-4503-0561-7. doi: 10.1145/1957656.1957786. URL `https://dl.acm.org/citation.cfm?doid=1957656.1957786`
- Satoru Satake, Takayuki Kanda, Dylan F. Glas, Michita Imai, Hiroshi Ishiguro, and Norihiro Hagita. How to approach humans? Strategies for social robots to initiate interaction. In *4th ACM/IEEE International Conference on Human-Robot Interaction*, pages 109–116. IEEE, 2009. ISBN 978-1-60558-404-1. doi: 10.1145/1514095.1514117. URL `https://doi.org/10.1145/1514095.1514117`
- Michael L. Walters, Kerstin Dautenhahn, René Te Boekhorst, Kheng Lee Koay, Dag Sverre Syrdal, and Chrystopher L. Nehaniv. An empirical framework for human-robot proxemics. *Proceedings of New Frontiers in Human-Robot Interaction*, 2009. URL `http://hdl.handle.net/2299/9670`

非言语交互

本章内容包括：

- 非言语交互在人与人的互动中的作用——如何通过面部表情、手势、身体姿势和声音来加强交流；
- 以适当的方式解释、使用和回应非言语线索的重要性，无论是对成功的人－机器人交互，还是对机器人产生积极的感知；
- 机器人特有的非言语交互渠道，以及人类常用的渠道；
- 如何通过机器人的声音、灯光、颜色或手臂、腿、尾巴、耳朵及其他身体部位的肢体动作有效地与人交流。

当我们想到与某人面对面交流意味着什么时，我们首先想到的往往是我们讲话的内容——我们对彼此说了什么——而不是这些内容传达的方式。想象一下和一个不能看人也不能做手势的人面对面交谈。你不仅会感到不舒服，而且也可能难以表达想表达的意思。此外，如果没有非言语的“渠道”，似乎很难与对方建立起强烈的联系，尤其是当与陌生人交流时。

这是因为人们在互动时似乎是会自动地学会并不断地获取各种非言语线索。这些线索被用来解释意义、情感和意图的细微差别。非言语线索在人类互动中非常重要，如果不能恰当地产生和破译它们，互动就会变得非常困难。当去另一个国家时，任何人都可能会有一种迷惘的感觉——我们可能会发现很难叫服务员给我们账单或者很难通过读懂别人的面部表情来理解他的感受。患有自闭症等疾病的人难以注意和解读他人的非言语社交暗示，这一现象使人们深刻地体会到非言语线索的重要性。另外，对非言语线索敏感可以提高一个人对互动的理解。例如，研究人员使用“社交传感器”测量非言语行为（如注视和节奏感，可以基于非言语行为的片段预测会议上哪些人会交换名片（Pentland & Heibeck，2010）或判断哪些情侣会在六年时间内分手（Carrere & Gottman，1999）。

即使在最早的社交机器人设计中，人类互动中的非言语线索也被积极地用于丰富与机器人的互动。它们通常与语音结合使用，提供关于机器人内部状态或意图的补充信息。Kismet 是最早的社交机器人之一，它通过姿势线索（如向后拉或向前倾）

来表达情感，并使人们参与互动（Breazeal,2003）。Keepon 是一个极简社交机器人，使用凝视和反应性运动来表达关注和情感（Kozima et al.，2009）。许多机器人也能够用“联合注意”表示与用户共同参与或共享任务。接下来，我们将讨论非言语线索的功能、类型及其在 HRI 中的应用。

6.1 非言语线索在交互中的作用

非言语线索能让人们传达“字里行间”的重要信息。它们为人类间（以及人类与机器人）的互动增加了更深一层的信息，增加了用语言交流的内容。通过非言语交互，人们可以发出相互理解、共同目标和共同点的信号。他们可以交流想法、情感和关心。他们可以用一种比口头表达更微妙、更间接的方式来做到这一点。

在心理学中，非言语交际线索（如目光注视、身体姿势或面部肌肉活动）经常作为对一个人或一个物体的情感暗示被研究。我们传递的许多非言语信号是不经思考就自动表达出来的，甚至是完全无意识的。因此，非言语线索通常被认为是未经过滤的、更真实的，揭示了人们的“真实”态度。例如，肢体语言可以传达一种与语音非常不同的信息。想一个你不太喜欢的熟人。虽然你可能会以友好的方式和这个人打招呼，并开始一段看似友好的聊天，但你的非言语线索可能会泄露你的真实感受。你可能会匆匆看一眼对方，会皱眉而不是微笑，会避免身体接触，甚至没有意识到非言语线索与口头交谈的不一致。

非言语线索在人 - 机器人交互中同样重要。人们在与机器人互动时产生的非言语线索可以表明他是否喜欢这种互动以及是否喜欢这个机器人。因此，它们可以作为态度或参与的衡量或提示，并被用来指导机器人的行为。即使在 HRI 的背景下，言语和非言语线索也可能是矛盾的。例如，人们可能会口头表达对机器人的正面看法，而非言语线索表明他们在与机器人互动时感到紧张或焦虑。HRI 也可能受到机器人产生非言语线索的方式的影响。例如，当机器人做出的手势与它说话的节奏或意义不匹配，或者它对人们的非言语线索没有适当的回应时，互动就会显得很尴尬。早期关于 HRI 的研究主要集中在语言作为机器人最明显的交流方式上，但现在研究人员认为非言语线索是 HRI 的核心，这些线索被广泛接受为人类和机器人之间顺畅成功互动的先决条件（见图 6.1）。举个例子，想象一下在谈话中人类的目光注视。目光凝视会自动发生，无须过多思考，但与此同时，它也发出了共同关注的信号——双方都在谈论同一件事——并对谈话对象表示认可。当我们和机器人说话时，我们会期望机器人把头转向我们，并与我们进行眼神交流，表明它正在注意我们说的话。机器人表现出这种非言语行为将使互动看起来更加自然和流畅。相反，当这种“社会黏合剂”缺失的时候，我们会立即注意到——我们能感觉到有些地方出了问题，尽管很难准确地指出哪里出了问题。当机器人直视前方，不理会我们的存在或口头请求时，互动就中断了。

与所有信息一样，非言语交流总是发生在特定的背景中，这就决定了各自的非言语信号是否合适。这种背景可能受到特定社会和文化规范的限制。例如，在西方社会，人们通过正式的握手表示问候，而在日本，鞠躬才表示恭敬的问候。甚至一个人向另一个人鞠躬的程度也是社会地位和等级的标志。对于阅历不足的观察者来说，这几乎是难以察觉的，但对于那些了解相关文化规范的人来说，这是显而易见的。同样，与西方社会的人交谈自然会包括持续的目光接触，甚至身体接触。然而，在另一种文化背景下，这可能会被理解为威胁或粗鲁。这种社会和文化差异在最近的 HRI 研究中得到了重视，旨在设计对文化敏感的互动，并调查非言语线索在社交机器人跨文化部署中的重要性。例如，来自英国和日本的研究人员正在共同努力开发具有文化分辨能力的护理机器人，包括开发文化知识表示、文化敏感的规划和执行方案，以及文化适当的多模态 HRI（Bruno et al.，2017）。设计符合社会规范和文化期望的 HRI 可能意味着成功的产品和浪费的投资之间的区别。

图 6.1 文化上合适的非言语线索可以使人与机器人之间的交流更加自然和愉快

6.2 非言语交互的类型

尽管我们可以同时以多种形式展示和体验非言语线索（如声音、动作和注视），但当试图将非言语信号输入 HRI 时，分别考虑每一种沟通渠道可能是值得的。了解各种非言语线索的功能和作用，能让我们根据不同任务和 HRI 效果将它们结合起来使用。

6.2.1 注视和眼球运动

想象一下，你正在进行一场面试，应聘者回答你的问题时没有看着你，只是盯着他面前的桌子。即使当你在白板上画图表时，应聘者也不会跟着你的目光看你画的东西。你会雇用这个人吗？或许不会，因为这种注视行为可能会给人留下对你和你正在谈论的内容缺乏兴趣的印象。

注视是管理社会互动的一个微妙而重要的线索。注视标志着兴趣、理解、关注以及人们跟随谈话的能力和意愿。除了社交功能，注视和眼球运动还促进了功能互动和协作，比如将物品交给某人或将某人的注意力吸引到任务中需要的下一个工具上。利用眼球追踪方法来评估注视模式，可以为信息处理和人类认知提供新的视角。从实用的角度来说，分析注视模式也有助于确保给定的任务顺利完成。注视也可以是在互动中吸引并保持对方注意力的一种方式。例如，注视可以作为管理互动中的话轮转换的一种方式，通过把目光从一个人转向另一个人，说话者可能会暗示该轮到谁说话了。

在人类互动中，注视行为的一个特别确定的组成部分是**联合注意**。联合注意是指互动伙伴同时注意同一区域或同一物体的现象。这种行为对人类发展的意义始于幼儿时期，那时联合注意是学习的主要基础。能够在同一时间与成年照顾者注意同一事物的能力是婴儿学习新单词和新行为的重要先决条件（Yu & Smith，2013），而无法进行联合注意会导致发展困难（Charman et al.，2000）。在成人交流中，联合注意也可以表示对互动的兴趣和深度参与意愿，这对参与者需要协调活动的协作任务很重要。为了实现联合注意，注视行为的时机性和同步性是需要考虑的重要方面。

眼睛是心灵的窗户，它们会无意识地透露出你有多喜欢你的互动对象。像心率增加或起鸡皮疙瘩等不可控反应一样，瞳孔扩张也是由自主神经系统控制的。当人们看到外表漂亮的人时，他们的瞳孔会自动放大。反之亦然：人们认为瞳孔大的面孔比虹膜明显的面孔更有吸引力。这可以用在机器人上，给人一种机器人被用户吸引的印象（见图6.2）。

图6.2　即使在机器人中，瞳孔也是吸引人的信号

联合注意以多种方式被整合到HRI中，Imai等人（2003）将它作为一种框架，使人们更顺畅地沟通，这样他们就知道机器人在说什么，无论是在有语音的情况下还是没有语音的情况下。联合注意也被认为是机器人（特别是类人机器人）向人类学习的一种基本能力（Scassellati, 1999）。最后，在与自闭症儿童的互动中，研究了与机器人的联合注意，目的是利用机器人帮助他们发展这一重要的社交技能。然而，目前还不清楚那些接受过社交技能（例如与机器人执行联合注意）训练的自闭症患者是否也能将这些技能应用到人与人的互动中（Robins et al.，2004）。

当在HRI中使用时，机器人注视信号通常会产生与人类互动类似的效果（见图6.3）。这可能是因为研究人员是利用人类的目光注视行为来为机器人建立注视行为模型的，他们发现由此产生的注视行为可以引导人们承担不同的对话角色——例如接收者、旁观者或非参与者（Mutlu et al.，2012）。在多方互动中，机器人可以用目光指示下一个说话的人（Mutlu et al.，2009）。Andrist等人在一项HRI研究中使用面部追踪运动来表达相互凝视和有目的的凝视厌恶，以表明这些线索可以让机器人看起来更有意图、更有思想（Andrist et al.，2014）。Mutlu等人还发现，机器人在讲故事过程中模仿人类的注视线索会影响人们对故事内容的记忆程度（Mutlu et al.，2006）；与机器人进行视线接触的人可以回忆起更多的故事细节。因此，机器人注视行为可以成为一种管理与一个或多个人的互动的强大方式。

图6.3 机器人的眼球通常被设计成能俯仰和偏航，从而使得机器人可以将目光作为有效的沟通渠道。本图中iCub（2004年至今）给人的印象是注视着左手的球

6.2.2 手势

在交谈中，手势可能是继言语之后传达信息最明显的方式了。手势可以代替言

语，或者与言语一起发挥作用，并且通常根据它们在交流中的作用来分类。**指示性手势**指的是指向环境中的特定事物，对建立联合注意很重要。**标志性手势**通常伴随着言语，进一步支持和说明所说的话。例如，张开双臂的同时说你正举着一个大球，平稳地向上移动你的手的同时解释飞机是如何起飞的，这些都是标志性手势。**象征性手势**（如挥手表示你好或再见），无论是否伴有言语，都有自己的含义。最后，**节拍手势**通常用来配合说话的节奏，看起来就像在说话时移动手臂，就像在指挥一个看不见的管弦乐队（见图6.4）。在演讲中，手势也可以用来强调意义，比如当你对某事感到惊讶的时候，在说“什么？”的同时举起双手。

在HRI中，手势也是一种增强口语交流的有效方式。机器人可能被设计成通过手臂、手或其他身体部位（如头、耳朵或尾巴）做手势。手势的形状、时机、自然性和流畅性也会影响人们的感知和理解（Bremner et al.，2009）。Salem等人发现，在HRI中包括手势和语音可以让实验中使用的ASIMO机器人被视为更拟人化、更可爱，相比机器人仅通过语音沟通的情况，参与者更愿意稍后与机器人互动（Salem et al.，2013）。有趣的是，这项研究还表明，使用与语音不一致的手势虽然会对机器人的任务表现产生负面影响，但在对机器人的评价中会产生更明显的积极影响。因此，手势在机器人设计中应该谨慎使用，手势的效果也应该在人类研究中进行测试，以衡量它们在特定互动中的影响。

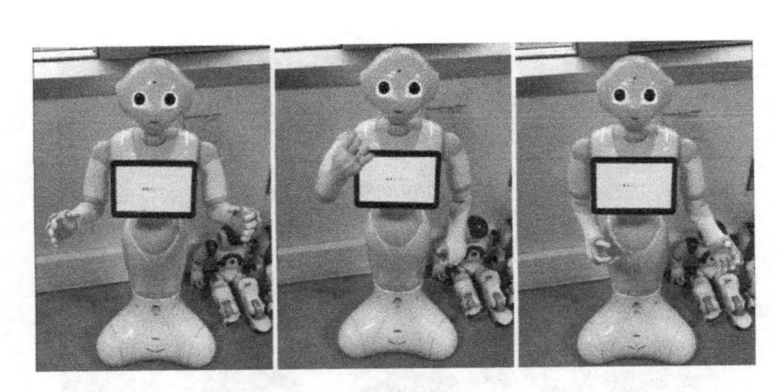

图6.4　Pepper（2014年至今）机器人在说话时使用手势。如果没有这些自动生成的节拍手势，讲话就会显得不那么自然

6.2.3　模拟模仿

非言语交互的另一个方面是模拟和模仿，在人际互动文学中受到了广泛的关注。模仿指的是无意识地复制他人的行为，而模拟指的是有意识地复制他人的行为（Genschow et al.，2017）。模拟和模仿不仅是人类的行为，灵长类动物也有（因此产生了“模仿某人”的概念），被认为是基本的社交能力。

日本的研究人员发现一群猕猴都在一条小溪里洗红薯。这种行为可以追溯到“猴群”里的一位雌性成员，她最初可能无意中这么做过一次，后来其他猴子意识到洗红薯能让食物更美味，也不那么粗糙，就效仿了她的做法，于是它们继续这样做。这种观察导致了这样一种说法：不仅是人类，动物也有“文化”（Whiten et al.，1999；De Waal，2001）。

在人类中，模拟和模仿具有多种促进成长的功能。在幼儿发展过程中，模拟和模仿为学习新的行为和与文化相关的社会规范提供了一种常见的方式。孩子们通过模仿来学习做一些特定的事情——比如用英国口音说话或者做出类似于其他家庭成员的表情。作为成年人，我们也可以通过模拟来融入我们的社会和文化环境，比如当我们说意大利语或访问意大利时，我们可以更强调手势。因此，模拟和模仿可以成为发展群体内认同的重要方式。

模仿作为一种很大程度上无意识的行为反应，也有许多重要的社交功能，其中之一是它间接地发出积极的情感和对互动伙伴的喜爱。如果两个人在交谈中使用相同的手势或姿势，通常是因为他们在互动中建立了积极的关系。同样，当人们的非言语线索不同步，没有相互反映时，你可以感觉到交流并不顺畅。因此，模仿作为一种微妙的非言语线索，可以成为一种有助于理解的信号，例如，在约会或工作面试的语境中。

模仿在与他人建立社会关系时的重要性使其有可能成为一种说服工具。在“变色龙效应”的研究中，Chartrand和Bargh发现，对一个人的手势和姿势的微妙模仿可以帮助这个人说服互动伙伴同意他的建议（Chartrand & Bargh，1999）。例如，如果你左右腿交叉而坐，相比互动伙伴没有模仿你的姿势时，若他在告诉你糖果A口味比糖果B更好之前也巧妙地采用这种坐姿的话，你更有可能选择尝试糖果A而不是糖果B（见图6.5）。然而，这种效应是随时间而变化的。如果你注意到你的谈话对象在模仿你（要么是因为他们太明显，要么是因为时机太迟），他们的意图会适得其反，因为你可能会认为他们在操纵你或不真诚。

在机器人的设计中，模拟和模仿的各个方面已经被实现并得到了评估。关于机器人通过模仿进行学习（机器人以某种方式记录，然后重现人类执行的行动）的文献库庞大且不断增长（Argall et al.，2009）。Riek等人开发了一种模仿用户头部姿势的类猿机器人，他们的研究结果表明，这对人们与机器人的互动有积极的贡献，尽管参与者并不总是清楚这些姿势（Riek et al.，2010）。如果将我们对模仿（见6.2.3节）和人类心理学中的姿势的了解相结合，我们就可以设计出能够显示特定类型行为（如向前一步）的机器人来影响人们的行为，进而影响他们的感受。例如，Wills 等人表明，模仿人类面部表情并展示社交时的头摆姿势的机器人比没有这种行为的机器人获得了更多的金钱捐赠（Wills et al.，2016）。因此，模拟和模仿可以作为有意识和无意识的社交线索在 HRI 中用于改善互动和说服人们听从机器人的建议。

图 6.5　和变色龙一样，“变色龙效应”指的是通过模仿别人的手势来增强说服力

6.2.4　触摸

触摸是一种非言语线索，经常出现在人与人之间（比如朋友之间或者照顾者和病人之间）的亲密互动中。我们经常故意通过触摸来安抚焦躁不安的人或安慰悲伤的人。我们也经常不经意地触碰我们觉得有吸引力的人或我们喜欢的人。事实证明，当这种情况发生时，这些人也会更喜欢我们。因此，有意的和偶然的触摸都可以产生有益的效果，特别是当互动的伙伴是同一社会群体的一部分时。然而，重要的是要知道什么时候触摸、怎样触摸才是合适的。

在日常生活中，触摸有时被有意地用来达到某个目的。根据所谓的“迈达斯效应”（Midas effect），男女服务员如果在付钱之前碰巧碰了顾客，就会得到更高的小费（Crusco & Wetzel，1984）。然而，触摸并不总是有积极的影响，特别是当认同不同社会群体的人相互交流时。在这种情况下，触摸甚至可能导致对互动伙伴的更多负面感觉。偶然触摸也被证明会减少对外群体的间接而非直接的偏见（Seger et al.，2014）。因此，人类群体之间的触摸效果同时具有积极和消极效果，考虑触摸可能在人类和机器人之间的互动中扮演什么角色是有趣的，这可能代表了未来社会中的一个新的社会群体。

文献中关于 HRI 中触摸的少数研究表明，需要对这种非言语线索进行更多的实证研究（Van Erp & Toet，2013 ；Willemse et al.，2016）。积极的一面是，与类动物机器人（如 Paro 或触觉机器人，见图 6.6）的触觉交互表明，当人们开始这种交互时，他们会感到更少的压力和焦虑（Shibata，2012；Yohanan & MacLean，2012）。Chen 等人的研究表明，在护理场景中，人们并不介意被机器人触摸，但他们对功能性触摸（如清洁手臂）的评价要比情感触摸（如安慰他们）更积极（Chen et al.，2014）。相比之下，Wullenkord 等人最近的一项研究探讨了与机器人 Nao 互动时触摸的负面后果（Wullenkord et al.，2016）。参与者报告他们对 Nao 机器人的态度，然后作为任务的一部分，他们必须触摸机器人。任务结束后，他们再次报告他们对机器人的态度和社会判断。总的来说，触摸改善了参与者的态度，与没有接触的参与者相比，接触后参与者表达了更积极的态度，消极态度更少。然而，那些在研究开始时对机器人有特别负面的情绪的人，在接触机器人后会产生相反的效果，产生更多负面的感觉。

触摸在自然的人 – 机器人交互中是不可或缺的一部分，例如，在功能性任务（如移交物品和操作）以及社交任务（如握手问候）中。无论是功能性任务还是社交任务，我们都需要记住偶然的或有意的触摸所带来的心理影响，无论是被机器人触摸还是不得不触摸机器人。

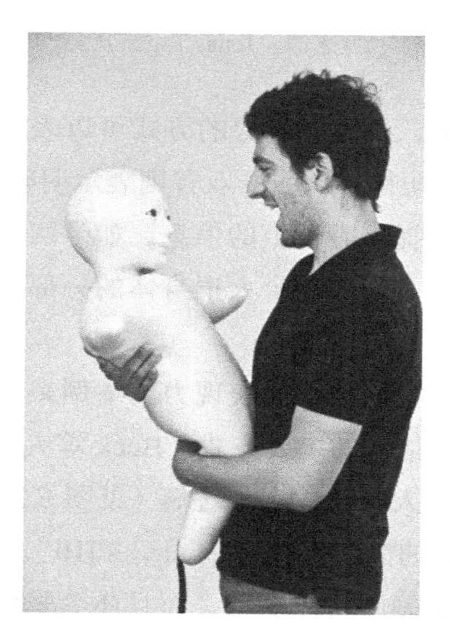

图 6.6 Telenoid（2010—2013）是一款旨在拥抱的触觉机器人。关于这是否是一种让人感到舒服的互动形式的研究正在进行中

6.2.5 姿势和动作

人们也通过他们的全身姿势和他们的移动方式进行交流。和面部表情一样，姿

势也可以用来解释人的情绪状态。缓慢的动作、下垂的肩膀和无精打采的手势都表明一种情绪低落的状态，而快速的动作和直立的姿态则表明一种积极的态度。当无法看到人的脸时，这些类型的姿势线索尤其重要，但它们也可以提供有关精神状态的额外线索，即使我们可以看到这个人的面部表情。研究人员发现，人们不仅可以在看到人的整个身体时理解这类非言语线索，也可以在描绘一个人的动作的极简光点显示器中理解这类非言语线索（Alaerts et al.，2011）。

Thrifty Faucet（2009）是一个简单的交互式原型，它使用其姿势向用户传达15种栩栩如生的动作模式，包括寻求、好奇和拒绝。其目的是与用户就更可持续的用水问题进行沟通（Togler et al.，2009）。

（来源：Jonas Togler）

在人与人之间的互动中，我们摆姿势的方式可以表示关注、参与和吸引。人们可能会将手臂放在身前以示防御，而张开双臂则表示明确的邀请，甚至可能是拥抱。我们与他人的姿势关系也能提供有价值的信息，如果两个人坐在一起，膝盖朝向对方，则表明他们愿意接触，而如果一个人把身体的一部分远离另一个人，则表明他们想要停止交流。

身体姿势可以为机器人提供额外的表现力。举例来说，当机器人缺乏面部表情特征时，身体可以作为交流情绪的主要方式。Beck等人的研究表明，表达情感的身体姿势可以提高人们对机器人情绪状态的理解（见图6.7）。机器人的姿势可以用来表达情绪，从而影响旁观者的情绪（Beck et al.，2010）。Xu等人的研究表明，人们不仅能够解读机器人表达情感的身体姿势，而且还会采用他们认为机器人表现出来的情感（Xu et al.，2014）。

机器人设计师也意识到微动作（几乎察觉不到的动作）可以传达机器人是栩栩如生的印象（Yamaoka et al.，2005；Ishiguro，2007；Sakamoto et al.，2007）。这些微动作通常是通过对机器人执行器的微小的、随机的扰动来实现的。这种栩栩如生的动画也可以用于表示机器人的内部状态，例如，动作的速度或幅度表示机器人的兴奋程度（Belpaeme et al.，2012）。这种方法已成功应用于宠物般的小型机器人（Cooney et al.，2014；Singh & Young，2012）。

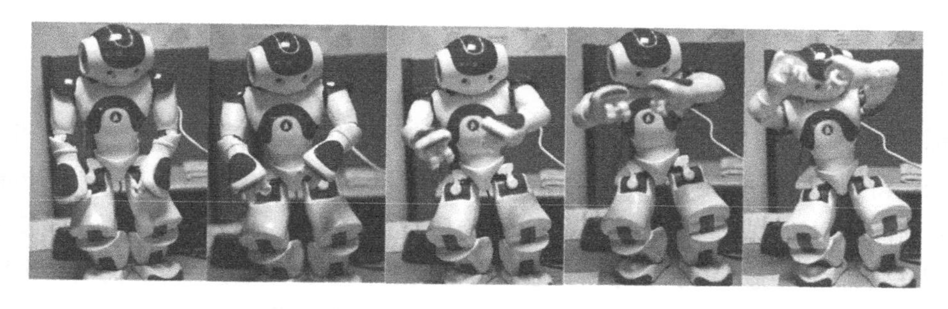

图 6.7 Nao 机器人（2008 年至今）使用身体姿势来表达情感，在悲伤（左）和恐惧（右）之间变化（Beck et al.，2010）

6.2.6 交互节奏和时机

交流线索的时间性质或“时机”在互动中有其自身的意义。在言语交流中，我们称之为互动伙伴间的“话轮转换”。非言语线索（如注视、手势）可以通过将注意力引导到适当的互动对象或暗示一个回合的结束来支持这种“话轮转换”。建立同步的时间模式可以进一步促进互动的沟通和协作的成功。

互动的“节奏性”和“同步性”在很大程度上提供了人类交流的无意识但至关重要的组成部分。为了理解我们所说的互动节奏，我们可以把人类的互动看作一个相互作用的耦合系统。为了让两个人能够有效地交流和工作，他们需要有节奏地参与到彼此的行动中——不一定要同时做事情，但要有相同的节奏。就像在舞蹈中一样，节奏使人们能够更加协调，更容易理解彼此的交流线索，在合适的时间注视、说话和移动，从而使双方能够清晰顺畅地进行交流（Warner et al.，1987）。尽管通常是无意识的，但节奏对互动的影响是显著的，不同步可能意味着互动伙伴错过了重要的信号，因此无法解释彼此的行为，它也会导致更消极的互动结果和对他人更不积极的态度。

Michalowski 等人发现，相比有节奏但与人类不同步的机器人，有节奏地与人类互动的机器人更逼真（Michalowski et al.，2007）。他们的研究还表明，人们更有可能与有节奏的跳舞机器人互动更长的时间。互动中的节奏性对话轮转换和团队合作也很有用，包括对人们行为的预期以及他们做出这种行为的时机（Hoffman & Breazeal，2007）。最后，Siu 等人的研究表明，在进行机器人手术时，听高节奏的音乐可以提高人－机器人手术团队的表现（Siu et al.，2010）。这些发现表明，HRI

中的节奏性可以提高互动的感知质量和成功结果的机会。

6.3 机器人的非言语交互

6.3.1 机器人对非言语线索的感知

标准的模式识别技术被用来让机器人感知和识别人类的非言语线索。姿势和手势识别已经得到了很好的研究。典型的系统使用摄像机、深度摄像机或用户携带的传感器来记录时间序列的数据。虽然软件可以识别有限数量的手势，但更典型的做法是使用机器学习作为训练系统来识别手势和其他非言语线索。为了实现这一点，需要一个数据库来收集数据，例如，显示不同手势的人的数据。通常，需要数千甚至数百万个数据点，每个数据点都需要进行标记，这意味着对于每个数据点，我们需要注意它所显示的内容。是一个人在挥手、指指点点，还是在招手示意？接下来，用标记的数据训练分类器，这通常是一个迭代过程，处理的数据越多，分类器的性能就越高。一旦性能对于应用程序来说足够了，就将分类器部署在机器人上（Mitra & Acharya，2007）。

这些基本的感知技术被用来让HRI研究人员评估人们是否真的在与机器人互动。与典型的人类互动（人们期望人类伙伴会注意并参与其中）不同的是，在HRI中，用户有时不会注意机器人说什么和发出什么信号。因此，感知用户的“参与度”是让机器人创造成功互动的关键步骤。Rich等人开发了一种技术，将视线接触和反向通道等线索检测结合起来，以识别用户是否参与了互动（Rich et al.，2010）。Sanghvi等人分析了表达情感的姿势和身体运动，以检测与机器人游戏伙伴的参与度（Sanghvi et al.，2011）。

尽管技术的不断进步允许提高机器人的感知能力，研究人员也为机器人添加了特殊设备（如眼睛跟踪和动作捕捉系统），以提供与互动相关的非言语线索的数据。对于触觉交互，在机器人领域已经有一些研究，将薄膜型压电聚合物传感器插入薄硅橡胶和厚硅橡胶中（Taichi et al.，2006）。

6.3.2 让机器人产生非言语线索

产生手势和其他非言语线索对机器人来说不是小事。非言语线索取决于互动，如果用户打响指，机器人需要立即眨眼。非言语线索也需要在语义和执行时机方面与其他线索相互协调，包括言语互动。HRI对非言语线索的感知和生成提出了特别的挑战，因为所有这些都必须实时完成。

1. 动画框架

最简单且最常用的方法是用动画框架生成运动。也就是说，机器人设计者通常会控制机器人的每个关节角度来为它设定一个姿态，这被称为“关键帧”。在设计者准备好多个关键帧后，系统在它们之间插入姿态，为机器人生成平滑的运动。

这需要设计者付出大量努力。图形用户界面（Graphical User Interface，GUI）通常用于减少运动设计的工作量。商用机器人 Nao 和 Pepper 都带有一个名为 Choregraphe 的 GUI，它可以帮助设计者直观地展示机器人的姿势，更容易、更快速地创建所需的运动（见图 6.8）。

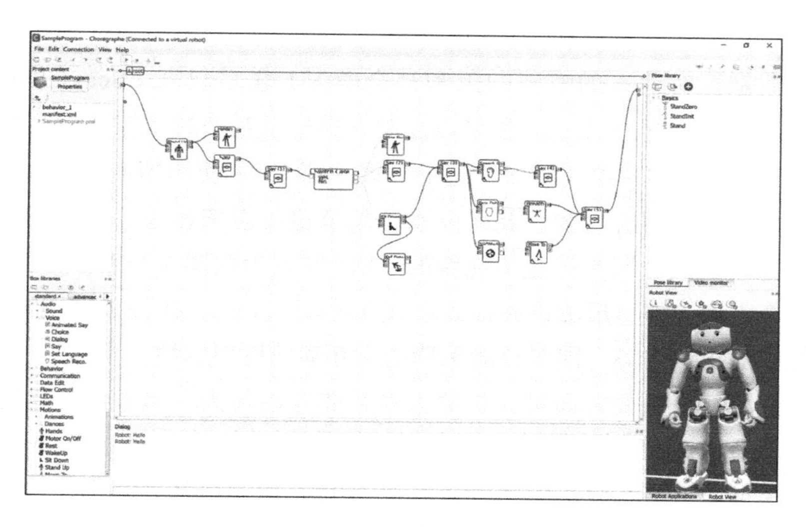

图 6.8　Choregraphe 是 Nao 和 Pepper 机器人的视觉编辑器。它包含一个姿势编辑器，允许机器人设计者有效地为机器人生成姿势和动画

其他用于动画或虚拟智能体的技术也可以用于生成机器人的运动。动作捕捉系统可以用来记录一系列定时的精确的人类动作，然后让其在机器人上复制。机器人设计者还针对虚拟智能体使用了标记语言，比如行为标记语言（Behavior Markup Language，BML），设计者可以指定智能体应该结合语音展示哪些手势（Kopp et al., 2006）。

2. 机器人的认知机制

另一种让机器人实现自然行为的方法是赋予机器人人工认知，人工认知是自然认知的人工对等物。人们期望在人工认知机制的控制下，机器人能够产生自然的交互行为。因此，除了破解机器人的非言语行为，我们还采用了建构主义的方法。然而，为了构建机器人的认知机制，研究人员首先需要了解人类的认知是如何工作的。

心智理论是一种读懂他人欲望、目标和意图的能力。这对于理解他人在想什么以及他们将要做什么至关重要。心智理论的一个典型例子是错误信赖任务。

想象有两个人，莎莉和安妮，在一个房间里。房间里有两个盒子和一块蛋糕。莎莉把蛋糕放在其中一个盒子里时安妮在旁边看着。安妮离开了房间，莎莉把蛋糕放到另一个盒子里。当安妮回到房间时，她会在哪里找蛋糕呢？

儿童通常在4岁时发展出正确回答这类问题的能力（Baron-Cohen et al.，1985）。机器人还有很长的路要走。

Scassellati（2000）提出了一种具身的心理结构理论，该理论考虑了突出的对象、任务约束和他人的注意状态，将机器人对世界的感知与高级认知技能和相关行为（如联合注意、对他人的意图归因和社会学习）联系起来（Scassellati，2000）。Sugiyama等人为机器人开发了一种可以复制人类指示互动的认知机制（Sugiyama et al.，2007）。这涉及对术语（例如“这个”或“那个”）使用指向（指示）手势，表示侦听器可以识别的目标对象。指示互动的细节也可以依赖于目标。例如，我们不会直接指着附近的人，因为这是不礼貌的。Liu等人为机器人开发了一个计算模型，它平衡了两个因素，即可理解性和社会适宜性（Liu et al.，2013）。它能让机器人避免做出不礼貌的指示手势，同时还能保持指示互动的可理解性。

HRI设计的一个重要方面是让机器人产生非言语行为，以适当地伴随语音。这通常是受到人们在对话中使用非言语线索的启发。Kanda等人的机器人系统自动生成非言语线索（如点头和同步的手臂动作），向用户展示其注意状态，以对应于用户的手臂姿势（Kanda et al.，2007a）。在使用口语对话时，机器人还能从其他非言语线索中获益，比如对口型（Ishi et al.，2011）。

6.4　结论

本章强调了非言语线索在人类和机器人交流中的重要作用。把非言语线索运用到机器人的交流系统中还需要进一步的技术进步和改进，特别是因为非言语线索代表了这种微妙的交流。现有的研究表明了非言语交流在人－机器人交互中的重要性，同时也表明，要想让机器人在与人的日常交流中像人一样自然地做出行为和反应，还有很多工作要做。

可供思考的问题：

- 还是不相信非言语线索很重要？现在就来和某人交谈，但不要看着对方的脸。进展怎么样？感觉如何？此外，问问你的交流伙伴，他对你的行为有什么看法，以及这让他有什么感觉。

- 想一个你感兴趣的机器人用例。非言语行为的哪个方面与这个场景特别相关？手势或注视会特别有帮助吗？偶然性和时机如何？如果需要一些灵感，你可以出去观察一下类似语境下的人，看看他们在做什么。
- 你看过音轨不同步几分之一秒的视频吗？是否和音频滞后的人视频会议过？这对互动有什么影响？你认为延时有多久？如果有的话，你是如何处理这方面的困难的？
- 你如何知道机器人是否有效地使用了非言语线索？有办法测量非言语互动的质量吗？可以测量互动的效果吗？

延伸阅读：

- Henny Admoni and Brian Scassellati. Social eye gaze in human-robot interaction: A review. *Journal of Human-Robot Interaction*, 6(1):25–63, 2017. doi: 10.5898/JHRI.6.1.Admoni. URL `https://doi.org/10.5898/JHRI.6.1.Admoni`
- Cynthia Breazeal, Cory D. Kidd, Andrea Lockerd Thomaz, Guy Hoffman, and Matt Berlin. Effects of nonverbal communication on efficiency and robustness in human-robot teamwork. In *IEEE/RSJ International Conference on Intelligent Robots and Systems (IROS)*, pages 708–713. IEEE, 2005. ISBN 0-7803-8912-3. doi: 10.1109/IROS.2005.1545011. URL `https://doi.org/10.1109/IROS.2005.1545011`
- Nikolaos Mavridis. A review of verbal and non-verbal human–robot interactive communication. *Robotics and Autonomous Systems*, 63:22–35, 2015. ISSN 0921-8890. doi: 10.1016/j.robot.2014.09.031. URL `https://doi.org/10.1016/j.robot.2014.09.031`
- C. L. Nehaniv, K. Dautenhahn, J. Kubacki, M. Haegele, C. Parlitz, and R. Alami. A methodological approach relating the classification of gesture to identification of human intent in the context of human-robot interaction. In *IEEE International Workshop on Robot and Human Interactive Communication*, pages 371–377, 2005. ISBN 0780392744. doi: 10.1109/ROMAN.2005.1513807. URL `https://doi.org/10.1109/ROMAN.2005.1513807`
- Candace L. Sidner, Christopher Lee, Cory D. Kidd, Neal Lesh, and Charles Rich. Explorations in engagement for humans and robots. *Artificial Intelligence*, 166(1-2):140–164, 2005. doi: 10.1016/j.artint.2005.03.005. URL `https://doi.org/10.1016/j.artint.2005.03.005`

第 7 章

Human-Robot Interaction: An Introduction

言语交互

本章内容包括：

- 人类言语交互的复杂性和挑战；
- 人类和 HRI 中的语音成分；
- 语音识别的基本原理和在 HRI 中的应用；
- HRI 中的对话管理系统；
- HRI 中的语音生成，包括聊天机器人的使用。

想象一下，你在当地的电子商店遇到了一个机器人（见图 7.1）。当你走近时，它会说“你好”，并问你今天要找什么。你不假思索地说：“哦，我不知道，也许是给我女儿买个相机、几块电池，先随便看看。”在你等待回应的时候，机器人会长时间沉默。然后，它会重复最初的问题，要求你说得慢一些，距离要近一些。机器人坏了吗？你走近商店的另一个机器人，也得到了类似的结果。为什么与机器人的对话如此令人沮丧？（事实上，这确实发生在其中一位作者身上。）

图 7.1　东京某家商店里的这两个 Pepper 机器人在与路人交流时遇到的困难可能是由于环境嘈杂，也可能是由于人们语言交流方式的多样化

语音可能是人类之间最明显的交流方式，因为它既是可听的，也是明确的。这也是设计在机器人中的一种常见的通信模式，无论是机器人产生的语音还是作为机器人输入的语音都是如此。然而，产生机器人语音要比理解人类语音简单得多，这就造成了人们的期望和机器人的实际能力之间的不平衡。本章将描述人类语音的主要组成部分，然后讨论机器人为言语交互做准备的机制。

7.1 人与人之间的言语交互

在人类交流中，语音具有多种功能：它只是用来传递信息，但同样重要的是，它也通过交流来创造联合注意和共同的现实。除了是我们天性的一部分，语音非常复杂且可以有多种解释。仅仅通过语调的转折或重音的转移，同一句话的意思就会发生戏剧性的转变。例如，试着把下面的句子念八遍，同时每次都把重音放在下一个字上：

她说她没拿他的钱。

通过将重音从一个字转移到下一个字，听者所推断的内容就会从相信（**她**说她没拿他的钱；显然，有人不这么说）变为不相信（她**说**她没有拿钱；但实际上有人看到她这么做了），再变为指控（她说**她**没有……但有其他人这么做了），等等。

言语交流也被副语言信息——如韵律和注视、手势及面部表情等非言语行为（见第6章）——所丰富。

7.1.1 语音的构成

语句是口语中最小的单位[⊖]。口语通常在语句之间包含停顿，语句在语法上往往不如书面语句正确。当我们随机阅读一段对话中的语句的文字转录时，这一点尤其明显：当某人说的时候，我们不费吹灰之力就能明白他的意思，但同样的句子写下来可能会显得语无伦次。

词语是我们能说出口的、传达意思的最小单位。**音素**则是组成词语的声音单位，比如pat由p、a和t三个音素组成。改变其中的一个音素就会改变单词的意思，如果把p改成b，就变成了bat。

会话填充语是语音的一部分，但不直接与特定概念相关。它们的作用是让对话

⊖ 口语中的语句可以很短，只由单个词组成——如“嗯”“当然”“谢谢”，也可以持续几分钟。口语往往是不完美的，而且有不流利的地方，例如“你知道，我其实是想，是的，想要给她买，一样东西，但后来我，嗯，见鬼。”

继续下去。例如，人们在听的时候会发出"嗯嗯"，以表示他们正在关注和跟随对话。会话填充语是人类言语交流的重要组成部分，因为它们能让听众在不中断对话的情况下给出相当广泛的反应（例如，他们正在留心听，他们理解说话者的意思，他们对故事中突然出现的转折感到惊讶，或者他们感同身受）。这种反馈极大地提高了言语交流的效率，它增强了说话者和倾听者之间的共同现实体验感。

7.1.2 书面语与口头语言的比较

书面语和口语中的语句有很大的不同。人们希望在书面文本中看到严格遵守语法规则和句法的句子，而在说话时则变得自由得多。由于书面交流的单向性，书面文本需要具备一定的精确性和精细性，因为它不能在传递过程中进行调整。

口头交流则可以通过多种方式让人们在传递信息的同时澄清被误解或晦涩的地方。人们通常能很快察觉到互动方没有按照预定的方式理解信息，并针对这种情况改变自己的说话方式。

自然流畅的像人类交流一样的交流对于人－机器人交互来说，往往是至关重要的。然而，为了构建自然语言交互，必须具备许多技术前提，包括机器人将语音转录成文字的能力，通过提出适当的回应来理解文字，并生成口头语言。机器人往往还需要能在口头语言的基础上完成这些工作，如前所述，这比单独处理书面文本更具挑战性。

7.2 语音识别

语音识别是指计算机对口语的识别，也称为自动语音识别（Automated Speech Recognition，ASR）或语音转文本（Speech-To-Text，STT）。语音识别是将语音的数字录音进行转录的过程。语音识别并不理解或解释所说的内容。它只是将录音的语音片段转换为文字表示，以便进一步处理。语音识别主要是为通过口语控制数字设备或听写应用而开发的。正因如此，假设语音是用高质量的麦克风记录下来的，而麦克风则需要在相对无噪声的环境中近距离放置在说话者附近。

在HRI中，这些假设经常不能成立。当对机器人讲话时，人类的对话伙伴往往距离机器人有一定的距离，这会降低录音的质量。信号处理和定向麦克风阵列可以缓解这一问题，但许多机器人没有配备这样的硬件。由于机器人的麦克风往往不在说话者的嘴巴附近，麦克风也会接收到机器人周围的声音。房间里其他人的说话声、环境中的不同声音（如外面经过的卡车声、周围人走动声或手机铃声），甚至机器人本身的非机械噪声，最终都会被记录下来，这对语音识别提出了挑战。为了避免这些问题，通常采用近距离麦克风，即用户在与机器人对话时，戴上佩戴式麦克风或耳机。

语音识别过程需要语音识别引擎，即经过训练可以识别特定语言的软件。这些引擎是根据数千小时的录音和手抄语音进行训练的，它们只能处理一种语言。有些语音识别引擎是非常具体的，只能识别简短的指令或特定于应用程序的指令（例如，识别口语数字）。而其他的语音识别引擎则不受限制，已经被训练成可以识别任何可能的口语句子。虽然有一些免费的、开放源码的语音识别引擎，但性能最好的语音识别引擎都是商用的。

7.2.1　语音识别的基本原理

语音识别始于语音的数字录音（通常是单一说话者的录音）。录音是在时域表示的，对于录音的每一个时间步长（例如，每 1/16 000 秒），样本中包含了录音的振幅或音量。这足以重放录音，但对于将语音转录成文字是不方便的。因此，首先将录音转换为频域。这意味着现在它显示了信号中某些频率在每个时间步长的强烈程度。音素在频域中看起来非常不同，例如，o 和 a 在频域中具有不同的特征，因此，使用算法更容易识别。图 7.2 是语音记录在时域和频域的情况。

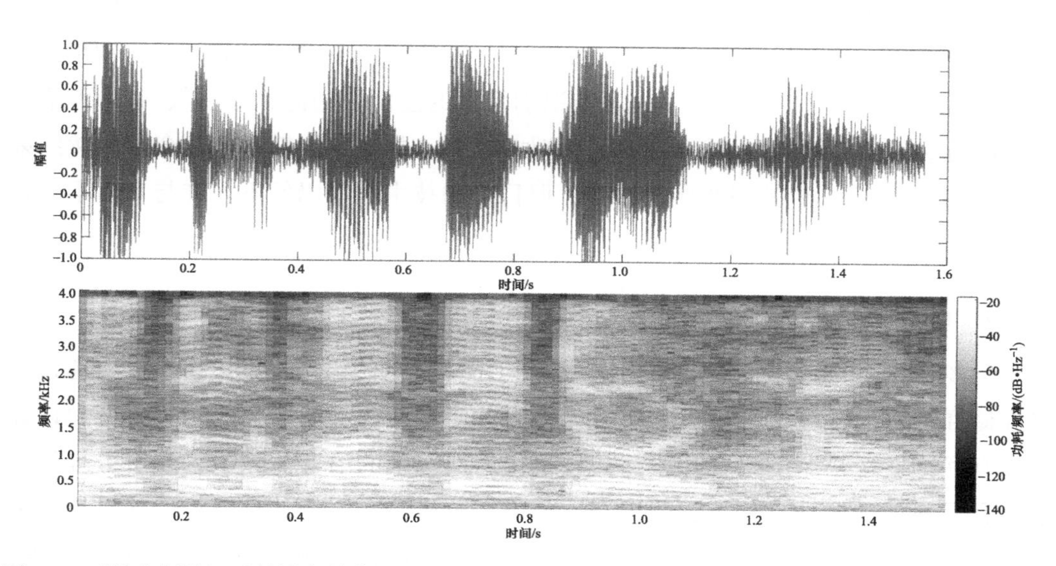

图 7.2　时域和频域显示的语音样本“ Open the pod bay doors, HAL”。语音识别需要将这些数据转化为文本

直到最近，语音识别引擎还在使用高斯混合模型和隐马尔可夫模型从语音记录中提取音素、单词和句子。实质上，这些方法使用概率模型，说明音素和单词如

何串联成单词和句子。该模型知道“robot”是比“lobot”更有可能的写法，“the robot served the man”比“the robot swerved the nan”更有可能。

近年来，这些概率模型已经被深度神经网络（Deep Neural Network，DNN）所取代。这些神经网络在本质上类似于20世纪60年代以来的人工神经网络，但其规模要大几个数量级。典型的DNN可以有几十万个神经元和数百万个神经元之间的连接。虽然这些网络在过去不能被训练，但算法设计和计算硬件的新发展使得这些网络的训练成为可能，进而能够相对可靠地识别口语。与早期的方法相比，使用DNN进行语音识别的性能有了很大的提高。不仅正确识别语音的比率提高了，而且语音识别引擎可以越来越多地处理背景噪声、嘈杂环境和不成形的语音。它们现在也是独立于说话者的，这意味着同一个语音识别模型可以处理不同说话者（不限性别）的语音。

7.2.2 限制因素

所有的语音识别引擎在识别非典型语音方面仍然很吃力。模型并没有经过某些说话者——如年轻说话者（Kennedy et al.，2017）或老年说话者——的语音的充分训练，这仍然是一个挑战。此外，方言或非母语说话者往往会导致识别性能严重下降。声学环境也是一个决定性因素。嘈杂、混响或拥挤的空间会降低ASR性能。专有名词（如Margaret或Launceston Street）也有可能被语音识别系统错误地识别出来。

限制需要识别的内容可以提高语音识别引擎的性能。为此，大多数ASR引擎允许程序员对应该识别的内容设置约束，例如0到10的数字或简单的命令。虽然约束后的ASR可以成功地处理非典型语音，但目前的技术水平仍然不允许与来自不同背景的目标群体进行口语交互。

7.2.3 HRI的实践

众多的语音识别引擎都可以使用。运用DNN技术的语音识别，由于需要通过网络存储和计算的计算资源，通常作为远程服务使用。这些基于云的解决方案允许你通过互联网发送录制的语音片段，并且很快返回转录的语音。除了云端服务提供的最佳和最新的性能外，基于云的识别还可以释放机器人上的计算资源，让机器人拥有相对低成本的计算核心。如果应用程序的性质不允许使用基于云的ASR（例如，因为机器人没有可靠的、始终在线的互联网连接时），那么可以采用一些车载语音识别解决方案（这些解决方案通常使用简化的DNN或第一代语音识别方法）。不过，它们的性能低于基于云的服务。

许多大型软件公司都提供基于云的语音识别服务。谷歌、IBM、微软和Nuance

都提供按需付费的云语音识别服务。对于低频用例来说，识别单个语音样本通常是免费的，但每个识别事件的成本约 1 美分。有一些免费的开源替代品，例如 Mozilla 基金会的通用语音（Common Voice）计划——它建立了一个开放的语音数据集来训练具有语音功能的应用程序，以及它的 DeepSpeech 识别引擎。

语音识别引擎一般都有一个简单易用的应用程序接口（Application Programming Interface，API），允许程序员在机器人上快速集成语音识别功能。在转录句子旁边，ASR 引擎通常还会返回针对转录句子的置信值，给出衡量引擎对已识别语音的信心程度。有些引擎甚至会返回备选的转录句，同样也会返回置信值。

7.2.4 语音活动检测

在一些 HRI 应用中，由于噪声的存在（比如机器人位于嘈杂的公共空间），语音识别是很困难的。不过，尽管方式有限，我们还是可以通过语音活动检测让机器人对说话的人们做出响应。

语音活动检测（Voice-Activity Detection，VAD）通常是 ASR 的一部分，它可以从沉默以及其他声学事件中区分出语音。例如，有的 VAD 软件可以分辨音乐播放和人们说话之间的区别。

在 HRI 中，VAD 用于给用户留下机器人在听的印象，可以在不实际识别或理解用户语音的情况下实现口语转接。近年来，深度学习也提高了 VAD 的性能。目前，免费的 OpenSmile 软件包（Eyben et al.，2013）在性能上处于领先地位。结合声源定位（即只用两个或多个麦克风来拾取声音的来源），我们甚至可以让机器人看到究竟是谁在说话。

7.2.5 HRI 中的语言理解问题

通常存在一个误解：语音识别也意味着语音被计算机“理解”，但其实不然。从口语中提取语义内容是特别具有挑战性的，并且有一系列试图从文本中提取意义的方法，包括从广泛的语义内容到非常具体的内容指令中提取意义。

作为一种分析社交媒体上的信息的方法，情感分析不断成熟，它可以用来提取语句中包含的情感。情感分析软件通常会返回一个标量值，表示信息的负面或正面程度。虽然情感分析是针对书面语言进行优化的，但在口语中，我们也可以获得信息的传递方式。韵律和振幅让我们深入了解信息的情感：你不需要讲这种语言，就能听出说话者是否很高兴或很激动。同样的道理，对语音进行情感分析和情绪分析，也可以粗略地对说话者的情感状态进行分类。

更先进的方法——称为自然语言理解（Natural-Language Understanding，NLU）——

会从转录的句子中提取关键词。诸如命令、地点、人物、事件或日期等元素可以从信息中挑选出来，让软件做出适当的回应。这些方法经常被用于个人数字助理中。“提醒我晚上 7 点去接孩子”被解释为在晚上 7 点这个时间设置“接孩子”事件的提醒命令。那些经常使用数字助理的人很快就学会了顺应计算机，以计算机能够理解的方式来传递信息，他们确定了一种与计算机交互的语言，以便让计算机表现得令人满意。

自然语言的开放式理解是当前最大的挑战。由于聊天机器人等对话智能体使用对话技巧来处理模棱两可或难以理解的语言，母语用户可能会留下它们能理解所讲内容的印象。然而，到目前为止，对自然语言的真正理解还没有被实现（见图 7.3）。

图 7.3 人工智能可能需要很多年才能成功感知到“讽刺”（来源：XKCD）

即使人们很快意识到机器人并不理解数字语音，他们可能还是会花一些时间去想如何用这样的方式来表达他们的信息，让机器人真正理解他们想要什么。这一点在下面的对话中表现得淋漓尽致，这个对话实际发生在一个人和一个机器人服务员之间，机器人被编程为从字面上理解一切（Williams et al.，2018）：

参与者：嗯，我可以要一杯水吗？

机器人：可以，这是允许的。

参与者：太好了。

机器人：请告诉我你要点什么。

参与者：我可以要一杯水吗？

机器人：可以，这是允许的。
参与者：太好了，我要一杯水。
机器人：谢谢你分享这个有趣的预测，请告诉我你要点什么。
参与者：我可以点一杯水吗？
机器人：可以，这是允许的。
参与者：好的，你能给我一杯水吗？
机器人：是的，我能够做到。
参与者：你能给我拿一杯水吗？
机器人：是的，我能够做到。
参与者：我想要一杯水。
机器人：谢谢你分享这个有趣的事实。请告诉我你要点什么。
（16秒的沉默）
参与者：你能给我拿一杯水吗？
机器人：是的，我能够做到。请告诉我你要点什么。
参与者：请你给我拿一杯水来，好吗？
机器人：是的，我能够做到。
参与者：那你能拿来吗？
机器人：是的。请告诉我你要点什么。
参与者：你能进去帮我拿一杯水吗？
机器人：是的，我能够做到。请告诉我你要点什么。
参与者：我点的是水。
机器人：好的。
（机器人收到参与者的订单）

7.3 对话管理

对话管理（Dialogue Management，DM）是指在计算机和用户之间保持书面或口语对话的过程。对话管理的关键在于，交互由几个回合组成，而不是一个指令。像“播放 Bob Marley”这样的指令不需要 DM，而“我想点东西”则需要智能体进一步探索用户想要的是什么，这可能会产生一连串的来回询问具体订单的问题。对这种对话的管理需要对话管理器来跟踪对话的**状态**。这种状态可以是特定于应用程序的，也可以是非常通用的。如果机器人正在处理比萨订单，那么这个状态包含比萨订单的详细信息，比如用户想要哪种尺寸的比萨、比萨上要放什么东西。对话管理器将尝试从用户的口语语句中补全状态中的未知信息，并在传递订单之前提出特定的问题来填补缺失的信息。

7.3.1　基本原理

对话管理器的复杂程度不同，有的系统要求非常严格的对话顺序，有的系统允许用户在交互中享有极大自由度。限制性对话管理器用于封闭的和情景化的任务，如登记客人、填写表格或接受订单。系统主动型对话管理器没有给用户留下改变对话进程的空间：智能体提出一些问题，用户对这些问题作出回应。用户主动型对话管理器允许用户起主导作用，系统只在某些事情不清楚或需要更多信息时才进行干预。混合发起式系统则是两者的结合体。

简单的对话管理器会让程序员设计一个对话脚本，最简单的形式是实现一个线性脚本。将对话带向不同的方向的条件和分支，让脚本更灵活。从本质上讲，这些对话管理器是有限状态机（Finite-State Machine，FSM），是一组定义流程的指令，通常指的是计算机程序。更先进的系统可以容纳基于事件的DM，允许控制流被事件中断。基于事件的对话管理器可以处理非线性的对话流，例如用户在下比萨订单的过程中询问当前的时间。

QiChat是软银机器人（如Nao和Pepper机器人）的对话管理软件。下面是QiChat的代码示例。它能监听用户的语句，如问候语（“嗨”“你好”和“嘿，你好”）以及点单语句（例如，“有柠檬水吗？”）。

```
topic:~introduction ()
language:enu
concept:(greetings) ^rand[hi hello "hey there"]
concept:(wine) [red white] wine
concept:(alcohol) [beer ~wine]
u:(~greetings) ~greetings
u:(do you have _~drink) yes, I have $1
u:(I want to drink something) do you want ~alcohol?
```

它产生的对话示例如下：

机器人：嘿，你好。

用户：你好。

机器人：有白酒吗？

用户：有，有白酒。

机器人：我想喝点什么。

用户：想喝啤酒吗？

机器人：我想喝点什么。

用户：想喝红酒吗？

此外，更高级的对话管理器会使用一个计划器，它可以记录下系统的状态和可以改变状态的动作。使用计划器的好处是，程序员不再需要编写对话脚本来捕捉每一种需要填充状态的方式，而是由计划器搜索还需要哪些动作才能完成状态。因此，计划器不需要明确地写出机器人完成比萨订单需要问的问题，它知道比萨的状态包含大小、配料和送餐时间等变量，并会找到完成比萨订单中缺失信息所需要的动作（在本例中其实是问题）。

7.3.2 HRI 中的实践

DM 有几种商业解决方案。例如，提供语音识别服务的公司通常会将 DM 与语音生成产品一起提供。从非常简单的基于脚本的服务（允许程序员实现线性语言交互）到复杂和丰富带计划器的服务，对话管理器的范围相当广。最流行的对话管理器是基于事件的，因为它们对大多数基于语言的商业交互来说足够灵活。然而，对话管理器并不适合实现自由对话和开放对话。自由语言对话需要大量的对话规则，所以对话脚本很快就会变得笨重。

1. HRI 中的话轮转换

与机器人的口语对话要让用户以更自然的姿态对待互动，因此，可能需要引入一些人类互动中也存在的因素。其中之一是**反通道**——听者在对话中给出的表示自己仍在参与的反应，如“嗯”或“真的吗？”。当能看到对话伙伴时，通常会有非言语的反通道，如短暂的点头或微笑。在个人助理中，这通常采取视觉信号的形式，如闪烁的灯光，但在机器人上，这些反通道信号可以模仿人类信号。从非词汇性的“嗯哼”和“嗯”语句到“是啊”和“告诉我更多”等短语和实质性语句，机器人可以使用言语反通道信号。机器人可以用信号（如闪烁的灯光或轻轻的嗡嗡声）来增强这些反通道信号，以表明它正在倾听和关注。因为时机取决于说话者的言语和非言语线索，所以在机器人上使用反通道的问题之一是何时使用反通道信号。例如，Park 等人（2017）的研究表明，使用提供偶然性反通道信号的反通道预测模型的机器人会更受儿童青睐。

2. 时机的作用

在自然互动中，时机是至关重要的。当反应有延迟时，会被视作干扰，而非常快速的反应往往被视为不真诚（Sacks et al., 1974；Heldner & Edlund, 2010）。反应时机也取决于其他因素。认知负荷的增加会减慢反应速度，“是”或“否”的回答比需要完全成形的回答反应时间更短（Walczyk et al.，2003）。对电话交谈的分析表明，对问题回答“是”平均只需要100毫秒，而对不受欢迎的提议的反应平均需要近500毫秒（Strömbergsson et al.，2013）。在问题结束前给出的回应显示了人类对话者是如何预测问题并在问题结束前给出回应的。

计算机在发出对话回应方面明显比人慢。由于DM中的顺序处理链，机器人往往需要几秒钟才能给出回应。沉默可以用会话填充语或视觉信号来填补，告诉用户机器人正在制定响应。然而，这些都不能很好地替代迅速的话轮转换，人们正在为减少自然语言交互中的反应延迟付出相当大的努力。即时语音合成（即机器人在计划如何完成句子之前就开始说话）似乎很有前途，增量式口语对话处理也是如此，它的工作原理与在指令完成之前已经采取行动响应口语指令相同（Baumann & Schlangen，2012）。

7.4 语音生成

自然语言交互的最后一步是将系统的书面响应转换成语音。为此，我们需要进行语音生成，也就是语音合成或文本转语音（Text-To-Speech，TTS）。

近年来，语音生成取得了令人瞩目的进展。在20世纪90年代，只能生成听起来很尖锐的声音。近30年后的今天，我们有了与人类语音几乎无法区分的人工语音。已有的两种成熟的人工语音生成方法是拼接式TTS和参数式TTS。在拼接式语音生成中，将记录演员的声音并将之切割成音素，然后将这些音素“黏合”在一起，平滑接缝，以提供自然的语音（Hunt & Black，1996）。在参数式TTS中，训练模型以从文本中产生声学语音参数（Zen et al.，2009）。虽然拼接模型听起来很自然，但它们不够灵活，而且新的语音需要全新的录音和TTS模型的训练。参数式TTS更灵活，允许自定义语音和韵律，但代价是失去了自然性。最近，通过训练生成式深度神经网络（DNN），已经克服了这些限制。van den Oord等人提出了一个DNN模型，它产生的语音几乎与人类语音无法区分，甚至包括呼吸和唇语（van den Oord et al.，2016）。这个模型已经被谷歌采用，作为其数字助理的语音。

从免费的解决方案到为特定应用定制语音的商业软件，目前有多种语音生成软件可供选择。

1. TTS引擎

最简单的TTS引擎具有计算少量数据的能力，可以在廉价的机器人硬件上运行。听起来最自然的TTS引擎使用DNN，并且是基于云的。根据应用程序的不同，一些TTS引擎不仅将文本转换为语音文件，还提供音素的时机信息，可以用来给机器人做动画。语音可能需要与机器人的面部动画或手势同步，而时机信息能够实现语音和动画之间的精确同步。

在 HRI 中，考虑哪种语音适合机器人及其应用很重要。小型机器人需要一种与其外观相匹配的声音，而不是命令式的男中音。但在某些情况下，有一点可能很重要，即要将声音与声音是由机器人所发出的事实相匹配，听起来自然的 TTS 引擎应用在机器人身上会很违和。同时，Eyssel 等人的研究表明，声音的类型会影响社交机器人的社交感知（Eyssel et al.，2012a）。例如，男性比女性更容易拟人化、评价男性声音的机器人，女性比男性更容易拟人化、评价小型机器人。

语音生成仍然存在一些限制。虽然正在积极研究，但自适应的拟声和情感在 TTS 引擎上并不普遍。另外，合成语音不能适应使用环境。当房间很安静时，机器人几乎没有必要拥有轰鸣的声音，然而机器人在展览上向人群介绍时，则要很好地适应其语速和音量，以提高其可理解性。

2. 聊天机器人

聊天机器人是一种旨在与用户进行对话的计算机程序，通常使用书面文本。这些系统通常以 Web 应用程序的形式实现，用户在网页上输入文本，服务器会对每一条文本输入做出响应。这些聊天机器人通常有特定的目标，例如提供技术支持或回答有关公司产品的问题。聊天机器人可以成为完全的销售智能体或客户支持智能体。这些智能体通常被限制以有意义的方式回复有关主题。最近，聊天机器人已经具备了语音功能。Siri（苹果公司）、Cortana（微软公司）、Alexa（亚马逊）和 Bixby（三星集团）等聊天机器人可以对简单的口语命令做出回应，并以口语文本进行回应。

第二类聊天机器人是通用型智能体，它们试图对任何语句做出回应。一方面，它们通过数千条有关如何对经常出现的语句做出回应的手工规则来实现这一点；另一方面，它们还维护着以前所有对话的数据库，经常从用户过去对某个语句的回应中学习。最终的目标是创建与人类无法区分的聊天机器人——用户将无法分辨他们是在与计算机还是人类交谈。在一个年度竞赛中设置了受控测试，最令人信服的聊天机器人将获得 Loebner 奖。这种测试通常被称为图灵测试，以著名的计算机科学家艾伦·图灵的名字命名，图灵提出将这样的测试作为计算机智能的衡量标准（Turing，1950）。

苹果、微软、谷歌、亚马逊和 Facebook[⊖]等主要信息技术（IT）公司创建的聊天机器人名单表明，人们对自然语言技术已经有了相当大的兴趣，许多公司将其技术提供给开发人员。谷歌正在提供其云语音应用程序接口（API），微软正在推销其认

⊖ 已更名为 Meta。——编辑注

知服务，而亚马逊则提供其 Alexa 工具集，以构建基于语音的服务。

这些服务的提供意味着不再需要为语音识别、理解或合成创建自己的软件。相反，开发人员可以为他们的机器人使用在线服务。通过机器人的麦克风记录的音频信号会实时流传到公司的服务器上，当用户还在说话时，它们就会把识别到的文本发回。同样，这些服务不仅可以用来识别口语文本，还可以用来回应文本的含义。例如，这些系统可以识别实体、语法、情感和类别。这都有助于机器人更好地回应用户的语句。这些公司还提供语音合成工具。机器人将自己想说的话发送到服务器，并接收回来的音频信号，然后在其扬声器上播放。

人类学习一门新语言比计算机学习一门新语言要难得多。不过，Esperanto 等人工语言已经被开发出来，用以克服学习自然语言的一些固有问题。这些构造语言被用于不同的目的：

- 工程语言：用于逻辑、哲学或语言学的实验（Loglan、ROILA）。
- 辅助语言：用于为帮助自然语言之间的翻译而开发（Esopranto）。
- 艺术语言：用于为丰富虚构世界而创造的语言（Klingon、Elfish 或 Dothraki）。

ROILA（RObot Interaction LAnguage）是为 HRI 开发的，特别是为了方便解决语音识别精度遇到的问题而开发的（Stedeman et al.，2011）。这种语言的单词被设计成听起来最有区别的单词，以使自动语音识别更容易正确识别口语。ROILA 中的“前进”是“kanek koloke”，“后退”是“kanek nole”。

7.5 结论

尽管语言是人类之间最明显的交流形式，但它非常复杂，这不仅是因为人们日常用词数量庞大，还因为它们的意义会根据各种语境因素（例如，说话者之间的关系、任务、韵律）发生变化。创造能够参与这种丰富多样的交流形式的机器人是 HRI 的必要目标，而用于语音分析、合成和生成的技术工具可以在一定程度上实现不需要从头开始开发的言语 HRI。开放式自然语言对话仍然是不可能的，但在比较受限的语境中，言语交互可以在机器人平台上成功应用。

可供思考的问题：

- 想象一个需要感知你每天在家里说的所有话语的社交机器人，并想出一个用于 ASR 的单词列表（字典）。这个列表需要多长，才能让机器人理解你的日常对话？

- 考虑一下你心甘情愿地说“是”与不情愿地说“是”的区别。你会如何让机器人对这种不同的说话模式做出适当的反应?
- 关于时机在 HRI 中的重要作用，会出现哪些问题? 在互动方错失社交线索（例如，在发短信或者 Skype 通话中存在时间延迟时）的其他社会互动中，如何解决这些问题?

延伸阅读：

- Amir Aly and Adriana Tapus. A model for synthesizing a combined verbal and nonverbal behavior based on personality traits in human-robot interaction. In *Proceedings of the 8th ACM/IEEE International Conference on Human-Robot Interaction*, HRI '13, pages 325–332, Piscataway, NJ, USA, 2013. IEEE Press. ISBN 978-1-4673-3055-8. doi: 10.1109/HRI.2013.6483606. URL `https://doi.org/10.1109/HRI.2013.6483606`
- J. Cassell, Joseph Sullivan, Scott Prevost, and Elizabeth Churchill. *Embodied conversational agents*. MIT Press, Cambridge, MA, 2000. ISBN 9780262032780. URL `http://www.worldcat.org/oclc/440727862`
- Friederike Eyssel, Dieta Kuchenbrandt, Frank Hegel, and Laura de Ruiter. Activating elicited agent knowledge: How robot and user features shape the perception of social robots. In *Robot and human interactive communication (RO-MAN)*, pages 851–857. IEEE, 2012b. doi: 10.1109/ROMAN.2012.6343858. URL `https://doi.org/10.1109/ROMAN.2012.6343858`
- Takayuki Kanda, Masahiro Shiomi, Zenta Miyashita, Hiroshi Ishiguro, and Norihiro Hagita. A communication robot in a shopping mall. *IEEE Transactions on Robotics*, 26(5):897–913, 2010. doi: 10.1109/TRO.2010.2062550. URL `https://doi.org/10.1109/TRO.2010.2062550`
- Nikolaos Mavridis. A review of verbal and non-verbal human–robot interactive communication. *Robotics and Autonomous Systems*, 63:22–35, 2015. ISSN 0921-8890. doi: 10.1016/j.robot.2014.09.031. URL `https://doi.org/10.1016/j.robot.2014.09.031`
- Michael L. Walters, Dag Sverre Syrdal, Kheng Lee Koay, Kerstin Dautenhahn, and R. Te Boekhorst. Human approach distances to a mechanical-looking robot with different robot voice styles. In *Robot and human interactive communication (RO-MAN)*, pages 707–712. IEEE, 2008. doi: 10.1109/ROMAN.2008.4600750. URL `https://doi.org/10.1109/ROMAN.2008.4600750`

情　　绪

本章内容包括：

- 情感（affect）、情绪（emotion）和心境（mood）之间的区别；
- 情绪在与人类和机器人互动中扮演什么角色；
- 情绪的基本模型；
- 情绪处理所面临的挑战。

你现在感觉怎么样？开心？无聊？还是感觉有点不自在？不管是什么情况，你都不太可能完全没有感觉。各种各样的感觉状态和相关的情绪，是我们日常感受以及我们与他人互动的一个关键方面。情绪可以激发和调节行为，是人类认知和行为的必要组成部分。它们可以通过间接感受传播，比如看一部紧张的电影你也会感到紧张，也可以通过直接的社会互动传播，比如看到你最好的朋友开心你也会跟着开心。由于情绪是人类社会认知的重要组成部分，因此情绪也是人－机器人交互（HRI）中的一个重要课题。社交机器人通常被设计用来解释人类的情绪，表达情绪，有时甚至用某种形式的合成情绪驱动自己的行为。虽然情绪并不是每个社交机器人都具有的功能，但是在机器人的设计中考虑情绪的话有助于提高人－机器人交互的直观性。

8.1　什么是情绪、心境和情感

从进化的角度来看，情绪是生存所必需的，因为它们帮助个体对促进或威胁生存的环境因素做出反应（Lang et al.，1997）。它们为身体的行为反应做准备，帮助做决策，促进人际交往。情绪的产生是对人们所遇到的不同情况的评估（Gross，2007；Lazarus，1991）。例如，当另一个人为了排在队伍前面而把我们推开时，我们会生气，我们的身体也会为潜在的冲突做好准备：肾上腺素使我们更容易采取行动，我们的表情向对方发出信号，表明他越界了。相反，当我们发现朋友不邀请我们参加生日聚会时，悲伤情绪阻碍了我们迅速采取行动，迫使我们重新思考我们以前的行为（即我们做的或说的哪些事情可能冒犯了他？）并唤起他人的同理心反应（Bonanno et al.，2008）。这样看来，情绪也可以帮助我们在互动中调节他人的行为。

情感是一个综合性的术语，它涵盖了从外部事件引起的快速和潜意识反应到复杂心境（例如持续时间更长的爱情）的所有情绪反应（Lang et al.，1997；Bonanno et al.，2008；Beedie et al.，2005）。在情感中，心境和情绪是有区别的（Beedie et al.，2005）。

情绪的来源通常被认为是可识别的，比如一个事件或者感受到了别人的情绪。情绪通常是外在化的，并指向特定的对象或人。例如，当升职时，你会感到幸福；当手机电量在重要的电话通话期间耗尽时，你会感到愤怒；当同事得到一辆公司的车而你没有得到时，你会感到嫉妒（Beedie et al.，2005）。情绪的持续时间比心境更短（Gendolla，2000）。**心境**更为分散和内在化，通常没有明确的原因和对象（Ekkekakis，2013；Russell & Barrett，1999），而且是环境、偶然因素和认知过程相互作用的结果，例如等待一周后医疗检查结果期间的忧虑心境或在朋友的陪伴下度过阳光明媚的一周的温暖感觉。

情绪与交互

情绪不仅仅是内在的，它还是一种普遍的沟通渠道，可以帮助我们将内在的情感状态传达给他人，对我们作为一个物种的生存可能非常重要。

情绪向外界提供了关于内心情感状态的信息，这在两个方面对别人有帮助。首先，情绪可以传达关于你和你未来潜在行动的信息。例如，向他人发出愤怒和沮丧的信号，表明你可能正在准备一个攻击性反应。此外，情绪还可以传达有关环境的信息。例如，恐惧的表情可能会在你还没来得及尖叫的时候警示周围的人附近有一只快速逼近的灰熊。在这两种情况下，情绪都会激励他人采取行动。在你发出愤怒信号时，有人可能会选择下个台阶，并试图缓和局势。在你露出恐惧表情时，其他人可能会环视周围的环境来探查威胁（Keltner & Kring，1998）。通过这种方式，情绪交流促进了生存，增强了社会联系，并最大限度地减少了社会排斥和人身攻击的机会（Andersen & Guerrero，1998）。

8.2　理解人类情绪

自古以来，人们就为我们经历的无数情绪命名。亚里士多德认为有 14 种不同的情绪，包括愤怒、爱和温和。Ekman 列出了 15 种基本情绪，包括成就感、解脱感、满足感、感官愉悦和羞耻感（Ekman，1999）。由于情绪在人与文化之间的差异，我们无法提供一个完整的情绪列表，语言也无法完美映射情绪，而且有些情绪会有所重叠。不过，有些情绪可能被认为比其他情绪更普遍。愤怒、悲伤和快乐很可能是核心情绪。Ekman 和 Friesen 在他们关于情绪面部表情的开创性研究中，列出了6种跨文化的基本面部表情（Ekman & Friesen，1975）。这些面部表情常常被误认为是我们所经历的一系列基本情绪，尽管它们只是用来描述我们通过面部表情表达的一系列基本情绪，而且这些情绪是被不同文化认可的。

尽管许多学者区分了基本（主要）情绪和反应性（次要）情绪，但对于哪些情绪应被纳入第一类，哪些应被视为次要情绪，还没有达成共识（Holm，1999；Greenberg，2008）。有些学者认为基本情绪根本不存在（Ortony & Turner，1990）。对于那些认同基本情绪存在的学者来说，基本情绪是跨文化的普遍情绪（Stein & Oatley，1992），是快速的、本能的反应（Greenberg，2008），包括愉悦、愤怒、惊讶、厌恶和恐惧等情绪。次要情绪是反应性和反思性的。它们在不同的文化中是不同的（Kemper，1987）。例如，骄傲、懊悔和内疚是次要情绪。

但是，情绪属于不同范畴的观点也面临着挑战。Russell 认为，情绪是对感觉的认知解释，是两个独立的神经生理学系统（即唤醒和效价）的产物（Russell，1980）。因此，情绪是在二维连续统体中传播的，而不是由一组离散的、独立的基本情绪组成（Posner et al.，2005）。这一模型已被广泛研究并被证实适用于不同的语言和文化（Russell et al.，1989；Larsen & Diener，1992）。然而，一项研究分析发现，尽管该模型有助于自我报告情感的合理表征，但并非所有的情感状态都落入该理论所预测的预期区域，有些甚至不能一致地归因于任何区域，这表明关于某些情感状态性质的假设可能需要修正（Remington et al.，2000）。

8.3 当情绪失控时

当一方不能理解另一方的情绪或不能以适当的情绪回应时，情绪在社会交往中的重要性就变得尤为明显。在社会交往中，即使是表达需要的情绪反应时很小的差错也会产生严重的后果。例如，在谈话中将真诚的回应误解为讽刺会导致误会并伤害感情。当一个人始终无法准确感知、表达或回应情感状态时，这种情况就变得更加麻烦。

情绪反应性问题是抑郁症的一个典型症状（Joormann & Gotlib，2010）。尽管抑郁症患者能够理解他人的感受方式，也能表达自己的情绪状态，但他们对积极刺激（如奖励）的情绪反应较低（Pizzagalli et al.，2009），并且对过去、现在和未来有反复的负面想法。因此，抑郁症患者的社会交往模式往往会导致其孤立于社会，甚至更孤独，使其本已脆弱的心理状态雪上加霜。

此外，人们可能无法识别、表达和解释他人的情绪。例如，患有孤独症谱系障碍的人可能会发现自己很难正确解释情绪的表现（Rutherford & Towns，2008；Blair，2005）。这对于日常的社会交往来说显然是有问题的，因为受影响的人不能直观地理解交往伙伴的需求，而且往往会做出不恰当的反应。

此外，人们可能难以表达他们的情绪状态，例如，当他们的面部肌肉在中风后受损时。这使得他们的互动伙伴很难推断出他们的内部情绪状态并了解他们在表达什么。

如果无法表达和解释情绪，那么就会对个人以适当方式提供或回应情绪的能力产生严重影响。这样一来，又会削弱有效、顺利与他人交往的能力。同样，如果机器人无法表达和解释情感状态，那么与机器人的社会互动可能会很困难。

8.4　机器人的情绪

情绪在 HRI 中被认为是重要的沟通渠道。当机器人表达情绪时，人们在某种程度上倾向于把它认为是社会代理（Breazeal，2004a；Novikova & Watts，2015）。即使机器人没有明确的设计来表达情绪，用户可能仍然会将机器人的行为理解为它是由情绪状态驱动的。当人们将机器人的行为解释为冷漠、不友好或粗鲁时，没有被编程来共享、理解或表达情绪的机器人就会因此遇到问题。因此，工程师和设计师应该考虑到机器人的设计和行为传达了什么样的情绪，机器人是否会解释情绪输入以及如何解释、如何响应。

8.4.1　情绪交互策略

为社交机器人编程情绪反应程序的最直接的方法可能是通过模仿。人类的模仿已经被证明可以创造一种共享现实的想法：你表明你完全了解对方的处境，这就产生了亲密关系（Stel et al.，2008）。这里的例外可能是愤怒情绪，不管一开始感觉有多好，对愤怒的人大喊大叫通常不利于相互理解或解决冲突。

机器人可以将模仿作为一种简单的交互策略。这是一个相对简单的反应，因为它“只”要求机器人能够识别人类的情绪，然后将情绪反射回来。这已经带来了很多挑战（本章稍后将讨论），但至少它省去了制定适当对策的复杂任务。此外，这可能是人类对其互动伙伴的一个非常基本的期望。虽然我们可能会原谅朋友在我们悲伤时不知道如何让我们振作起来，但我们确实希望（并感激）他们会对我们的悲伤情绪做出反应，希望他们颔首低眉温柔以待。

这里需要注意的是期望管理。当用户感觉到机器人有情绪反应时，他们可能会将这种观察延伸到对机器人遵守其他社会规范的期望。例如，用户可能希望机器人记得询问他前几天晚上让他不高兴的一次对抗性会议，所以当机器人只是在早上简单地祝他“工作愉快！”时，他可能会对机器人的社交能力感到失望。因此，机器人的情绪反应能力应该与它的能力相匹配，以满足所有其他的期望。

8.4.2 情绪的艺术感知

在进行情绪互动之前，机器人需要记录各种各样的情绪线索，这些线索有些很明确，有些很微妙。例如，如果我们想创造一个机器人，使它在人们对它表现出攻击性的行为（比如向它扔东西）时做出情感上的反应，就需要集成人类行为识别和物体识别的技术。

更具体地说，我们可能想创造能对人类情绪做出反应的机器人。关于情感识别的研究有很多（Gunes et al.，2011；Zeng et al.，2009）。识别或分类情绪的最典型的方法是利用计算机视觉从面部线索中提取情绪。给定具有正确标记的情绪的人脸（正面）数据集，机器学习系统——例如使用深度学习技术（LeCun et al.，2015）的系统——可以从图像中提取特征，进而识别一系列面部情绪。这方面的一个著名例子是微笑识别，目前它已广泛应用于数码相机。情感识别还可能意味着对其他视觉线索（例如行走模式）的解释，从而减轻了对用户脸部清晰视图的需求（Venture et al.，2014）。

> 许多消费级数码相机都有微笑检测功能。如果一群人在镜头前摆姿势，只有当画面中所有人都微笑时，相机才会拍照。这项技术在一定程度上取代了定时功能，定时功能永远不能保证每个人在拍照时都会看着相机微笑。

除视觉线索外，人类的语音可能是第二重要的提取情绪的渠道，尤其是韵律。口语中的重音和语调模式可以用来解读说话人的情绪状态。例如，当人们高兴的时候，他们说话的音调往往更高；当悲伤的时候，他们说话的速度往往很缓慢，音调也较低。研究人员开发了模式识别技术（即机器学习）来从语音中推断人类的情绪（El Ayadi et al.，2011；Han et al.，2014）。

最后，机器人也可以通过其他方式感知人类的情感。例如，人类的皮肤电导会随着个体的情感状态而变化。使用皮肤电导作为衡量手段的一个突出例子是测谎器或测谎仪。然而，皮肤电导传感器已经在HRI中进行了试验，但成功率有限（Bethel et al.，2007）。

8.4.3 用机器人表达情绪

通常，人们设计的机器人通过面部表情传达情绪。这里最常见的方法是模仿人们表达情绪的方式。这是将人类行为的研究用于设计机器人的行为的一个例子。情绪对应的面部表情已经被很好地记录下来（Hjortsjö，1969）。Ekman 的面部动作编码系统（Facial Action Coding System，FACS）将人类面部肌肉分组为动作单元（Action Unit，AU），将情绪描述为不同动作单元的组合（Ekman & Friesen，1978）。例如，当一个人露出开心的表情（即微笑）时，所涉及的肌肉有抬高脸颊的眼轮匝肌和眶部（AU6），以及抬高嘴角的颧大肌（AU12）。

研究人员利用人类面部肌肉的简化等效物开发出了能够通过面部表情传达情绪的机器人。例如，Hashimoto 等人开发了一种具有软橡胶皮肤和 19 个气动执行器的机器人面部（Hashimoto et al.,2013）。这个机器人用 AU 来表达面部情绪。例如，它通过激活对应于 AU6 和 AU12 的执行器来形成开心表情。还有许多其他专门表达情绪的机器人依赖于对人类面部线索的简单解释，这些机器人包括 Kismet（Breazeal & Scassellati，1999）、Eddie（Sosnowski et al.，2006）、iCat（van Breemen et al.，2005）和 eMuu（Bartneck，2002）等（见图 8.1）。

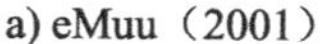

a) eMuu（2001）　b) iCat（2005—2012）　c) Flobi（2010）

图 8.1　通过机器的面部表情来表达情绪（来源：Christoph Bartneck 和比勒费尔德大学）

机器人也可以通过各种类似人类的方式来表达情绪，比如身体动作和韵律。即使是非类人机器人也可以通过调整其导航轨迹来表达情感。例如，对清洁机器人（Saerbeck & Bartneck，2010）和飞行机器人（Sharma et al.，2013）的研究表明，它们可以通过适应特定的运动模式来传达情感。非类人机器人向与它们交互的人表达情感的其他方式包括运动速度、身体姿势、声音、颜色和方向（见图 8.2）（Bethel & Murphy，2008）。

图 8.2　非类人机器人可以通过自己的行为或通过添加表达功能（如灯光）来表达情绪。Cozmo（2016—2019）的生产商 Anki 介绍它的机器人："他有自己活泼的个性，受强大的人工智能驱动，并且通过复杂的面部表情、丰富的情绪以及它自己的情绪语言和配乐而鲜活了起来。"

8.4.4　情绪模型

心理学家们试图在正式模型中捕捉人类的情绪（Plutchik & Conte，1997；Scherer，1984）。这种方法的好处在于，它将情绪视为一种数字表示，这反过来又有助于在计算机和机器人中表达情绪。这些模型还将不同的情绪类别相互联系起来，例如，将快乐定义为悲伤的极性对立面，或者定义情绪之间的距离函数。

情绪模型不仅可以用来捕捉用户的情绪状态，还可以用来表示机器人的情绪状态，进而驱动机器人的行为。例如，电池几乎没电的机器人可能会表现得很累，并宣布需要休息。一旦它到达充电器，它需要更新其内部的情绪状态，表示出高兴。表达这种情绪状态可以让用户了解机器人的内部状态，并促进两者之间的互动。

机器人中使用的一种经典情绪模型是 OCC 模型，该模型以作者的名字缩写命名（Ortony et al.，1988）。该模型基于对情境的反应——例如事件和智能体（包括自己）行为——或对有吸引力或没有吸引力的对象的反应，指定了 22 种情绪类别（见图 8.3）。它还为变量（例如事件发生的概率或对对象的熟悉程度）提供了一种结构，这决定了情绪类型的强度。它足够复杂也足够详细，可以涵盖情绪机器人可能要处理的大多数情况。

不用说，许多机器人并不具备表达全部 22 种情绪的能力。即使可以，实现 22 种不同的情绪也是很有挑战性的，因此，许多机器人设计师倾向于减少情绪类别，通常会选择只实现 Ekman 的 6 个基本面部表情。这些都是可靠的认知，即使是跨文化的（Ekman，1992）。然而，只能表达 6 种情绪的机器人的互动体验非常有限。

另外，比 OCC 模型运用更广泛的是将情绪表示为多维空间中的一个点的模型。Russell 的二维唤醒和效价空间（见图 8.4）在二维平面上捕捉了各种各样的情绪，是最简单的情绪模型之一，足够表达 HRI（Russell，1980）。

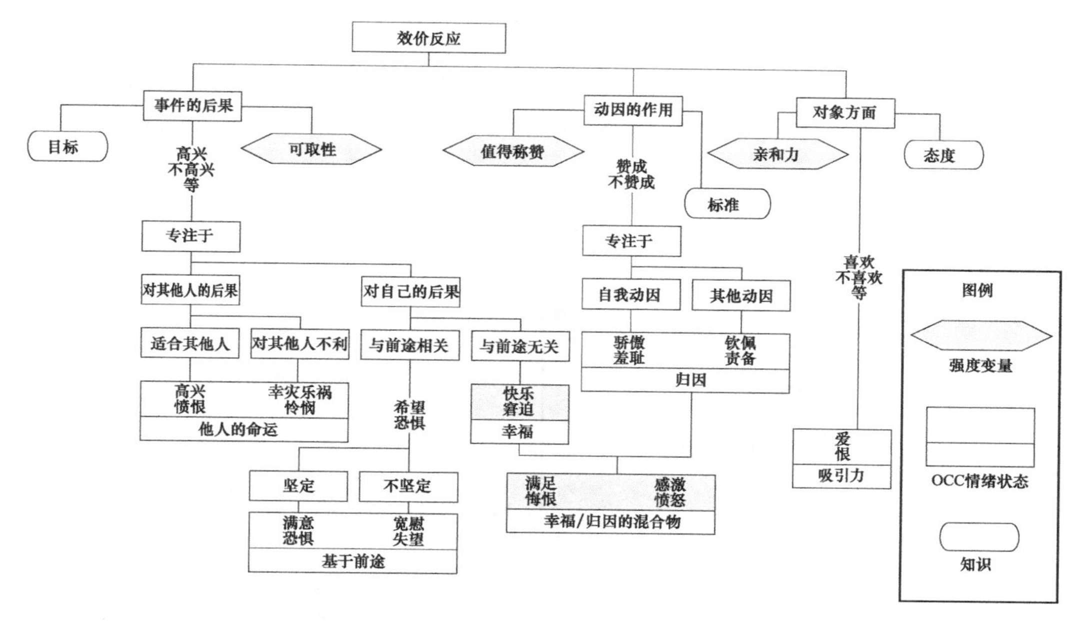

图 8.3　OCC 情绪模型

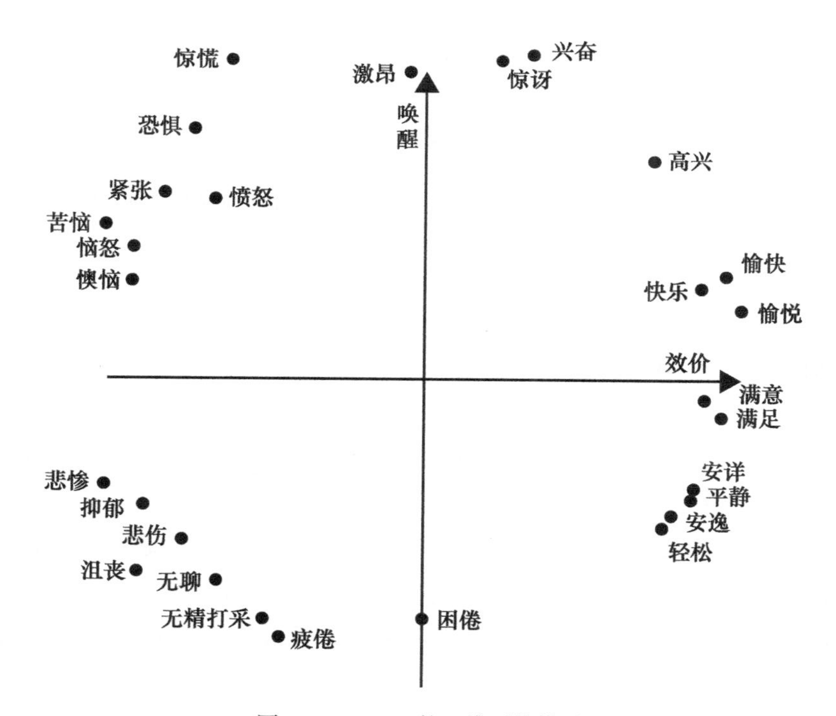

图 8.4　Russell 的二维环状模型

然而，二维环状模型将“愤怒”和“恐惧”放在一起，而大多数人会认为它们是截然不同的情绪。后来的版本增加了第三个轴心，产生了一个框架（Mehrabian &

Russell，1974；Mehrabian，1980）。这个框架在三维连续空间中捕捉情绪，维度包括愉悦（P）、唤醒（A）和支配（D）（见图8.5）。PAD空间模型已经在许多社交机器人上被用来模拟用户和机器人（包括Kismet）的情绪状态（Breazeal，2003）。

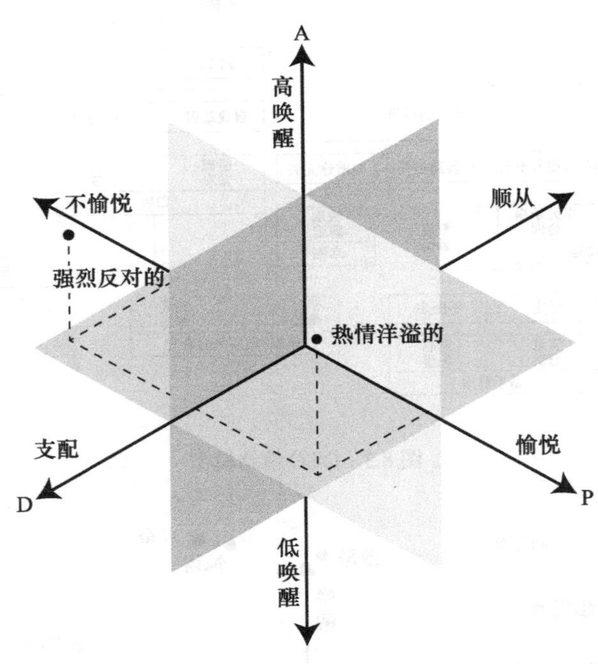

图8.5　PAD情绪模型，情绪被表示为三维空间中的一个点，三个轴分别代表愉悦（P）、支配（D）和唤醒（A）

8.5　情感HRI的挑战

尽管在虚拟智能体和机器人的感知、表征和情绪表达方面已取得了相当大的成就，但仍然存在许多公开的挑战。

仅仅从面部信息几乎不可能正确解读情绪（见图8.6）。考虑到人们很难从静止的面部图像中正确解读情绪，机器人在这方面肯定也会有困难。通过增加更多的信息（如交互的上下文、动态而非静态的情绪表达以及肢体语言），我们可以提高人类和算法的识别率。

计算机情绪识别的一个问题是，几乎所有的算法都是针对演员所表现出来的情绪进行训练的。因此，这些情绪被夸大了，与我们在日常生活中经历和表达的情绪几乎没有相似之处。这也意味着大多数情绪识别软件只能正确识别某种夸张程度的情绪。正因为如此，它们在现实世界中的应用仍然有限（Pantic et al.，2007），细微情绪表达的识别准确率也急剧下降（Bartneck & Reichenbach，2005）。另一个问题是，大多数情绪识别软件只返回 Ekman 提出的 6 种基本情绪的概率，或者二维或三维情绪空间中的一个点。这也许是对情绪的一种片面的看法，它忽略了我们在现实生活中经历的许多情绪，比如骄傲、尴尬、内疚或烦恼。

图 8.6　你能分辨出该网球运动员刚刚得分了还是丢分了吗？一项研究表明，人们很难仅从静态的面孔上正确解读强烈的情绪，但是，只看到身体的姿势时就可以（Aviezer et al.，2012）（来源：Steven Pisano）

另一个给机器人识别情绪带来困难的方面是要识别各种各样的人的情绪。尽管我们可能都在表达一些普遍的情绪，但我们并非都以同样的强度、同样的背景或同样的意义来表达。因此，解读一个人的情绪状态需要对他的个人情感怪癖保持敏感。人类通过多年的相互交流和个人长期经验的积累变得擅长于此。这就是为什么你能分辨出伴侣的笑是出于烦恼而不是快乐，而对新认识的人可能就分辨不出。机器人仍然在很大程度上根据人的面部的瞬间快照来解码情绪，而且它们也没有为与其互动的伙伴建立更长期的情感、情绪和心境模型。

最后，机器人的情绪反应可以欺骗潜在的最终用户，让他们认为机器人能真正感受到真实的情绪。机器人只表达某种情绪，并不能代替真实的、发自内心的情绪体验。机器人只是根据计算模型显示情绪状态。情感认知（全部的社会性情绪如何在不同的用户和背景下进行表达和分辨）仍然难以捉摸。

可供思考的问题：

- 列出 10 种情绪，然后试着用非语言的方式向朋友展示。你的朋友能猜出你在表达什么情绪吗？
- 角色扮演：为了理解情绪是如何参与我们的日常互动的，想象一下我们无法体验和处理任何涉及情绪的信息。然后，开始和朋友聊天（可以事先告诉朋友你的实验）。试着不要回应对方所表现出的任何情绪，也试着不要表现出任何情绪反馈。会发生什么？

- 有没有机器人应该或不应该有情绪的任务？例如，在自动驾驶汽车中运用情绪是个好主意吗？如果不是，潜在的问题是什么？

延伸阅读：

- Christoph Bartneck and Michael J. Lyons. Facial expression analysis, modeling and synthesis: Overcoming the limitations of artificial intelligence with the art of the soluble. In Jordi Vallverdu and David Casacuberta, editors, *Handbook of research on synthetic emotions and sociable robotics: New applications in affective computing and artificial intelligence*, Information Science Reference, pages 33–53. IGI Global, 2009. URL `http://www.bartneck.de/publications/2009/facialExpressionAnalysisModelingSynthesisAI/bartneckLyonsEmotionBook2009.pdf`
- Cynthia Breazeal. Social interactions in HRI: The robot view. *IEEE Transactions on Systems, Man, and Cybernetics, Part C (Applications and Reviews)*, 34(2):181–186, 2004b. doi: 10.1109/TSMCC.2004.826268. URL `https://doi.org/10.1109/TSMCC.2004.826268`
- Rafael A. Calvo, Sidney D'Mello, Jonathan Gratch, and Arvid Kappas. *The Oxford handbook of affective computing.* Oxford Library of Psychology, Oxford, UK, 2015. ISBN 978-0199942237. URL `http://www.worldcat.org/oclc/1008985555`
- R. W. Picard. *Affective computing.* MIT Press, Cambridge, MA, 1997. ISBN 978-0262661157. URL `https://mitpress.mit.edu/books/affective-computing`
- Robert Trappl, Paolo Petta, and Sabine Payr. *Emotions in humans and artifacts.* MIT Press, Cambridge, MA, 2003. ISBN 978-0262201421. URL `https://mitpress.mit.edu/books/emotions-humans-and-artifacts`

研究方法

本章内容包括：

- 在建立和执行人–机器人交互（HRI）研究时需要考虑的方法和各种决策；
- 不同研究方法的优缺点，以及如何识别它们以理解和评价 HRI；
- 机器人、环境和背景的选择如何影响研究结果；
- 寻找新的数据报告方式和适合 HRI 的视野的重要性，即使已有传统实验工作报告。

假设现在你有了一个机器人，你想确切地知道它是如何工作的。人们怎么看待它的外表，对它的行为有什么反应，会接受它吗？使用机器人的短期或长期效果如何？机器人的技术性能如何？这些是 HRI 中常见的问题，需要你使用不同的研究方法来找到答案。

HRI 研究至少由两个相互关联的部分组成：人类和机器人。这些对于任何 HRI 研究都是必不可少的。如果脱离机器人只调查人类，就是在从事社会科学研究；如果脱离人类只研究机器人，则开展的是机器人学或人工智能研究。HRI 中的分析单位总是两者之间某种形式的相互作用。HRI 发生的背景具有高度相关性，需要在研究中明确界定。你可以在实验室、学校或医院研究 HRI，也可以在不同的文化或不同的应用领域研究 HRI。机器人与人互动的环境很可能会对结果产生很大的影响，因此你需要知道与谁在互动以及在什么情况下进行互动。

尽管 HRI 研究的重点一直是人与机器人之间的相互作用，但是这种关系也有众多方面需要研究。在**以机器人为中心的工作**中，研究的重点可能是开发机器人与人互动所需的技术能力，或者测试机器人功能或设计的不同方面，看看哪些是最有效的。而在**以用户为中心的工作**中，研究的重点可能是理解人类行为或认知的哪些方面会影响人–机器人交互的成功。例如，外向的用户可能更喜欢与机器人直接交流，而内向的用户可能喜欢间接交流。

人–机器人交互研究也越来越努力在这两种方法之间取得平衡，以不同的方式将以机器人为中心和以用户为中心的方法结合起来。例如，在迭代设计中，机器人的设计将经历许多轮原型制作、测试、分析和改进步骤。研究人员提出一系列机器人设计想法，然后在用户中进行测试。基于用户的偏好，研究人员进一步开发机器人的外观和能力。HRI 中以用户为中心和以机器人为中心的方法的耦合模式是通过研究人类行为来开发可应用于人－机器人交互的行为模型，并与用户一起测试这些模型，看看它们是否在交互中产生预期结果。

用户与机器人互动的研究、机器人性能的测试，以及对日常生活中人与机器人互动方式的更开放的探索，都是 HRI 研究的一部分。因此，HRI 研究人员利用并经常混合各种研究方法和技术，其中一些是从其他学科（例如社会学、人类学或人类因素研究）而来，还有一些是 HRI 领域本身的（例如 WoZ 技术，见 9.6.1 节）。为了成功地使用这些方法，HRI 研究人员需要了解它们的优势和劣势，它们可能产生的数据和见解，以及需要的技术和人类资源的类型。

采取实验性的方法已经成为 HRI 社区的标准做法。但也并不总是如此，快速浏览一下早期的 HRI 研究，就会发现一些方法会让目前的 HRI 研究人员脸红。目前有一种趋势是使当前的研究符合应用于其他实证科学（如心理学）的方法合理性标准（Baxter et al.，2016）。本章讨论人－机器人交互研究人员在研究过程的不同阶段做出的各种决定，包括从定义研究问题（见 9.1 节）到研究设计（见 9.2 节）再到统计（见 9.8 节）的问题，解释在评估机器人和人之间的互动时，你将经历的旅程。在介绍完 9.1 节中制定研究问题的步骤后，9.2 节将介绍定性、定量和混合方法在用户和系统研究、观察和实验研究以及其他形式的 HRI 研究中的不同使用示例。9.3 节重点介绍参与者的选择，而 9.4 节强调在初始研究设计中定义交互环境的重要性。9.5 节和 9.6 节介绍如何为人－机器人交互研究选择合适的机器人和交互模式。9.7 节和 9.8 节介绍人－机器人交互研究中要考虑的各种指标和研究标准，包括统计、伦理和普遍性问题。本章的总体目标是给你提供一个基础，让你在此基础上做出初步的研究设计选择，然后更深入地钻研研究方法，以发展自己的新颖的 HRI 研究。

9.1 定义研究问题和方法

定义一个好的研究问题是研究人员最困难的任务之一。为了形成一个强有力的研究问题，研究人员必须考虑以前的相关工作，并复证或扩展它以贡献新的科学见解。在人－机器人交互中，这种见解可以表现为关于人类认知和行为的知识、机器人设计指南、机器人的技术方面的知识，以及可以为机器人在不同使用环境中的应用提供信息的发现。

人－机器人交互中的研究问题可能来自理论上的考虑，例如人们将机器人视为社会行为体的期望，或者来自测试某个机器人特征或功能可用性的实用需求。为了找到来自多个专业领域的相关文献，我们建议跨学科数据库搜索出版物，以纳入来自多个相关专业领域的研究结果。理想情况下，应寻找一个公认的现象或理论，并在新的研究项目中复证并扩展它，不管它是关于人类的还是关于机器人的。对人类之间的互动的研究可以很容易地作为人－机器人研究的蓝图。人－机器人交互、心理学、社会学、人类学、设计和媒体传播方面的现有研究可以为平滑、成功和可接受的人－机器人交互的基础或新型机器人平台的优化和以人为本的设计提供相关的见解。

举例来说，在20世纪90年代，Reeves和Nass提出了“计算机作为社会行为体”（Computer As Social Actor，CASA）的方法，并试图在人机交互的背景下复现经典的心理学发现（Reeves & Nass，1996）。在他们开创性的工作中，作者进行了一些研究，为计算机被视为人类交互伙伴的假设提供了证据。此外，他们发现这种行为是自动发生的。例如，他们发现，当一台计算机询问自己的性能时，人类给出的评分比他们必须在另一台计算机上对性能进行评分时要高，这表明人们对计算机是礼貌的。后来，通过一系列广泛的研究，包括一些探索机器人性别属性（Eyssel & Hegel，2012）和用户机器人心理模型（Walden et al.，2015）的研究，以及其他看护（Kim et al.，2013）和教育（Edwards et al.，2016）方面的社会存在与行为体感知效果研究，CASA方法被成功地推广到了HRI领域。

9.1.1 探索性研究和验证性研究

广义而言，研究可以分为探索性研究和验证性研究。探索性研究问题处理的是以前没有详细研究过的现象，旨在找出特定领域中的一般“情况”。例如，你可能会问“人们如何在一个多月的时间里在家里采用和使用机器人吸尘器？”或“人们是否给机器人赋予性别，并将刻板印象赋予机器人？”探索性研究假设没有足够的关于这一现象的相关先验信息来制定对研究潜在结果的可测试预期，因此它需要探索哪些因素可能是重要的，哪些结果是可能的。

在一项探索性的人－机器人交互研究中，Jodi Forlizzi和Carl DiSalvo研究了真空清洁机器人是如何融入现实生活的。他们的发现给研究社区带来了许多惊喜（Forlizzi & DiSalvo，2006），包括人们将自动机器人吸尘器视为社会行为体，这种吸尘器可以激励青少年打扫房间，甚至一些宠物与机器人互动了起来（见图9.1）。

图 9.1 一只骑在 Roomba 机器人上的猫（2002 年至今）（资料来源：EirikNewth）

当有足够的信息来提出关于干预的可能结果的假设时，我们就进入了验证性研究的领域。验证性研究的目标是检验假设。在假设中，你需要详细说明开始研究之前做的预测，并解释为什么你认为这些发现是可以预期的。这里的一个关键点是用一种可验证的方式来表述问题。举个日常生活中的例子：你可能知道青少年通常对新的小玩意和技术感兴趣，但不喜欢做家务。这可能会让你认为，与普通的顶级真空吸尘器相比，将机器人真空吸尘器引入家中会增加他们对清洁工作的参与度。然后，你可以设计研究使其回答以下问题："与传统真空吸尘器相比，青少年是否更多地使用机器人真空吸尘器进行清洁？"

在进行实验研究之前，你应该考虑在开放科学中心（https://osf.io/prereg）、AsPredicted（https://aspredicted.org）或美国国家医学图书馆（https://clinicaltrials.gov）登记你的假设。这将使你的工作符合心理学和临床科学的标准和严谨性，并表明你没有调整假设来适应数据或者只报告了精心选择的结果（Nosek et al.，2017）。

青少年和清洁的例子显示了假设是如何被常识所启发的，但是你也可以基于以前的实证研究和社会理论来提出关于 HRI 的假设。例如 Solomon Asch 的社会从众理论展示了人们如何倾向于顺应同龄人的压力。他在一个实验中展示了，当人们在群体环境中完成一个简单的视觉任务时，他们更有可能给出与群体中其他人相同的反应，即使他们知道反应是错误的（Asch，1951）。这个经典的实验也可以在机器人群体中进行。人会顺应机器人吗？研究表明，成年人不会，但儿童会（Brandstetter et al.，2014；Vollmer et al.，2018）。

9.1.2 相关性和因果关系

除了确定研究问题是需要探索性方法还是验证性方法，你还需要确定你想在研究中建立感兴趣的变量之间的相关性还是因果关系。

在相关性研究中，我们可以展示一个清晰的模式，通过这个模式，变量相对于彼此改变，但是我们无法知道是什么原因导致了这种关系。针对青少年使用 Roomba 的相关调查研究可以衡量拥有 Roomba 的家庭与青少年花在打扫卫生上的时间之间是否存在统计关系。然而，我们不一定知道为什么会产生这种关系。可能是拥有 Roomba 的青少年刚开始就更整洁，或者他们的父母要求他们经常打扫。要说 Roomba 会增加青少年参与清洁的时间，你需要比较两组相似青少年的行为，一组给 Roomba，另一组给普通吸尘器，然后测量结果。这需要一个实验研究设计来调查因果关系，并表明一个变量的变化实际上会导致另一个变量的变化。我们通过将样本分成两个（或更多）相似的群体，然后在一个群体中操纵我们认为有影响的变量，最后测量两个群体中感兴趣的变量，来实现这一点。因为这些群体在人口统计、技能和其他特征上应该一开始就是相似的，所以观察到的任何主要差异都将是我们操纵的结果。

相关性和因果关系之间的区别很重要，因为它定义了从这些结果中可以得出什么结论。相关性只说“这些事情碰巧同时发生”——例如，现场消防员的数量和火灾造成的损失之间有很强的相关性。当然，这并不意味着火灾是由消防员引起的，也不意味着每当发生火灾时，我们就应该停止派遣消防员。有时候，相关性甚至会无缘无故地出现，这就是所谓的“虚假相关性”。虚假相关性的一个例子是美国人均奶酪消耗量和因床单缠绕而亡的人数之间的强相关性（$\rho = 0.97$，$r^2 = 0.896$）（见图 9.2）。

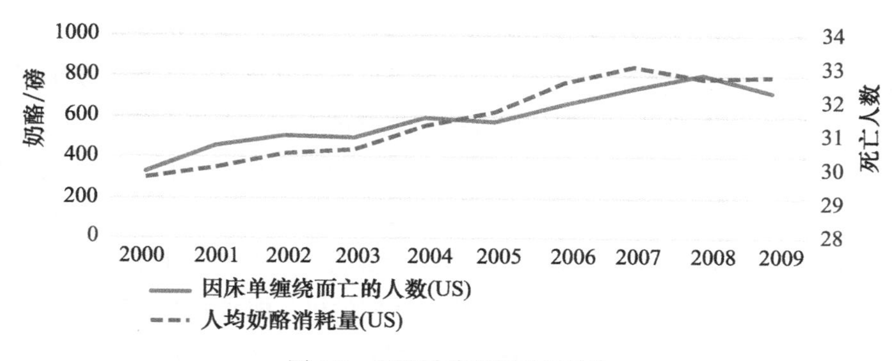

图 9.2 无因果关系的强相关性

9.2 选择定性、定量或混合方法

定义研究问题的方式也会影响回答它的方法的选择。定性方法能让研究人员理解难以用数字捕捉的交互特性。它要求研究人员识别和解释他们在社会互动中看到的潜在意义或主题模式。从这些研究中得出的数据通常不能用数字来表示，这使得这种方法不能用于建立相关性或因果关系。相比之下，定量方法通常采取调查或受控实验的形式，能够产生可以用数字表示并进行统计分析的数据，因而可以检查相关性和因果关系。因此，它们将允许你做出预测，甚至建立因果关系。观察研究（见9.2.3节）可以产生定性和定量数据，这些数据可以用来研究人类、机器人或环境特征之间的相互作用和相关性的常见模式。例如，你可能会从观察和采访中发现，青少年用Roomba打扫卫生的次数可能与他们的个性特征有关，如自我报告的责任心。采访可能还会告诉你，人们把Roomba称为社会行为体，称它为“他”或“她”，而不是“它”。最后，研究问题也可能需要混合方法，混合方法可能包括探索性研究，使用访谈、焦点群体或对自然相互作用的观察来识别对HRI重要的因素，然后通过实验来确认这些关系。例如，如果采访内容让你认为是Roomba的自主行为使人们觉得它是社会性的，那么你可以建立一个实验来测试这一点。实验将有两组参与者，分别向他们展示自主的Roomba或者用游戏控制器操纵的Roomba。然后，测量他们赋予每个Roomba的社交水平，并测试它们之间是否有显著差异。

9.2.1　用户研究

用户研究是一种让人与机器人互动的实验。并非所有的人－机器人交互研究都需要用户研究——例如，你可能只想测试接待员机器人的导航能力。然而，大多数人－机器人交互研究在某个时候会涉及一项研究，即可以测量用户如何响应机器人的变化、交互或交互环境。这些不同的变化称为实验条件。用户研究的关键特征是随机分配足够多的研究参与者样本给实验条件。实验条件通常来自你认为重要或感兴趣的因素，应该在研究设计中列出。例如，假设我们想测试人们是否将人类的刻板印象应用于性别化的机器人。为了测试这一点，我们使用一个男性机器人和一个女性机器人原型进行实验。机器人的性别为自变量，是实验中需要进行控制的变量。由于测试了两个机器人版本——男性机器人和女性机器人，因此自变量有两个水平。由此产生的研究设计留给我们两个条件，对于这两个条件，我们随机分配研究参与者。

如果我们认为对机器人的性别刻板印象也取决于观看它的人的性别，那么不仅要测试机器人原型性别的效果，还要考虑参与者的性别。因此，我们在设计中增加第二个自变量：参与者性别。由于我们不能操纵这个变量（我们不能给每个走进我们实验室的参与者随机分配性别），因此参与者的性别将被称为准实验因素。研究设计现在有一个2×2的格式：机器人性别（男性与女性）和参与者性别（男性与女性）。在分析中，我们将比较四个组（或设计中的“单元格”）：男性评价男性机器人、男性评价女性机器人、女性评价男性机器人、女性评价男性机器人。

现在的问题是：我们究竟如何衡量我们想要知道的东西？我们测量的变量叫作因变量。我们从心理学文献中知道，女性通常被认为是温和的和热情的，而男性被认为是更有主见的（Bem，1974；Cuddy et al.，2008）。我们可以利用这些信息来衡量男性和女性机器人原型被定型的程度。事实上，以前的研究表明，操纵机器人性别会导致对机器人特征的刻板印象（Eyssel & Hegel，2012）。人们似乎在机器人的背景下复制了人类中常见的陈规定型观念。

不仅因变量需要很好地设计，而且自变量（即感兴趣的构造）需要被验证。我们能确定研究参与者真的能认出机器人是男性还是女性吗？为了确定结果的有效性，我们需要知道机器人性别是否被成功干预。我们可以通过在研究中包含一个操作检查来证明实验操作结果确实有效，也就是说，参与者确实将具有男性性别线索的机器人视为男性，将具有女性性别线索的机器人视为女性。这可以简单地在互动后添加一个问题来完成，该问题应要求他们识别机器人的性别，或查看他们在互动后谈论机器人时是否用特定的性别来指代机器人。只有建立了这一点，研究人员才能确定操作化——把感兴趣的理论结构转化为测量或操作——是有效的。

9.2.2 系统研究

用户研究可以报告人们对机器人的态度和与机器人的互动，系统研究则可以评估机器人技术的能力。系统研究可能涉及用户，但用户参与并不总是必要的。与此同时，系统研究确实需要与用户研究相同的严谨性。这意味着可验证的研究假设、性能声明、研究协议和明确的指标都是系统研究的关键。

例如，在为儿童设计交互式机器人时，你可能想知道自动语音识别对目标用户群的效果如何（Kennedy et al.，2017）。设计中语音识别已经对成年人很有效，但是它可能不适合儿童，因为他们的声音具有较高的音调，并且通常包含更多不流畅和不合语法的话语。为了测试语音识别是否适用于儿童语音，可以让儿童与机器人互动，但更好的方法是使用儿童语音的录音，并通过语音识别软件进行播放。这种方法的好处在于可重复进行实验：你可以在软件中尝试不同的参数设置，甚至使用不同的语音识别引擎、利用同样的记录来评估性能。

系统研究通常用于评估机器人的感知能力。人脸识别、面部情绪分类或语音情感检测等功能最好使用具有成熟指标的一致测试数据集进行评估。对于某些功能，现有的数据集可用于评估机器人的性能。对于人脸识别，有几个数据集，例如IMDB-WIKI，它包含从IMDB和维基百科中提取的人的图像，除了标签，图像还包含了性别和年龄信息（Rothe et al.，2016）。使用成熟的度量标准可以让你比较你的机器人和其他机器人的性能。分类问题通常有商定的报告绩效的方法，如报告分类的准确率（正确分类的数量除以分类总数）、精度和召回率。语音识别性能通常用单词错误率（Word Error Rate，WER）——文本中替换、删除和插入的总词数除以实际口语句子中的单词数——表示。因此，如果“Can you bring me a drink please”被认为是“Can bring me a pink sneeze”，那么 WER 为（2 + 1 + 0）/7。值得探讨的是，在特定的学科中哪些是公认的度量标准，我们要严格遵循公认的方法来评估和报告系统性能。

9.2.3　观察研究

随着机器人变得更健壮、更可靠、更容易使用、更便宜，人 – 机器人交互研究人员使用观察方法研究人和机器人在各种自然环境中如何互动变得可行。观察人们如何与机器人互动，例如，通过研究他们将机器人放置在环境中的什么位置，以及他们如何对机器人给出的不同类型的言语和非言语线索做出反应，研究人员可以理解人 – 机器人交互如何以更自然的方式展开，而研究人员无须直接干预互动。

观察研究可以是探索性的，包括将机器人放入特定的环境中，观察交互关系是如何展开的。这种观察研究的一个例子参见 Chang 和 Šabanović 的研究，他们将海豹同伴机器人放在养老院的公共空间，观察不同的人何时与机器人互动、如何互动（Chang & Šabanović，2015）。研究结果给出了与机器人互动的频率，并识别了不同的社会因素（例如，参与者性别、社会中介效应），这些因素会影响人们是否与机器人互动以及互动多长时间。研究人员没有操纵机器人或环境的任何东西，他们只是观察居民如何与机器人互动。

还可以通过现场实验进行观察研究，以评估机器人在特定任务中的效率或某些设计变量对交互的影响。日本高级电信研究所（ATR）的研究人员对类人机器人和购物中心顾客之间的互动进行了几次观察研究。这些研究代表了使用观察技术的设计和评估的一种特别有效的迭代形式。在研究的最初阶段，研究人员观察了人类的一般行为并分析了这些观察结果，以识别特定的行为模式，然后用这些模式开发机器人的行为模型。然后，将机器人放在购物中心，评估人们对它的反应，看看行为模型是否对人们的反应产生了预期的积极影响。

观察研究可以依赖于以几种不同方式收集的数据：由研究人员亲自收集的观察笔记和日志，人和机器人之间互动的视频记录的手动注释，以及机器人与人互动的日志。

亲自观察可能让研究人员更好地理解更广的交互环境，因为他们可以看到或听到最初可能不在数据收集协议中的东西。这可能需要修改协议，或者在笔记中给出，以帮助指导以后的数据分析和解释。然而，亲自观察受限于观察者在编码时的感官能力，并且不能让其他人回看已编码的观察结果。就建立评价者间的可靠性而言，需要在环境中同时出现一个以上的编码者，这可能是不方便的，并且由于多个研究人员的存在而成为空间中其他人的干扰。

但是，视频编码允许研究人员根据需要多次审查观察结果，潜在地修改编码方案，修改观察代码，并轻松地向第二个编码器提供数据，以建立评分者之间的可靠性。然而，从选定的摄像机角度来看，视频的视野有限。这可能会导致研究人员错过交互的某些相关方面，因此在视频观察开始之前，清楚地定义摄像机应该关注的内容是很重要的，这样就不会错过重要的事情。虽然视频编码总体上看起来更方便、更可取，但是一些环境（例如，疗养院、医院、学校）可能不允许研究人员录制视频，因此个人编码可能是必要的。

最后，机器人日志虽受机器人感知和分类不同人类行为的能力的限制，但其好处是能够同时提供关于机器人状态和行为以及感知的人类行为的数据。当然，可以将这些不同的数据源结合起来，以提高数据的准确性。

亲自编码和视频注释都需要开发一种编码方案，编码器将系统地遵循这种方案。这种编码方案可以基于理论或实践兴趣和期望来开发，也可以通过在一部分数据中识别特别感兴趣的点，然后通过语料库的其余部分来理解相关模式，从而自下而上地开发。对编码方案进行试点测试以识别缺失的组件和重叠或不清楚的代码是非常重要的，这样编码器在开始编码之前就可以清楚地了解代码的含义（特别是对于亲自编码，亲自编码中无法回看交互）。视频分析也是劳动密集型的，所以正确定义编码方案的细粒度可以节省时间和精力。除了提供特定类型行为的频率计数或识别交互的质量和模式之外，交互行为的观察编码还可以提供特别有趣的行为时间模式，其可以显示特定机器人行为对人的动作的影响（例如，机器人的特定注视线索是如何被人的联合注意行为跟随的）。

9.2.4 人种学研究

除了行为观察，人 – 机器人交互研究人员还可以进行更深入的、通常是长期的人种学观察，以识别人类和机器人之间的某些行为和交互模式，理解这些模式对人们意味着什么，它们如何与发生这些交互的更广泛的环境、组织、社会和文化背景相联系。人种学观察可以包括人和机器人之间互动的所有方面，如行为、语音、手势和姿势，还包括发生这些事件的背景信息，如日常实践、价值观、目标、信仰和不同利益相关者（包括但不限于与机器人直接互动的人）的话语。

尽管行为观察受到动物行为学的启发，渴望探索并建立动物与人类行为解释模型，但人种学观察是基于人类学的理论和实践的，以整体理解社会文化经历为目标。人种学观察通常需要较长的时间，从几个月到几年不等，这对于观察者获得对研究地点文化逻辑的更完整和更紧急的感觉是必要的。人种学研究可以由参与者作为外部观察者进行，也可以通过参与者观察进行（即研究者参与研究中的活动，以更好地理解经历）。尽管机器人设计的社会研究通常采用后一种方法，但前一种研究目前在 HRI 研究中得到了更广泛的应用。人种学研究还经常与数据分析的“基础理论”方法相结合，这种方法假设数据的收集和解释在整个项目中持续进行，研究人员定期对指导研究的问题、数据收集和分析的方法以及数据的潜在解释进行反思，从而随着研究的进行而迭代。

人种学研究在 HRI 中仍然相对较少，部分原因是在较长时间内收集数据所涉及的劳动，但也因为在技术上没有多少机器人能够参与与人的长期互动。人种学研究的一些成功例子包括一项为期一年的对医院服务机器人的研究，该研究表明，患者类型（如肿瘤患者或产后人员）决定了机器人是被护士欣赏还是讨厌（有时被踢和咒骂）（Mutlu & Forlizzi，2008）。Forlizzi 和 DiSalvo 做了一项人种学研究，他们给家庭提供了机器人 Roomba 真空吸尘器或最新版传统真空吸尘器，让他们使用几个月（Forlizzi & DiSalvo，2006）。他们了解到，人们将机器人（而不是传统的真空吸尘器）视为一种社会智能体，拥有机器人真空吸尘器改变了家庭清洁的方式，特别是激励青少年和男性参与劳动。Leite 等人用一个社交机器人进行了一项人种学研究，这个机器人可以对小学里的孩子产生共鸣（Leite et al.，2012）。研究发现，任务场景和儿童的特定偏好影响了他们对机器人感同身受的体验。科学家们也使用机器人进行了一些人种学研究。Vertesi 研究了 NASA 科学家与远程漫游车的互动，并展示了团队的组织结构如何影响团队成员对机器人的使用和体验（Vertesi，2015）。这项研究还表明，科学家用自己的身体来表现机器人的行为，在这个过程中为自己创造了一个团队身份。

人种学研究特别有价值，因为 HRI 是一个较新的领域，因此其理论和经验库仍然在发展。它可以确定我们需要注意的相关因素，不仅是在机器人的设计中，而且在它们在不同环境中的实施中。

9.2.5 对话分析

对话分析是一种非常详细地报告互动的言语和非言语信息的方法（Sidnell，2011）。顾名思义，这并不仅限于对话，还可以应用于人与人之间、人与技术之间的任何形式的互动。

对话分析的过程从记录两方或多方之间的互动开始。以前采用录音的形式记录，现在采用更方便的录像形式，可以用几个摄像头从不同角度捕捉互动。被记录的参与者可能知道也可能不知道被记录了。从录音中，可以产生非常详细的转录，包括话轮转换线索（如谈话中的停顿）、情感线索（如笑声）、交谈时的行为，以及互动的其他细节。根据研究问题，转录的时间分辨率可以降低到视频记录的帧速率。这可以捕捉小动作，如眨眼和其他眼球运动、手势和身体姿势的变化。Fischer 等人用对话分析方法调查机器人反馈的偶然性如何影响人 – 机器人交互的质量（Fischer et al., 2013）。在他们的实验中，参与者指导人形机器人 iCub 如何在偶然和非偶然的情况下堆叠一些形状。对参与者语言行为的分析，包括冗长、注意力获得和单词多样性，表明偶然性对参与者的辅导行为有影响，因此对演示学习很重要。

对话分析将特别关注言语交互中的一些因素，如话轮转换、反向通灵、言语重叠、修复语句、回声话语和话语标记。在人 – 机器人交互中，对话分析可以用来非常详细地分析人们如何与社交机器人交互，以及他们与机器人互动时是否像与人交流那样采用类似的对话策略。

9.2.6 众包研究

人 – 机器人交互的一项新发展是，研究人员现在也可以将众包作为一种研究方法。众包是通过在线方法有偿或无偿大量获得数据的做法。近年来，在线众包平台的使用使研究人员能够以相对较少的付出执行用户研究并收集大量数据，并从他们通常难以接触到的对象中收集数据（Doan et al., 2011）。在线平台可以完全由研究人员构建，但更常见的是，使用现有的在线工具招募、运行和分析用户研究。使用最广泛的工具是亚马逊 MTurk（Mechanical Turk，MTurk）（见图 9.3），它允许你发布工作的 Crowdflower，也称为人类智能任务。这些任务通常是简短的用户研究，参与者被要求观看一些包含机器人或与机器人互动的图像或视频，然后回答一系列关于材料的问题。众包允许研究人员在短时间内以适中的成本收集大量数据。参加一项研究，每个参与者将获得少量的经济奖励，通常只有几美元，价格取决于任务的复杂程度、预计花费的时间以及受访者的质量评级。

运行众包研究有其独特的挑战，最重要的是实验者对参与研究的受试者和研究执行环境的控制水平相对较低。任何符合众包平台设定的广泛包容标准的账户都可以接受任务。但是，登录的账户可能未被注册为参与研究的实际人员使用。参与者可以在进行研究的同时进行一系列其他活动，比如一边抚摸猫一边吃冰激凌，再比如一边喝咖啡或坐公交车一边戴耳机听音乐。众包也可能被恶意用户使用：参与者可能提供低质量或故意不正确的响应。

图 9.3　MTurk 是以 18 世纪晚期建造的一种名为“The Turk”的假国际象棋机器命名的

在用户研究中包括验证问题是一种很好的做法（Oppenheimer et al.，2009）。这些问题可以用来检查参与者是否注意并参与了任务。播放视频时，可以显示一个数字几秒钟，然后要求视频参与者输入数字。这些问题也可以用来确保参与者对问题做出回应，而不仅仅是随机选择答案，例如“请单击下面的第三个选项”。

数据收集后，有必要筛选无效数据和有效数据。第一种筛选方法是回答验证问题；另一种方法是排除所有不到合理时间的回答。例如，如果你认为这项研究至少需要 15 分钟，那么任何远远低于这个时间的回答都应该被忽略。一些众包平台允许你在参与者的回答质量不高时不奖励他们，这不仅会让这些参与者得不到报酬，还会对他们的评级产生不利影响。这已被证明是一个极好的激励机制。鉴于使用众包收集的数据本质上比实验室收集的数据更具可变性，解决这个问题的一种方法是收集更多的数据。

尽管众包已经被成功地用于复制社会心理学、语言学和行为经济学的实验室研究结果（Bartneck et al.，2015；Goodman et al.，2013；Schnoebelen & Kuperman，2010；Suri & Watts，2011），众包对人 – 机器人交互的价值需要逐案考虑。有时，机器人的实际存在是参与者表现的关键，排除了众包的使用。有时，要测量的影响很小，在对大量不同的人群进行采样时不会显示出来。有时，需要的人群在众包平台上是稀缺的，比如老年用户或者瑞典小学老师。有时，任务需要一定的语言水平。众包在人 – 机器人交互研究中有自己的位置，但是应该小心谨慎地使用。

9.2.7　单主体研究

在人 – 机器人交互中要考虑的另一种研究是单主体或单案例研究设计。在这种研究中，研究人员比较了干预对单个受试者而不是一组人的影响，首先收集个人行为的基线测量数据，将之与受试者在干预期间和干预之后的行为进行比较。

单主体设计用于以下情况：由于某些受试者很少见而难以招募大量受试者，或者受试者之间的个体差异很大并且与感兴趣的现象相关时。单主体设计可以招募多个受试者，但是受试者的数量通常很小，为了便于分析，每个受试者都被视为自己的控制对象。

单主体设计通常用于医疗和教育研究领域，在人－机器人交互中，它们用于研究机器人对自闭症患者的影响。例如，Pop 等人对三名儿童进行了单案例研究，以调查社交机器人 Probo 是否能帮助自闭症谱系障碍儿童更好地识别基于情境的情绪（Pop et al.，2013）。Tapus 等人对四名自闭症儿童进行了类似的研究，看他们是否会与 Nao 机器人进行更多的社会交往，研究发现他们的反应有很大的差异（Tapus et al.，2012）。这表明了在感兴趣的个体（如那些被诊断为自闭症的个体）行为有很大差异的情况下，进行单主体研究的重要性；在这种情况下，平均群体的反应可能会掩盖重要的干预效果，因为不同的个体反应在聚合时会相互抵消。

9.3 选择研究参与者和研究设计

因为“人”是 HRI 研究的必要组成部分，所以在 HRI 研究中必须针对参与者做出几个重要决定。一个是参与者是谁。实证 HRI 研究的参与者通常是大学生，因为他们是学术研究人员最方便接触的人群，有时间和兴趣参与研究，并且通常在物理上靠近开展 HRI 研究的实验室。然而，重要的是要考虑到使用大学生作为“方便样本”的局限性，尤其是与提出的研究问题相关的局限性。理想情况下，我们的目标是获得机器人潜在最终用户的大量代表性样本，这样我们就可以声称研究结果适用于广泛的用户，并且具有**外部有效性**——它们可以告诉我们一些研究之外的人和机器人的情况。这种样本很难带入实验研究，但在调查中可能更容易实现。在对机器人的一般认知的研究中，与心理学研究类似，人－机器人交互假设大学生在广泛的社会特征（例如，刻板印象）、认知表现（例如，记忆）和态度（例如，对机器人的恐惧）方面“足够接近”广义群体。即使让大学生参与时，也要注意并平衡样本的某些特征（如性别或教育背景），这取决于这些因素是否会对结果产生影响。例如，计算机科学系的学生可能会被认为更喜欢机器人，比普遍的学生群体或潜在用户群体更容易使用计算技术。

如果研究问题与研究特定人群（如老年人）的特征有关，或者与研究机器人在特定领域（如儿童糖尿病治疗）的应用效果有关，那么选择的参与者需要更加有针对性。研究问题的特异性和想要做出的声明将指导样本的特异性。例如，如果对大学生甚至没有经历认知衰退的老年人进行研究，就不可能声称机器人会对经历认知衰退的老年人产生积极影响。大学生样本也不足以调查机器人在支持幼儿学习中的使用效果。因此，在进行研究之前，必须仔细确定什么样的人应该参与其中。你还需要考虑如何接触这个人群，以及如何招募和激励个体参与你的研究。你还应该考虑是否能够将这些人带到你的实验室，是否需要去另一个地方与他们联系，是否适合在线研究。

关于研究参与者的另一个考虑是可能需要回答研究问题的参与者的数量。这将取决于你正在进行的研究和分析的类型（定性、定量、调查、实验或采访）与人群的类型（例如，大学生、老年人或患有糖尿病的儿童）。小样本量很难可靠地测试效果，因为人与人之间总是会有一点点不同。例如，在一项性别刻板印象研究中，一些参与者会认为所有机器人都比其他人更“热情”；其他参与者会认为所有机器人都具有典型的“男性”特质。这种在人身上自然出现的差异，会给数据增加噪声。除非操作有极大的效果，否则从小样本中收集的数据不足以检测出稳定的效果；人与人之间的差异可能会相互抵消，他们的反应差异也可能太大。如果想得出有效的因果关系结论，需要在实验设计中确定合适的样本量。

研究设计

根据经验，建议在每个条件下进行至少25名参与者的实验设计。然而，需要多少参与者才能可靠地发现条件之间的差异也取决于设计类型。当使用**主体间设计**时，每个条件下将随机分配参与者。在我们的例子中，将向一组参与者展示“男性”机器人，向另一组参与者展示“女性”机器人。在使用李克特量表（一种通常用于测量态度和观点的评级量表，要求受访者根据认同程度对各项进行评级）回答问题后，比较每组的平均得分。另外，在**主体内设计**中，一组参与者会接触两种版本的机器人原型，并被要求对两者进行评估。因为同一个人提供了两个评估结果，所以减少了数据中的“噪声”，并且该设计所需的参与者将会更少。然而，不是所有的研究问题都适合在主体内设计中来回答。例如，如果想测试当人们有机器人助手每天和他们一起做行走练习时，他们是否能更快地从腿部骨折中恢复过来，你几乎不能让他们首先自己痊愈，然后再打折另一条腿以便他们可以在机器人助手的帮助下再次恢复。此外，研究人员必须注意可能发生的顺序效应，也许人们总是会喜欢第一个机器人胜过第二个（因为新奇）。因此，在进行主体内设计时，最好能平衡各种条件。这意味着一半的参与者将首先与女性机器人互动，然后与男性互动，另一半则采用相反的顺序。

为了获得足够的样本来建立期望的统计效果，互联网提供了各种工具，如G*Power（Faul et al.，2007）。然而，研究人员可能并不总是能够满足建议的条件，因为他们也受到资源可用性的限制，例如时间、金钱、机器人和潜在的参与者。

有时，人–机器人交互研究人员选择使用**调查**方案，即由参与者回答一系列问题。问题的答案通常是通过多项选择或某种评分量表给出的。一种常用的量表是李克特量表，它要求受访者根据他们对某个话题的认同程度对其对陈述的态度和观点进行评分，例如对“我觉得机器人很友好”的陈述进行评分，评分范围为1（“非常同意”）至5（“非常不同意”）。另一种常用的量表形式是语义差异尺度，它要求受访者用两个对立术语（例如，可怕—友好，能干—无能）评估，给出其态度。多项选择或基于量表的问题更便于日后的分析，但在开展调查时需要仔细设计，以确保问题能适当地衡量研究人员感兴趣的概念。除了制作问题和量表，研究人员还可以使用由其他研究人员开发和评估的问题和量表来测量感兴趣的概念，例如，用大五人格量表评估参与者的个性（John et al.，1999），用机器人社会属性量表评估机器人的社会性（Carpinella et al.，2017）。最后，研究人员有时也会在调查中包含开放式问题，特别是当允许受访者在回答调查问题时根据自己的术语和类别提供答案或理解他们的思维过程、对概念的理解很重要时（例如，“先描述一下你理想中的机器人，然后再回答以下关于它的问题”）。因为调查研究在社会科学中已经很成熟，所以有许多手册描述了如何构建和执行调查（Fowler，1995；Fowler Jr.，2013）。

调查使研究人员能够在广泛的人群中调查与HRI相关的各种因素之间的相关性。此类调查通常涉及数百名参与者，包含许多不同因素的分析。一些调查试图拥有有代表性的参与者样本，因此要确定某些类别（例如，不同性别、年龄、种族）的参与者的数量对应于他们在总人口中的百分比，或者对收集的数据进行加权以获得代表性比例。涉及特殊人群（如患有抑郁症的老年人）的研究，可能需要较少的参与者，因为在招募特定人群方面存在公认的困难。在某些情况下，例如在对被诊断患有自闭症的儿童的研究中，参与者表达自己和体验世界的方式有很大的不同，可以将参与者视为个案，研究每个参与者的行为和反应的变化。

对于定性研究来说，经验法则是试图达到分析主题和发现的“饱和”，而不是关注特定数量的参与者。这里的思想是，一旦研究人员发现他们正在收集的数据只是添加和重复现有的主题和发现，而不是创建新的主题和发现，他们就可以停止收集新的数据。

9.4　定义交互的背景

9.4.1　研究地点

尤其是对人－机器人交互而言，一个重要的区别是在实验室进行研究还是在现场进行研究。特别是在早期的人－机器人交互中，大多数研究是在实验室的受控环境中进行的。尽管机器人技术在过去几年里确实取得了进步，而且现在有了足够强大的机器人平台可以在实验室外使用，但与实验室进行的研究数量相比，所谓的“野外”研究仍然相对较少。

研究实验室外的互动对于理解人类在自然环境中如何与机器人互动、确定在这些环境中可能出现什么样的人－机器人交互，以及研究新机器人技术的潜在更广泛的社会影响非常重要。另外，实验室研究得益于研究人员严格控制人们与机器人进行互动的环境和性质的能力，研究人员可以明确地确定互动的引入、任务、环境和持续时间。在实验室中，仅以研究人员建议的方式要求参与者与机器人互动。这允许严格控制所需变量。

相比之下，实地研究在可能发生的情况方面更灵活，因此更接近日常人－机器人交互中可能发生的情况。在现场，参与者与机器人互动的时间、地点、方式及原因均可不同，他们甚至可以忽略它。因此，实地研究提供了一个观察和发现脱离研究人员控制后的新的突发现象、新的互动兴趣变量和意义，以及人－机器人交互新的形式和结果的机会。实地研究还有效地显示了不同背景变量（如机构文化或人与人之间的互动）之间的复杂互动，这可能会影响互动。

9.4.2　时间对人－机器人交互的影响

与此相关的一个区别在HRI中变得越来越重要，那就是研究人员是在研究人与机器人之间的短期互动还是长期互动。大多数实验室研究由于其设计的必要性，关注的是“人－机器人交互的前10分钟”——人们如何回应和理解机器人。然而，研究人员普遍承认人们会随着时间的推移而改变对机器人的态度，因此，他们与机器人互动的方式也会改变。第一次互动受到**新颖性效应**的影响：人们通常不熟悉机器人，所以他们最初的反应可能与他们经过更长时间熟悉后的反应大相径庭。因此，短期研究在告知我们人类和机器人在更长时间内将如何互动方面的有效性有限。然而，它们确实告诉我们人类的特征和机器人的特征会影响最初的相遇。这样的研究对于建立积极的互动反馈回路是很重要的，它可以在长期的互动中支持更多的积极效果。长期互动研究可以持续几天、几周、几个月甚至几年，这使得我们可以看到人与机器人之间的互动是如何随着时间的推移而发展变化的，机器人是如何融入人类社会环境的，人与人之间的社会互动是如何因为机器人的存在而发生变化的。

9.4.3 社会因素对人－机器人交互的影响

人和机器人之间的互动可以通过几个不同的社会分析单元来研究，社会科学认为这些单元在认知和互动方面是不同的。到目前为止，最常见的单元是交互二元体——只有一个人和一个机器人参与互动。这部分是由于早期人－机器人交互系统的限制——机器人难以采购、维护和操作，因此，最常见的人－机器人交互研究形式是进行涉及单个参与者与单个机器人互动的实验室实验。

早在 2006 年，Robovie 机器人是小学第一批能够支持群体互动的机器人之一。它教孩子们英语，并随着时间的推移跟踪他们的社交网络，通过解开秘密让孩子们对与机器人互动感兴趣（Kanda et al.，2007b）（见图 9.4）。

图 9.4　学校里的 Robovie 机器人

随着机器人变得越来越容易获得，并且能够与更多的人互动，适合更加开放、自然的环境，HRI 的分析单元已经扩大。早期对“野外”人－机器人交互的研究表明，人们实际上经常不是单独而是成组地与机器人互动，这是大多数早期机器人装备不良的任务（Šabanović et al.，2006）。人－机器人交互越来越多地研究实验室内外两个或更多人的群体互动。例如，Leite 等人发现儿童在单独与一组机器人互动时，比三人一组时，更能回忆起机器人组讲述的故事中的信息（Leite et al.，2015）。Brscić 等人表明，在购物中心遇到机器人的儿童只有在集体而不是单独的时候才会虐待机器人（Brscić et al.，2015）。

社会科学家会区分二元互动和群体互动，他们认为每种互动在认知和行为方面是不同的（见图 9.5）。团队带来了关于团队效应、多方合作、团队动力和其他类似效应的新观点。我们对未来如何与机器人互动的愿景也预先假定了环境中会有许多机器人，因此群体人 - 机器人交互研究的另一个方面是探索多机器人如何与人互动，无论是团队中、群体中，还是仅仅作为共同在场的机器人演员。

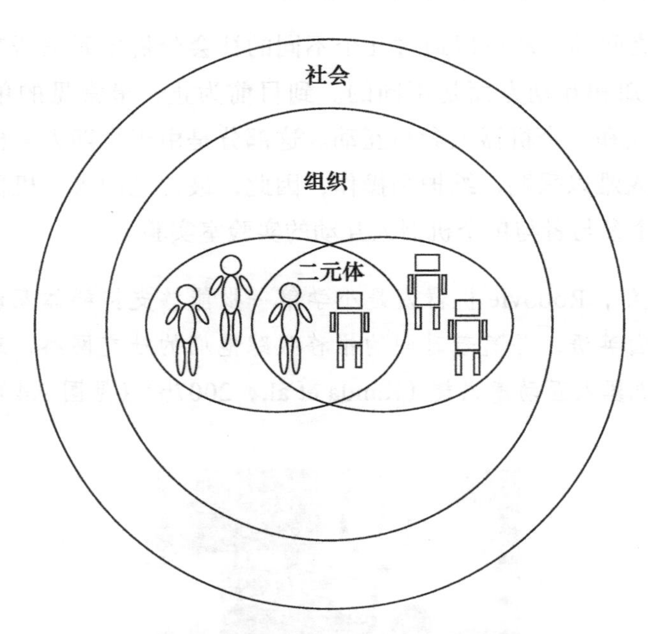

图 9.5 人 - 机器人交互分析单元

当机器人在团队中合作时，它们通常被认为有更多的社会智能体。例如，Carpenter 发现，军事拆弹小组中使用的机器人经常被士兵视为该小组的成员，士兵们会对这种机器人产生依恋，甚至会在机器人被摧毁时表达悲伤的情绪（Carpenter，2016）。

越来越多的机器人可以用于实验室之外的应用环境中的研究，开启了另一个分析单元。也就是说，我们可以看看人 - 机器人交互是如何在组织（比如教育和护理机构，甚至军队）内部发生的。通过研究组织内部的人 - 机器人交互，不仅可以看到个人因素对人 - 机器人交互的影响，还可以看到更广泛的背景的影响，例如现有的劳动分配或角色如何影响机器人的功能及工人对其的接受度，机器人如何适应现有的实践，以及机构价值观如何影响人们对机器人的理解。

例如，Mutlu 和 Forlizzi 表明，将机器人引入组织可以减少一些人的工作量，同时增加其他人的工作量（Mutlu & Forlizzi，2008）。同时，不同角色的人（例如，经理、护士、看门人）对机器人会有不同的看法，这取决于它对他们工作的影响。在另一项关于在疗养院使用海豹形 Paro 机器人的人种学研究中，Chang 和 Šabanović

表明，在组织中，即使只有一个人倡导使用机器人，也可以通过模拟使用机器人的积极体验和创建支持机器人长期使用的“正反馈回路”，让更多的人承诺尝试并让它为他们工作（Chang & Šabanović，2015）。组织也可以以特定的方式建立，从而支持机器人的功能。Vertesi 对 NASA 漫游车团队的人种学研究表明，平衡机器人作为许多不同科学家和工程师共享的稀缺资源的需要，在平等团队中发挥了很好的作用，所有团队成员都需要同意，并对机器人的下一步行动表示“欣慰”（Vertesi，2015）。既然有可能，从组织的角度研究人和机器人之间的互动对于该领域的进一步发展以及我们设计合适的机器人和社会结构以在现实世界中成功应用人 – 机器人交互的能力似乎是必要的（Jung & Hinds，2018）。

9.5 为研究选择机器人

除了确定需要多少参与者以及需要哪种类型的参与者来回答研究问题，还需要确定研究中需要使用的机器人的特征。你需要确定的因素包括机器人的外观、功能和易用性等。尽管其中一些选择可能是基于实际的限制，比如可以使用哪种类型的机器人或购买一个新的机器人需要多少钱，但其他的选择将由你的研究兴趣来指导。

机器人可以被视为研究工具，通过它你可以操纵感兴趣的因素，并观察这种操纵对你想要测量的结果变量的影响。这种方法是实验性人 – 机器人交互研究的核心，但也可以用于更多的探索性研究（你可能希望了解某些设计因素是否会对人 – 机器人交互产生不同的影响）。为了在人 – 机器人交互研究中使用机器人作为刺激，我们可以操纵它们的外观、行为、通信模式和风格，以及它们在交互中的角色等特征。人 – 机器人交互研究人员经常使用现成的机器人进行研究，但他们有时也会设计和测试自己的原型。在确定使用哪种机器人时，确定哪些硬件和软件功能最适合研究以及确定机器人的适当自主程度是重要的考虑因素。

有一些商用机器人非常适合人 – 机器人交互研究，例如 Nao 和 Pepper（软银机器人）或 Paro（智能系统）。即使使用商用机器人，让机器人启动并运行也需要一些基本的编程技能。Nao 和 Pepper 机器人可以使用可视化编程环境（Choreographe）进行编程，该环境允许你快速从画板控制工作机器人。然而，拥有更先进的控制软件和编程语言的知识，如机器人操作系统（Robot Operating System，ROS），将允许你大大扩展机器人的行为，丰富互动。ROS 包含许多为不同类型机器人实现感官感知和可视化的包。

9.6 建立交互模式

有几十种方法可以将人和机器人放在一起进行研究。人们既可以面对真实的机器人，也可以观看机器人的图片或视频。机器人可以完全自主，也可以由实验者远程操控。既可以让人们来到实验室，也可以让科学家走出实验室，把机器人带到人们面前。有时候只需要一个数据点，有时候需要几千个数据点。

9.6.1 WoZ

在一些 HRI 研究中，机器人自主能力的开发不是当前研究的重点，研究人员通常依赖于奥兹巫师（Wizard-of-Oz，WoZ）技术。WoZ 会欺骗研究参与者，让他们认为机器人是自主行动的，而实际上它是由研究团队的一名成员操作的。这种欺骗会在实验后的汇报中告知研究参与者。

使用 WoZ，研究人员可以“假装”他们的机器人具有它所不具备的交互技能，不具备的原因要么是需要进一步的技术开发，要么是机器人编程必须花费额外的时间或技能。WoZ 方法特别适用于技术发展到几乎可用于 HRI 的情况，如语音识别。使用“巫师”来识别用户的话语可以使实验鲁棒性更强、机器人的行为更加真实可信，从而实现了真正的交互流程。然而，完全伪造一个能够维持严肃、长时间对话的人工智能（AI）系统可能会被认为是有问题的，因为这对机器人来说是非常不现实的。WoZ 还可以用来测试人们对更高级功能的感知，例如机器人可以以非常微妙的方式理解社会环境并响应社会环境（Kahn Jr. et al.，2012）。对于实验研究来说，约束巫师的行为也很重要，这样机器人的行为在各种条件下都可以保持一致，并且不会引入干扰分析的额外变化。

WoZ 方法是以电影中的一个同名角色的名字命名的。多萝西和她的同伴们出发去寻找全能的奥兹男巫，他能让多萝西回到堪萨斯州。他们在巫师的城堡里遇到了他，害怕他巨大的外表、权威的声音，以及他喷出的烟和火。

只有当多萝西的狗托托拉开窗帘时，他们才注意到是 Marvel 教授在操纵控制机器巫师的舞台表演。在 HRI 研究中，巫师经常躲在后台控制机器人，让机器人看起来比实际上拥有更先进的自主能力。我们都希望不要遇到托托，以免被发现。

9.6.2 真实与模拟交互

尽管衡量人们对机器人的感知和反应的理想方式是实时面对面的互动，但 HRI 研究人员只向参与者提供机器人视频或照片的方式仍然很常见。在 HRI 领域，关于机器人的视频记录是否可以用来替代真人机互动，已经有了相当多的讨论。鉴于 Dautenhahn 等人认为，这两种交互方式大致相当（Dautenhahn et al.，2006a），Bainbridge 等人得出结论：与视频相比，参与者与物理上存在的机器人进行交互的体验更积极（Bainbridge et al.，2011）。Powers 等人还发现，与远程机器人相比，与同处一地的机器人互动的参与者之间的态度差异很大（Powers et al.，2007）。因此，单独使用视觉刺激限制了研究结果的普遍性，但可能适用于某些因素影响的探索性研究（例如，对不同机器人形式的感知（DiSalvo et al.，2002））或难以访问适当人群（如跨文化样本）的研究。使用视频向参与者展示机器人也可以使研究人员避免与涉及实际交互的控制较少的实验相关的问题。最后，视频和照片尤其适用于利用在线参与者的研究，无论是通过大学、口碑推荐还是亚马逊的 MTurk 等服务。

9.7 选择适当的 HRI 测量方法

就像在心理学和其他社会科学中一样，在 HRI 中，研究人员通常区分直接和间接方法来评估对人或物体的态度。在前面描述的"性别化"机器人研究的例子中，研究设计依赖于对因变量的直接测量——例如，要求参与者对机器人的热情度和权威性进行评级。

在相关研究和实验研究中，通常采用自我报告来评估感兴趣的结构，如概念或变量。自我报告测量通常具有很高的表面效度，这意味着人们通常在阅读给定问卷的项目时就能直接知道研究人员想要测量什么。另外，这使得参与者可以很容易地取悦研究人员，以积极的态度展现自己，或者"做一个好的参与者"。这一点也适用于采访技术，这是一种收集参与者对人类和机器人的想法和感觉的更全面的方法。采访可以是结构化的，也可以是半结构化的。在结构化采访中，采访者通常以特定的顺序问一系列预先确定的问题；而在半结构化采访中，采访者有偏离脚本的余地，例如，有些问题可能是计划好的，有些问题可能会在采访过程中自然出现。这两种类型的问题，受访者都可以用自己的话来回答。然而，这种开放式回答需要在转录采访内容后进行劳动密集型编码。不过，这种采访可能是对问卷的有益补充，正如 de Graaf 等人利用长期调查和采访的数据来探索人们选择不在家中使用通信机器人的原因所表明的那样（de Graaf et al.，2017）。正如他们的研究所表明的那样，研究参与者在不熟悉的机器人面前可能会感到非常不舒服。

然而，在某些情况下，参与者可能不愿意在问卷上或直接与采访者交谈时报告他们的真实感受和态度。他们也可能没有意识到并且不能报告一些无意识持有的想法。在这种情况下，用间接测量方法来补充直接测量方法可能是有用的。反应时间经常被用来表征那些难以衡量的因素，比如注意力或参与度。间接方法可以包括使用眼睛跟踪作为注意力集中和认知过程的指标，使用心率或皮肤电导等生理指标让研究人员了解参与者在HRI期间经历的压力水平。尽管计算机化的态度测量（例如，测量拟人化的所谓的隐性关联测试[⊖]的变体）已经变得越来越流行，但对机器人或其他技术的态度的生理相关因素在当代研究中不太常用。计算机化的生理测量通常更难管理，并且需要特定的设备，最终，这些发现并不总是能够以明确的方式进行解释。例如，皮肤电导可以指示某人兴奋，但它不能揭示兴奋是由于恐惧还是享受。此外，一项在参与者与Nao机器人互动时测量他们皮肤电导的研究表明，皮肤电导读数并不具有决定性（Kuchenbrandt et al.，2014）。

为了避免解释结果的困难，在研究中同时结合使用直接和间接测量方法或几项间接测量方法，以确保你确实在测量你打算测量的结构或变量。作为一名研究人员，你的目标应该是确定在研究中使用的所有测量方法都可靠有效地评估它们应该捕捉的东西。这可以通过仔细对研究设计和使用的测量方法进行试点测试，开发甚至正式验证新的测量方法，或者使用可以在文献中找到的已被广泛接受和验证的测量方法来实现。

9.8　研究标准

9.8.1　改变统计分析的标准

因为人-机器人交互是一项跨学科的研究产物，一些研究人员可能比其他人更精通统计。心理学家通常在统计方法方面受过良好的训练，其他学科的HRI研究人员在分析和报告量化结果时可能会发现他们的建议最有价值。

> "在实验完成后请统计学家来可能只不过是要求他进行事后剖析：他也许能说出实验失败的原因。"正如统计学家Ronald Aylmer Fisher（1890年2月17日—1962年7月29日）爵士的名言所指出的，你越早向别人咨询你的实验设计和分析，它就越有用。大多数大学都提供某种统计咨询服务，但即使是与同行和教授的非正式讨论也可能证明有巨大的价值。

虽然深入大量统计测试和程序的细节不在本章的讨论范围内，但感兴趣的读者可以参考现成的文献，如Andy Field的研究（Field，2018）。

描述性统计是数据分析的第一阶段，它给出了数据的概述，但没有比较条件。它始终提供均值、标准差（当数据呈正态分布时，如果不是正态分布，可以提供一

⊖ https://implicit.harvard.edu/implicit/

个范围)、参与者数量、人口统计数据(如年龄和性别)、排除的数据点以及排除原因。接下来，研究可能需要进行推理统计。这些是比较两个或多个数据集的统计数据。选择正确的统计方法可能具有挑战性，这一节只进行概述，不深入研究统计方法的细节。

统计学有了有趣的发展。很长一段时间以来，实验科学一直依靠零假设显著性检验（Null Hypothesis Significance Testing，NHST）来报告结果的重要性。在这个过程中，计算如果被比较的组之间没有差异，所收集的数据将被观察到的概率；换句话说，测试了“零假设”，即什么都没有发生。因此，p 值是研究人员得出实际没有差异的两组之间存在差异的结论的概率，这被称为**第一类错误**。

如果可以拒绝零假设(即获得的概率或 p 值小于或等于某个阈值，通常为 0.05)，则结果可以被认为是“显著的”。从表面上看，这为方法或干预的成功与否提供了一种有用手段。

然而，近年来，对 NHST 和 p 值的过度依赖受到质疑（Nuzzo，2014）。首先，以 $p \leqslant 0.05$ 的阈值来称结果为“显著”是武断的，并且在科学上没有有效的理由来解释为什么使用 0.05 的阈值。其次，经验结果、模拟研究表明 p 值在重复实验中是高度不稳定的。重复具有显著 p 值的研究可能导致 80% 的重复研究的 p 值在 [0.00008，0.44] 范围内（Cumming，2008）。因此，用 p 值来衡量结果的可靠程度是不可靠的。最后，p 值没有包含任何关于结果有多重要的信息：从 NHST 的角度来看，统计学上极显著的结果并没有说明观察到的实验效果的大小，因此不能单独用来评估结果的重要性或影响。例如，两种医疗程序之间的预期寿命差异可能“非常显著”，即使一种治疗方法只比另一种方法使你多活一个小时。仅仅给出实验结果的统计显著性并不能说明这些结果实际上有多重要。

一个与 NHST 有关的更基本的问题涉及从中可以得出的推论。在 NHST 中测试的东西(倘若没有真实的效果，找到当前数据的概率，即 $p(A|B)$) 不是研究人员实际想要知道的东西(给定当前数据，真实效果的概率，即 $p(B|A)$)。虽然这看起来很相似，但当我们用鲨鱼和死亡人数类比时，它们的根本区别就变得很明显了。如果一个人被鲨鱼吃掉了，那么他死亡的概率 p (死亡 | 被鲨鱼吃掉) 为 1。但是，若一个人快死了，那么他被鲨鱼吃掉的概率 p (被鲨鱼吃掉 | 死亡) 接近 0。在论文“The Earth Is Round (p<0.05)”中，Jacob Cohen 进一步解释了 NHST 的一些问题（Cohen，1994）。

为此，我们不仅报告 p 值，还报告数据的置信区间。置信区间不比较数据，因此不能用来判断结果是否显著。相反，它报告了我们对数据的均值介于置信区间的最小值和最大值之间的信心。当报告数据的 95% 置信区间时，这意味着在重复研究中，数据的均值有 83% 的概率落在原始实验的置信区间内。

最后，在比较数据时，报告效果大小也是标准做法。虽然 p 值可以表明数据之间的差异在统计学上是否显著，但它并没有说明这个结果到底有多重要。效果大小是对干预效果相对大小的标准化、无标度测量。它通常被写成 d，是一个正数，计算式为 $d = (\mu_E - \mu_C)/SD$，其中 μ_E 和 μ_C 分别是实验组和对照组的均值，SD 通常是对照组的标准差。Cohen 认为 $d<0.2$ 表示较小效果，$0.2 \leqslant d<0.8$ 表示中等效果，$d \geqslant 0.8$ 表示较大效果（Cohen，1977）。我们举例来理解这些数据，如美国 15 岁和 16 岁女孩之间的身高差异为 d=0.2；14 岁和 18 岁女孩之间的身高差异为 d=0.5，效果为中等，肉眼可见；13 岁和 18 岁女孩之间的身高差异为 d=0.8，效果较大，对观察者来说显而易见。“中等效果”的相关性见图 9.6。

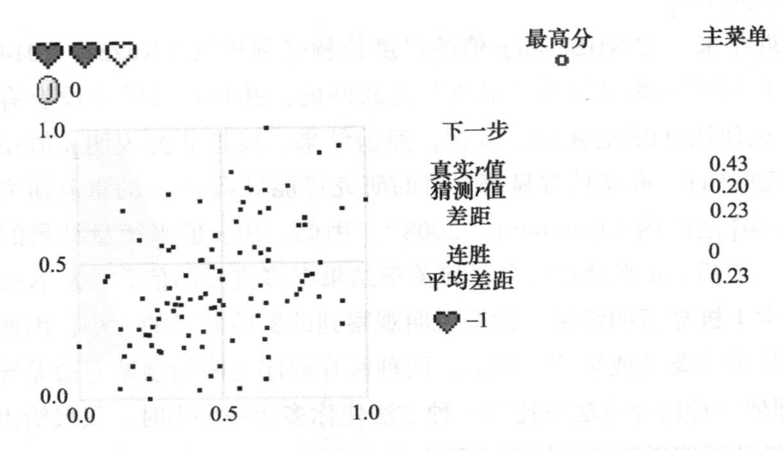

图 9.6　如果你必须进行猜测，你会说这两个变量的相关性有多大？研究表明，人们发现很难从图中推断出相关性的大小。你可以在网站 http://www.guessthecorrelation.com 上猜测相关性（图中的相关系数 $r = 0.43$，属于中等效果）

置信区间和效果大小传达了额外的信息，补充了统计显著性的测试，但强调的是效果的大小和相对重要性，而不是统计显著性——过于反复无常和过度解释的测量标准（Coe，2002）。

9.8.2　Power

p 值反映了研究人员错误地得出结论，认为两组之间存在差异（第一类错误）的概率。为了避免犯这些错误，科学家们保持了被认为是显著影响的阈值，通常为 $p \leqslant 0.05$。在这个阈值下，研究人员平均 20 次犯 1 次第一类错误（错误地认为有效果)。

然而，正如9.3节所述，也可能相反：研究人员可以进行实验，收集数据，然后错误地得出没有效果的结论。这被命名为**第二类错误**。通过确保实验有足够的统计能力，可以避免第一类和第二类错误——这通常意味着必须有足够的参与者或足够的数据点。这可能很棘手，而且需要的参与者数量可能会急剧增加，这取决于研究设计的复杂程度或希望检测到的效果有多小。G*Power 等软件（Faul et al.，2007）允许你在研究前后计算功效。

虽然大多数研究人员主要关心如何避免第一类错误，人们可能会认为错误地得出某些因素在HRI中无关紧要的结论同样可以损害未来的研究（更不用说在数据收集上的资源浪费，而且会让研究人员沮丧和失望）。因此，在设计实验时，请牢记这两种类型的错误。

9.8.3 通用性和复证

社会科学的最近发展表明了能够重现和复证研究发现的重要性。像开放科学框架[⊖]（Open Science Framework，OSF）这样的倡议将这一想法推到了心理学领域，以阐明该领域的据称已确立的新颖发现的有效性。在HRI中，研究的复证性在研究议程上不那么突出，但最近社会科学界引起的关注，也将这些主题纳入HRI研究人员的职权范围（Irfan et al.，2018）。复证HRI结果现在也比以前更有可能实现，因为某些机器人平台（如Nao或Baxter）广泛可用，而研究人员早期依赖定制平台。人们让普通机器人共享代码，向其他HRI研究人员提供实验程序（如果可能的话），以便他们能够在自己的实验室中进行相同的实验，测试某个研究问题的通用性（Baxter et al.，2016）。总的来说，尽管在HRI研究中很难获得具有代表性的样本，但通用性同样非常重要。

方法的选择也影响将实验室中的HRI研究推广到实地研究的程度。开发新的机器人，在不同的环境下应用机器人，以及理解机器人在日常生活中对人们的潜在影响，可能需要结合使用本章中提到的方法。这不需要在一个研究项目中或由单个研究人员来完成，但可以由HRI研究社区逐步完成。

9.8.4 HRI研究中的伦理考虑事项

最后，在选择参与HRI研究的人类参与者时，需要考虑到人体主体研究的伦理。任何涉及人类参与者的研究，无论是相关的还是实验的、定性的还是定量的、

⊖ https://osf.io

在线的还是面对面的，都在研究开始前需要参与者的知情同意。也就是说，参与者将了解研究的性质以及预期结果，并被重点告知他们要自愿参与，同时被告知参加特定研究的风险和好处。在开始在线或线下研究之前，参与者必须声明他们理解他们将要做什么以及收集的数据将用于什么，并且他们同意参与。许多大学和机构对于如何招募参与者和告知他们参与研究，有具体的指导方针。研究人员需要注意到这一点，并遵循所有的政策，以便能够展示研究结果并在研究结束后发表。

然而，有时不可能完全披露给定研究项目的实际目标。在这种情况下，使用的是封面故事或欺骗方法。例如，在 WoZ 的研究中，参与者被引导相信机器人可以自主行动。在这个例子中，向参与者提供实验后信息（即所谓的**任务汇报**），这样他们就不会在研究后认为机器人目前能够完全自主地工作。

如果机器人可能会向人类互动伙伴提供关于人类个性或表现的虚构反馈，这一点就更为重要了。当然，之后必须向参与者说明编造反馈的原因，并告知他们这些反馈实际上是虚假的。同样，这可以确保参与者在研究结束后的心理健康。

在定性研究中，提供给参与者的关于研究目标的初始信息可能更粗略，但常见的做法是稍后在研究参与者感兴趣时告知其研究结果。在某些情况下，研究人员甚至可能与参与者讨论他们对数据的解释，或者根据研究结果共同给出解释和未来机器人设计与实现的指导方针。

在 HRI 研究中，我们还必须考虑让人类和机器人参与的伦理方面——包括身体和心理安全以及互动对特定个体的影响。例如，想想一个老人，他家里有一个机器人，且拥有了很长时间，可能爱上了机器人伴侣。因此，在机器人被带走的那一天，这将给老人带来痛苦。必须考虑用户对机器人的情感反应、他们可能建立的依恋关系，以及当机器人被带走时所产生的空虚感。

为了确保遵守道德规范，可以咨询各种道德行为准则，比如由美国心理协会[1]、美国人类学协会[2]或计算机协会[3]提供的准则。你所在大学的伦理委员会可以就你的具体研究提供更详细的反馈。请注意，伦理许可是许多科学期刊发表文章的要求，所以在开始收集数据之前要考虑到它。

除了对研究参与者的伦理行为要求，研究人员还应该反思研究目标、问题和研究结果的伦理含义，并在选择要进行的研究类型和方式时考虑到这些含义。这些伦理考虑可以包括从哪里寻求和接受资助，是否参与可能告知特定公司或政府的

[1] http://www.apa.org/ethics/code/

[2] https://s3.amazonaws.com/rdcms-aaa/files/production/public/FileDownloads/pdfs/issues/policy-advocacy/upload/ethicscode.pdf

[3] https://www.acm.org/about-acm/code-of-ethics

研究，如何构建与参与者的关系，以及他们提供有关研究方法和展示研究结果的意见的能力。

更普遍地说，必须考虑到使用机器人在社会中产生的伦理和社会后果。在大多数涉及智能家居或在家里、护理设施或公共空间部署机器人的当代研究项目中，这些方面必须进行调查和解决。考虑到数字化和潜在的人 – 机器人混合人类社会是一个关键的社会问题，现在正在广泛讨论中，不仅仅是被机器人伦理学家和哲学家讨论。

9.9 结论

HRI 研究与实验心理学、人类学和社会学等社会科学学科有很多相似之处。了解与自己工作相关的领域的学术规范和实践是一种很好的做法。HRI 的研究人员在收集和报告数据时，应同其他使用他们选择的方法的学者那样意识到严谨性并保持同样的严谨性。

HRI 对困扰社会科学一个多世纪的同样的问题也很敏感。例如，在推动原创工作的过程中，HRI 实验几乎从不重复。还有相当大的出版偏见，正面的结果更有可能使它出版，而负面的结果（不那么令人兴奋的结果或结论性不那么强的结果）往往不会被发表，甚至会被忽视。但是，HRI 也有一些直到最近才开始展现的机会。实验数据（包括大型视频日志），现在可以完全存储并与他人共享，可供审查或进一步分析。方法、协议和结果现在比以往任何时候都更容易获得，主要是由于开放访问发布和实验的预注册的出现。

HRI 研究人员还可以在人机交互（HCI）相关领域找到相关方法和讨论，HCI 在用户研究、系统评估和理论建设方面拥有较长的历史，可以提供与 HRI 研究相关的指导方针和关键观点。HRI 研究人员可以从对如何将环境变量纳入工作、如何批判性地思考设计和研究方法，以及如何通过 HCI 之前的工作更密切地与新机器人技术的潜在用户合作的讨论中学习。然而，重要的是要记住，HRI 面对的是机器人，相比计算机，机器人不仅是不同的体现技术，而且给研究带来了不同的技术和社会挑战。

可供思考的问题：

- 在某些情况下，用实验来回答研究问题是不道德的或不可能的。你能想到这样的例子吗？你将如何解决与研究设置相关的伦理问题？如何解决有关研究中包含弱势群体（如儿童、有认知障碍的老年人）的问题？
- “显著性”被认为是一个误导性的术语，因为它没有说明研究结果的相关性。你能想到研究结果的效果显著性较小但相关性强的情况吗？那不相关的情况呢？

- 假设你想建立一个实验，评估机器人导师如何教孩子。你将如何建立研究？如何衡量机器人作为导师的能力？预期有哪些影响因素呢？
- HRI 研究通常试图解决人们对机器人的主观体验——例如，他们对互动的享受。你如何结合直接方法、间接方法、主观方法和行为方法衡量这种享受？你如何确保这种享受测量方法具有有效性——它实际上是测量机器人的享受（而不仅仅是一般的快乐），还是反映参与者试图取悦实验者？

延伸阅读：

- Cindy L. Bethel and Robin R. Murphy. Review of human studies methods in HRI and recommendations. *International Journal of Social Robotics*, 2(4):347–359, 2010. doi: 10.1007/s12369-010-0064-9. URL `https://doi.org/10.1007/s12369-010-0064-9`
- Geoff Cumming. The new statistics: Why and how. *Psychological Science*, 25(1):7–29, 2014. doi: 10.1177/0956797613504966.URL `http://journals.sagepub.com/doi/10.1177/0956797613504966`
- Andy Field and Graham Hole. *How to design and report experiments.* Sage, Thousand Oaks, CA, 2002. ISBN 978085702829. URL `http://www.worldcat.org/title/how-to-design-and-report-experiments/oclc/961100072`
- Laurel D. Riek. Wizard of Oz studies in HRI: A systematic review and new reporting guidelines. *Journal of Human-Robot Interaction*, 1(1):119–136, 2012. doi: 10.5898/JHRI.1.1.Riek. URL `https://doi.org/10.5898/JHRI.1.1.Riek`
- Paul Baxter, James Kennedy, Emmanuel Senft, Severin Lemaignan, and Tony Belpaeme. From characterising three years of HRI to methodology and reporting recommendations. In *The 11th ACM/IEEE International Conference on Human-Robot Interaction*, pages 391–398. IEEE Press, 2016. ISBN 978-1-4673-8370-7. doi: 10.1109/HRI.2016.7451777. URL `https://doi.org/10.1109/HRI.2016.7451777`
- Selma Šabanović, Marek P. Michalowski, and Reid Simmons. Robots in the wild: Observing human-robot social interaction outside the lab. In *9th IEEE International Workshop on Advanced Motion Control*, pages 596–601. IEEE, 2006. ISBN 0-7803-9511-1. doi: 10.1109/AMC.2006.1631758. URL `https://doi.org/10.1109/AMC.2006.1631758`

- James E. Young, JaYoung Sung, Amy Voida, Ehud Sharlin, Takeo Igarashi, Henrik I. Christensen, and Rebecca E. Grinter. Evaluating human-robot interaction. *International Journal of Social Robotics*, 3(1):53–67, 2011. doi:10.1007/s12369-010-0081-8. URL `https://doi.org/10.1007/s12369-010-0081-8`

第 10 章

Human-Robot Interaction: An Introduction

应　　用

本章内容包括：

- 在机器人应用领域中，HRI 是一个重要的组成部分；
- 除研究背景下机器人之外的应用；
- 未来可能的应用；
- 当 HRI 在我们的社会中发挥更大作用时，需要解决的潜在问题。

HRI 有许多应用，有望对人们的生活产生积极的影响。HRI 在技术市场上越来越受欢迎，尽管大多数应用仍是在学术领域开发的，但充满冒险精神的初创企业正在涌现，不断开发和销售 HRI 应用，成熟的信息技术（IT）行业也热衷于理解和开发能够让机器人或机器人技术与人成功互动的技术。这些企业并非都成功了。例如，索尼的 Aibo 机器人（见图 10.1）和 Qrio 机器人（见图 10.2）是商用机器人的先驱之一，但它在 2006 年停止了在该领域的研究。然而，伴随着 2018 年出现的一个新的 Aibo 机器人（见图 3.2），索尼最近又重燃了研究激情。另一个例子是博世公司，它最初支持梅菲尔德机器人公司开发 Kuri 家用机器人，但在正式产品发布前就停止了该项目。

何为成功的 HRI 应用对不同的人来说是不同的：研究人员和企业家眼中的成功是非常不同的。研究人员关心的是机器人能否使用，企业家可能不太关心机器人的有效性，只希望能有可以推向市场的“足够好”的技术解决方案，因此他们更喜欢销售数据而不是科学数字。有些人甚至可能专门开发不成功的应用程序，只为娱乐或者激励人们更批判地思考机器人技术的使用和设计。

自称“垃圾机器人女王”的西蒙娜·吉尔茨（Simone Giertz）是一名非工程师机器人爱好者，她设计的服务机器人通常在预期应用中表现不佳。她对不同作品的测试视频不仅具有娱乐价值，而且还展示了为看似简单的任务设计机器人是多么具有挑战性[1]。怀特（White）的“无助的机器人”则是一种被动的机器人，它要求人们在房间里移动它，引发了对机器自主意识以及机器是为我们服务还是我们为它服务的问题的讨论。[2]

---

[1] https://www.youtube.com/channel/UC3KEoMzNz8eYnwBC34RaKCQ/

[2] http://www.year01.com/archive/helpless/

图 10.1　索尼 Aibo ERS-7（2003—2005）和 Nao（2008 年至今）机器人

a) 索尼的Qrio机器人（2003—2006）　　b) 梅菲尔德机器人公司的Kuri机器人（2016—2018）

图 10.2　两个从未进入消费市场的机器人

目前，大多数机器人应用仍处于研究阶段，但预计这种情况将会迅速改变。机器人技术的第一波成功商用发生在工业生产自动化方面；下一波成功商用预计将在动态和开放的环境中引入机器人，而这些环境中有客户服务、陪伴、社会和身体辅助角色的人。正是在这一点上，HRI 需要发挥重要作用：深入了解机器人应该如何行动以及人们如何应对和受益，才能成功实现下一个机器人浪潮（Haegele，2016）。以下几节将概述在实验室和现场测试过的各种类型的机器人。

10.1　服务机器人

新颖的机器人只能吸引人们的注意，在商店等公共场所，游客开始对其感兴趣并接近它，儿童们则围绕在它的周围。这使得机器人成为客户服务的理想选择。许多这样的应用已经在实地研究中得到了成功的测试，并被部署在了杂货店或银行分行（例如，在美国 HSBC 提供服务的 Pepper 机器人）。

10.1.1　导游机器人

HRI 研究早期开发的应用之一是导游机器人（Burgard et al.，1998；Shiomi et al.，2006）。通常，导游机器人在从一个位置移动到另一个位置的同时会提供附近实体的信息，有些会把用户带到请求的位置。这种机器人应用涉及导航交互（例如，机器人在与人类共同的环境中安全移动）和与用户进行面对面的交互（见图 10.3）。

图 10.3　博物馆的机器人向导（2006）

成功的导游应用有很多。其中一个是博物馆环境中可以自动导航的移动机器人。游客可以使用机器人上的用户界面来指示他们是否想要导游。一旦游客要求导游，机器人会带游客参观各个展品，并对每个展品进行简要介绍（Burgard et al.，

1998）。博物馆机器人的 HRI 研究人员发现，赋予机器人展示情绪的能力可以丰富教育体验，能让机器人更好地管理其与人的互动，比如通过表达挫折感让人转移视线（Nourbakhsh et al.，1999）。另一种应用涉及零售环境，当顾客想知道商店中某物品存放在哪里时，机器人会带他前往正确的货架（Gross et al.，2009）。最后一个应用场景是机场，机器人可以护送旅客到其航班的登机口（Triebel et al.，2016）。

我们很容易想象出机器人有帮助的类似场景。例如，人们经常陪护别人，可能是因为他们身体上需要帮助，也可能因为他们想要陪伴。机器人将来也可以用于这种情况。HRI 研究人员开发的其中一个应用是针对视觉障碍患者的引导机器人（Feng et al.，2015）。尽管目前机器人硬件和 HRI 能力的限制阻止了这种用例的实现，但技术进步和进一步的 HRI 研究应该使我们能够拥有更快速、导航功能更好的机器人，在更广泛的环境中陪同用户。

10.1.2　接待员机器人

接待员机器人被放置在前台，接待访客，通常通过口语对话提供信息。例如，Gockley 等人研究了人们与前台接待机器人的互动（Gockley et al.，2015）（见图 10.4）。机器人能够提供指示，并与前来聊天的人分享日常故事。研究还发现，人们对机器人的情绪很敏感，他们与机器人的互动时长会根据机器人是否表现出快乐、悲伤或平和的情感而改变（Gockley et al.，2006）。除了研究环境之外，人形机器人还被用作酒店的接待员。在这种情况下，用户使用图形用户界面进行签到的过程，由人形机器人和问候访客的小型类人机器人引导完成。

图 10.4　接待员机器人

10.1.3 销售推广机器人

服务机器人的另一个直接应用是在零售环境中进行产品推广。在这种情况下，机器人可以作为商店职员的代理，告知客户商店提供的促销活动。因为人们天生就对机器人很好奇，所以这些机器人可以很容易地吸引停下来倾听或环顾四周的潜在访客的注意。在日本，Pepper已经被用于销售推广。在典型的用例中，机器人不一定是主动的，可以等待访客启动交互。在该研究背景下，研究人员研究了主动接近客户、提供促销活动的机器人（Satake et al.，2009）。例如，著名的Geminoid类人机器人已被部署在日本的一个购物中心来促进销售（Watanabe et al.，2015）。

10.2 学习用机器人

社交机器人已被证明对协助学习和教育特别有效（Mubin et al.，2013）。这不应与使用机器人作为教授数学、编程或工程的教育工具（如乐高“头脑风暴”）相混淆。机器人可以在学习过程中扮演各种角色，比如可以充当老师，带领学生学习课程并提供测试机会来评估学习情况。作为导师，机器人将支持教师的教学能力（Kanda et al.，2004）。这个角色实际上是教师和学生的首选（Reich-Stiebert & Eyssel，2016）。然而，机器人也经常被呈现为同伴。同伴机器人具有与学习者相似的知识水平，学习者和机器人一起经历学习旅程，机器人的表现会适应学习者的表现。最极端的是需要由学生完全教授的机器人。这种方法被称为护理机器人或可教智能体，这种方法有效的原因有两个：第一，教授一门学科往往需要先掌握该学科，第二，拥有一个知识较少的同伴可以提高学习者的信心（Hood et al.，2015；Tanaka & Kimura，2010）。最后，机器人也可以用作教师的助手。作为助手，机器人充实了课程，使学习更加有趣，从而激发了学生的兴趣（Alemi et al.，2014）。

辅导机器人可以从教师手中接管特定的任务。因为教师通常要面对20多名学生，所以要用一种适合大多数学生的方式而不是个性化的方式来授课。研究表明，辅导对学习有很大的影响。Bloom（1984）发现一对一辅导效果比对照组提高了2个标准差，并得出结论“接受辅导的学生平均超过98%的学生”。尽管研究表明其效果不像最初观察到的那么明显，但一对一的辅导方法仍有明显的优势（VanLehn，2011）。教育领域的社交机器人利用这一点，提供一对一的个性化辅导体验。

机器人已经被用于教授从数学到语言等广泛主题，教授对象包括成人和儿童。机器人的主要贡献似乎是它的物理存在促进了学习。尽管基于计算机的教学系统——又被称为智能教学系统（Intelligent Tutoring System，ITS）——卓有成效（VanLehn，2011），社交机器人在其社会与物理形象层面更上一层楼。研究表明，与屏幕显示社会智能体和ITS相比，机器人具有明显的优势，并且比起用其他技术进行教学，机器人教学让学生学习得更多、更好（Kennedy et al.，2015；Leyzberg et al.，2012）。这种现象的原因仍未确定，或许是因为机器人的社交物理形象比单纯屏幕显示的信息呈现与反馈更能吸引学习者，又或许是因为学习经验是一种更加多模态的经验，最终形成一种更丰富的具体教学交流（Mayer & DaPra，2012），当然，也可能是以上二者的结合。社交辅助机器人表现得更好或许并不令人感到惊讶（Saerbeck et al.，2010）。一些社交性交互行为在学习环境中或许会产生事与愿违的不良后果。这会引导学生将机器人看作同伴而非教师，并会让学生被其社交所吸引，无法将精力集中在需要完成的具体学习目标上（Kennedy et al.，2015）。因此，HRI研究需要指引机器人的开发，使其能够有效地辅助学习。

10.3　娱乐用机器人

10.3.1　宠物与玩具机器人

机器人宠物与玩具属于第一批为个人使用的商用机器人。第一个狗形机器人Aibo（Fujita，2001）在1999年问世（见图10.1），紧随其后出现了许多其他娱乐用机器人。与其他机器人应用相比，娱乐用机器人更加容易步入市场。这是因为娱乐用机器人的功能不必十分先进，并且它们经常使用预编程的功能，比如跳舞、讲话、打嗝以及通过单纯地在一段时间后开始使用更先进的预编程技能使其看起来扩展了自己的知识存储。近些年来最受欢迎的机器人玩具有Furby、索尼的Aibo机器狗，以及最近的Cosmo。乐高的“头脑风暴”曾是教育类玩具机器人市场的领头羊，但是最近被一系列允许儿童学习用计算方式来编程和思考的玩具（例如Dash & Dot、Ozobot等）追了上来。WowWee公司是另一只领头羊，发布了许多不同的机器人，其中包括类人机器人Robosapien与Femisapien以及一款移动式家用机器人。Sphero公司开发了一种可遥控的机器球。在2015年《星球大战》系列电影发布后，公司仿照BB-8机器人的造型进行了设计修正。这使得机器球成了那个季度最受欢迎的节日玩具之一。

虽然大多数的娱乐用机器人的目标用户是儿童与青少年，但许多机器人也深受成年人喜欢。Aibo在成年人中尤其受欢迎，甚至在2006年索尼宣布Aibo停产后有人开启了Aibo零件的“黑市”。如前文所述，索尼在2018年推出了一款全新版本的Aibo。

Pleo（见图10.5）是一款圆顶龙造型的机器人，提供了类似的复杂交互，其个性和行为模式会随着时间和用户的变化而适应改变。这些案例表明，许多机器人不必在外观上具有社会性或者是类人的，但是它们仍能在儿童和成人消费者中引起强烈的社会性反应。

考虑到机器人提供娱乐的方式多样化以及机器人在公众中的普及，玩具机器人市场已经成为并将继续保持个人机器人的最大市场之一也就不足为奇了（Haegele, 2016）。

图10.5 Pleo机器人（2006年至今）（图片来源：Max Braun）

10.3.2 展览用机器人

机器人经常被用在展览以及主题公园中来娱乐观众。这些通常是电子动画造型的设备非常结实；它们必须每天播放相同的动画脚本，有时播放数百次，只有短暂的时间用于表演之间的维护。有些机器人故意让自己看起来像机器人，而有些长得像动物——例如恐龙（见图10.6）——或人。在这些情况下，为了表现出真实皮肤的颜色和图案，机器人通常覆盖一层柔韧的被精细涂装好的橡胶皮肤。大多数这类电子动画机器人不具有自主性：它们会根据配乐播放预先录制的动画脚本。在极少数情况下，这类机器人或许具有有限的自主性，例如能够在观众发言时看向他们。位于华特迪士尼世界度假区的总统大厅的电子动画机器人就非常受欢迎。

图 10.6　电子动画机器人

10.3.3　艺术表演用机器人

机器人有时也用于艺术表演。最早的机器人艺术表演作品之一是 Senster，于 1970 年荷兰埃因霍温为 Philips 的 Evoluon 展览创作（Reichardt，1978）。Senster 是一个带有六个铰链关节的龙虾钳形状电动液压结构。它可以记录并响应来自环境的声音和运动。它一直展示到 1974 年才被拆解。近来，20 个 Nao 机器人在 2010 年上海世博会的法国馆日（6 月 21 日）进行了同步舞蹈表演。

不是所有艺术类应用都必须面向更广泛的群众。家庭剧院系统或许很快将名副其实。想象在未来你可以将《罗密欧与朱丽叶》的剧院脚本下载到机器人中，然后，你可以直接观赏机器人的表演，自己也可以参与其中。值得注意的是，无论过去还是现在，机器人的一个主要用途都是自动完成我们不想亲自完成的任务。例如，工业机器人的引进是为了将我们从复杂重复的手工劳动中解放出来。将我们实际很享受的任务自动化没有意义。这并不意味着机器人在剧院表演方面毫无用武之地，尤其是在机器人应该共同演出的剧目中（Chikaraishi et al.，2017）。

此外，机器人在表演艺术方面还有许多与人互动的方法，未来的社交机器人可以作为人类的替补做出贡献。例如，文献（Hoffman & Weinberg，2010）的作者开发了一款能够和人类表演者共同奏出爵士乐的马林巴演奏机器人。文献（Kahn Jr. et al.，2014）展示了在艺术创作环境下，机器人可以作为搭档增强人类创造力。文献（Nishiguchi et al.，2017）提出，开发能够作为演员与人类同台演出的机器人也是一种为机器人开发更多类人行为的途径。

10.3.4　性爱机器人

除了瞄准儿童市场的玩具机器人外，还出现了可以满足成人娱乐需求的具身机器人和虚拟现实（Virtual Reality，VR）接口。不同的机器人平台，例如平常所说的“性爱机器人”，提供了不同程度的类人外观和行为反应。Real Doll 公司开发出了超真实性爱人偶，目前正致力于在其基础模型上添加机器人功能，包括情感面部表达与反应。一些其他厂商已经开发出了数种性爱机器人的原型，然而无一进入市场。可以想象，性爱机器人产业将在未来几年里继续发展[⊖]。

10.4　医疗护理领域的机器人

医疗护理是机器人应用的重要领域。在这些领域，社交机器人可以为患者提供帮助、训练和转移注意力服务，从而改善医疗护理的结果。护理中使用的社交机器人被称为社交型辅助机器人（Socially Assistive Robotics，SAR）（Tapus et al.，2007；Fel-Seifer & Matarić，2011），目标用户通常为年龄较大的人（Broadbent et al.，2009；Broekens et al.，2009）。

10.4.1　适老机器人

尽管老年人和轻度认知障碍者是机器人开发者选中的主要目标受众（见图 10.7），开发者希望提供以技术作为媒介的社交、情感和认知方面的康复和转变，但其他目标群体也可以受益于社交机器人。

图 10.7　ElliQ 机器人（2019 年至今）被设计用于与老年人交互（来源：Intuition Robotics）

⊖ Levy（2009）记录了性爱机器的发展历史，并推测了未来我们与机器人的亲密关系。

例如，Paro 机器人是一个配备了传感器的海豹形机器人，该传感器让它可以在被抱起或轻抚时进行探测（见图 2.6）。它可以通过扭动和发出类似海豹的声音来做出反应。Paro 已经被用在许多对老年人的研究中，并且长期与 Paro 交互的积极的心理、生理和社会效果已经被记录下来（Wada & Shibata，2007）。该机器人在护理院被当作陪同伙伴，不仅可以刺激人与机器人间的交互，还可以刺激住院医师间的交互。这样能够在减少住院医师的孤独感的同时改善住院医师的生活质量。Paro 自 2006 年在日本开放商用，而在欧美地区则是从 2009 年才开始使用。有趣的是，尽管 Paro 在日本和欧美地区被许多个人购买家用，但该机器人几乎是专门对口医疗保健机构和公司的。此外，一些机器人——例如 NEC 的 Papero（见图 10.8），是仅在日本发放的。

图 10.8　NEC 公司的 Papero 机器人的不同版本已经可以使用，例如 Papero R-100、Papero Mini 以及 Papero i（1997 年至今）

机器人可以提醒人们按时服用药物（Pineau et al.，2003），并能够在家提供预手术或远程手术的帮助，以此减少医疗服务的成本（Robinson et al.，2014）。

10.4.2　为自闭症谱系障碍患者设计的机器人

患有自闭症谱系障碍（Autism Spectrum Disorder，ASD）的儿童与成年人是社交机器人的另一个应用群体。研究表明，患有 ASD 的人通常对机器人反应良好，并且已有大量的研究关注如何有效地使用机器人来辅助 ASD 治疗（Diehl et al.，2012；Scassellati et al.，2012；Thill et al.，2012）。许多类型的机器人已经用来帮助患有 ASD 的儿童（Robins et al.，2009；Pop et al.，2013）（见图 10.9）。其范围之广，包含了从 Kaspar 和 Nao 之类的类人机器人到 Elvis 和 Pleo 之类的动物形机器人。机器人行为的可预测性和机器人的非判断性特点被认为是使用它们与自闭症患者互动并在治疗干预中取得成功的潜在原因。机器人要么被用作治疗师和病人之间互动的焦点，要么被用来训练、提升儿童的社交能力以及调节、表达情感的能力。

a) Nao（2008年至今）

b) Elvis（2018年至今）

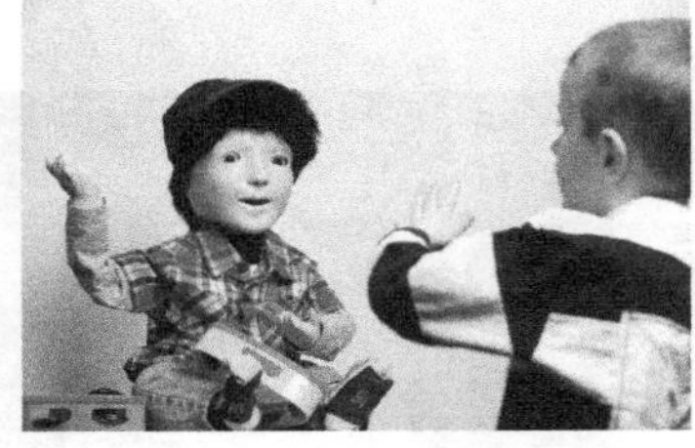

c) Kaspar（2009年至今）

d) Zeno（2012年至今）

图 10.9　用于ASD治疗的机器人（来源：Christoph Bartneck、Bram Vanderborght、Greet Van de Perre、赫特福德大学自适应系统研究组 Steve Jurvetson）

10.4.3　康复用机器人

机器人也被用于辅助身体康复。这可以通过提供物理治疗以及提供鼓励和精神支持来实现。研究表明，社交机器人在心脏锻炼过程中，通过提供鼓励和社交便利促进心脏的康复（Kang et al.，2005；Lara et al.，2017）。机器人也可以用来鼓励使用者接受健康的做法，改正不健康的习惯。例如，文献（Kidd & Breazeal，2007）给出了可以作为减肥教练的机器人，而（Belpaeme et al.，2012）提出机器人可以帮助诊断出儿童是否患上糖尿病。Kidd 的早期研究促成了一个机器人创业公司的成立，开发出了名为 Mabu 的保健机器人。

机器人也可以用作矫正或修复设备。通过机器人恢复下肢、手臂和手的功能已经引起了相当多的关注（Bogue，2009）。虽然这些发展在很大程度上是机电一体化的关注点，但在机器人假体的可接受性和可用性研究中，人 - 机器人交互仍有一席之地。

10.5 个人助理机器人

智能家居助手是一种放置在家中或办公室，通常由语音操作的不引人注目的设备。它是最近在云连接技术方面取得的出人意料的成功。亚马逊、谷歌、微软、苹果和三星等技术巨头都在竞相开发语音操作助手，有些公司还提供围绕这一技术开发的硬件产品。亚马逊的 Alexa、苹果的 Siri、微软的 Cortana 和谷歌助手在一系列设备上有所体现，这些设备的形状和大小从冰球到鞋盒不等。这些设备提供了大量的服务，但它们最常用于请求简单的信息，如时间、天气、交通或者音乐。这些设备只能参与时间非常短的社会交流，常常被限制于闲谈，比如讲笑话。

最近，许多商业企业已经开始提供社交机器人作为个人家庭助理，这也许最终会与现有的智能家居助手竞争。个人机器人助手是没有物理操作或移动能力的设备。相反，它们是独特的社会存在，有暗示社交能力的视觉特征，如眼睛、耳朵或嘴巴（见图 10.10）。它们可能是机动的，可以在房间里跟踪用户，留下一种它能注意到环境中的人的印象。尽管个人机器人助手提供类似智能家居助手的服务，但它们的社会存在为社交机器人提供了独有的机会。例如，除了播放音乐之外，社交个人助理机器人会表达它对音乐的参与，这样用户就会觉得他们在和机器人一起听音乐（Hoffman & Vanunu，2013）。这些机器人可以用作监控设备，充当交流媒介，参与更丰富的游戏，讲述故事，提供鼓励或激励功效。

a) Jibo机器人（2017—2018）

b) Nabatag机器人（2009—2011）

c) Buddy机器人（2018年至今）

图 10.10 个人助理机器人

（来源：Jibo 公司、Blue Frog Robotics）

10.6 特定用途服务机器人

服务机器人旨在帮助人类完成各种繁重的、通常被人称为“枯燥、肮脏和危险”的任务。这种机器人执行的任务通常是简单而重复的任务，通常不涉及与人的明确互动。HRI相关研究认为，当机器人在日常人类环境中工作时，它们会定期与人接触，此时会考虑这类机器人，例如打扫房间和送货的机器人以及提供个人帮助的机器人。

10.6.1 清洁机器人

清洁机器人被广泛应用于家庭。最知名的清洁机器人是Roomba，它同时也是目前商业上最成功的私人服务机器人。它是一个小机器人，直径约30厘米，有两个轮子可以驱使它四处移动，其灰尘传感器能让它知道哪里需要清洁，悬崖传感器能让其避免从楼梯上掉下来，当然，还具备吸尘能力。它可以在房子里随意移动，碰到墙时就转弯，一段时间后，它就会清理完整个房间（一般来说，宠物会严重阻碍这个目标的实现）。目前还有许多其他家用吸尘清洁机器人，例如扫地机器人Scooba。

每一个拥有宠物的Roomba用户都害怕遇到一个不幸但不可避免的事件：当宠物在房子的某个地方留下排泄物，Roomba若在主人清理之前遇到了它，就会把污物沾染到整个房子里。这些事件非常普遍，以至于iRobot做出了官方回应，警告Roomba用户，如果拥有宠物，不要在无人监管的情况下使用Roomba（Solon，2016）。

进入市场的商用服务机器人为HRI研究人员提供了研究人们在日常环境中如何回应和使用这种机器人的机会。Fink和Kaplan对用户家中的Roomba进行了人种学研究，以确定常见的使用模式，他们还注意到用户如何进行整理才能让Roomba完成其工作（Fink et al.，2013）。其他研究人员发现，用户有时倾向于将Roomba作为一种复杂的技术进行展示，有时又试图伪装或隐藏它们，因为它们被认为是不美观的（Sung et al.，2007；Sung et al.，2009）。文献（Forlizzi & DiSalvo，2006）还探索了人们的服务模型如何影响他们期望机器人与他们互动的方式，包括机器人在提供服务中犯错误（例如给用户带来错误的饮料）后的最佳恢复方式。

10.6.2 送货机器人

送货机器人能将物品从一个地方运送到另一个地方。亚马逊就在其仓库中使用了送货机器人。它们也可用于其他环境，如在医院使用Aetheon TUG机器人。一些酒店也使用机器人来将货物从服务台运送到客房。近来，人们在加利福尼亚州旧金山通过 Yelp 的 Eat24 应用程序让移动机器人送餐。许多初创企业都尝试供应送货机器人。尽管对于直接用户来说可能是令人满意的，但这些机器人有时对旁观者来说是个麻烦，因为这意味着他们不得不在已经很拥挤的城市街道上躲避机器人。文献（Mutlu & Forlizzi，2008）表明，部署 Aetheon TUG 送货机器人的医院病房的工作流程和患者档案可以极大影响机器人运行的成功与否。

10.6.3 安保机器人

机器人通常也被认为是家庭和公共场所的潜在安全保障人员。机器人保安 K5（见图 10.11）最近才出现在市场上，并已部署在一些商场。它会在环境中漫游，监控犯罪活动，并在感觉到可疑情况时向人类发出警报。作为服务机器人不被环境接受的经典案例，K5 机器人已经成为各种虐待行为的受害者，从加利福尼亚州山景城停车场的醉汉攻击，到试图赶走旧金山一个非政府组织门口的无家可归者时被浇烤肉酱，遭受了各种虐待（见图 10.11）。

图 10.11 Knightscope 公司的 K5（2013 年至今）

10.7 协作机器人

协作机器人在自动化行业越来越重要。传统的工业机器人通常很僵硬、很强壮，感知能力有限。正因为如此，才不允许人类靠近动力工业机器人。相比之下，协作机器人具有安全功能和机电一体化设计，可以在人附近操作，甚至与人一起工作。

一些协作机器人具有解释或产生社交信号的功能，比如Walt机器人，它的机械臂上有一张脸（见图10.12）。Baxter机器人（见图2.7）是一种双臂机器人，它能够在屏幕上显示一系列面部表情，发出各种内部状态的信号。例如，“表示尴尬的脸红”向人类同事发出信号，表示机器人不知道下一步该做什么。

在工业制造环境和一般工作场所部署协作机器人可能会从根本上改变“协作团队”的概念。在理想情况下，协作机器人应该能够帮助人类从工作中获得更多的乐趣，提高工作效率。在最坏的情况下，与机器人的合作可能会因人类和机器人角色的颠倒而适得其反，导致人类为机器人服务，而不是机器人服务人类。

图10.12 工作于布鲁塞尔奥迪汽车工厂的协作机器人Walt（2017年至今）正在为汽车零件涂胶水。它前灯形状的头上面有一张生动的脸，可以把它的内部状态传达给人类同事（来源：imec）

10.8 自动驾驶汽车

自动驾驶汽车本质上是让用户坐在其内部乘客座位上的机器人。尽管自动驾驶汽车还没有广泛应用，但大多数汽车现在都有某种形式的车载高级驾驶员辅助技术（Advanced Driver Assistance Technology，ADAS），如车道跟踪、自适应巡航控制、自动停车、预测制动、行人保护系统和盲点警告系统。这些系统中，许多都需要给汽车驾驶员提供一个有效的人机界面。此外，自动驾驶汽车需要允许它们翻译其他交通用户行为和意图的接口，以及向其他用户表达其意图的方式。汽车驾驶员使用各种各样的信号向他人传达意图。例如，在靠近人行横道时的减速行为可以向行人发出信号，表明他们已经被注意到了，并且可以安全通过。捷豹路虎提出了一种更明确的与行人沟通的方式，即在汽车上放上“金鱼眼”来表示注意力。

与驾驶员的互动不仅通过汽车的界面进行，而且通常需要自主技术来传达做出决定的原因。文献（Koo et al.，2015）展示了解释“为什么”采取某项行动（如自动刹车）的信息为什么比仅仅报告该行动的系统更受欢迎。

HRI 研究可以帮助人们理解交通用户和乘客对自动驾驶汽车的反应。文献（Rothenbücher et al.，2016）提出了一个范例，其中驾驶员伪装成汽车座椅，给人一种汽车是自动驾驶的印象（见图 10.13）。这种假象使得人们可以在不需要完全自动驾驶汽车的情况下，对人们如何感知和应对自动驾驶汽车进行仔细的控制研究。

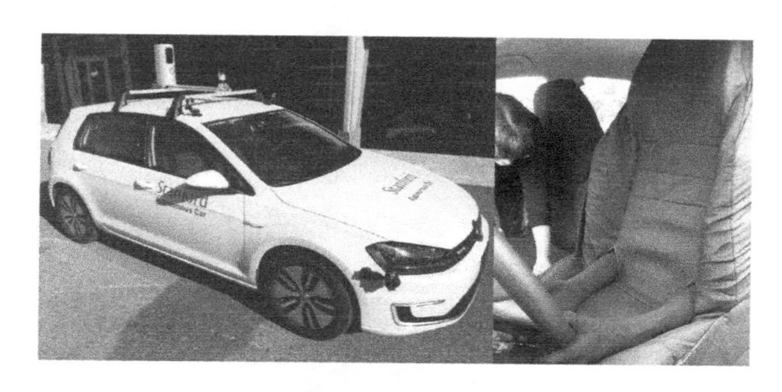

图 10.13 一个自动驾驶汽车的伪装模型，其中驾驶员被伪装成汽车座椅，以研究人们对自动驾驶汽车行为的反应（来源：Wendy Ju）

10.9 遥控机器人

遥控机器人已有数个应用实例。用于行星探索的机器人具有一定的自主导航能力，但也会接收来自地球上的人类操作员的命令。Packbot（见图 10.14）是一种用于军事环境的侦察机器人：人类操作员可以在搜索炸弹陷阱时远程操作 Packbot，从而为军用车辆扫清道路。同样在军事环境中，人类操作员可以在军事行动中从远处操作无人机[⊖]。在搜救场景中，操作员控制能在地面或天空移动的机器人来寻找有需要的人。远程显示机器人也开始出现在市场上，例如，可以用于远程演示或与不同地点的人进行交互。

在这些远程操作场景中，操作员通常需要与具有一定程度的自主能力的机器人

⊖ 据报道，军队中的人们越来越依赖机器人，尽管事实上这些机器人没有任何社交能力。军事机器人已经被任命，获得了战场晋升，并从其人类主管那里获得了荣誉勋章（Garreau，2007）。

共事。机器人具有自主导航的能力，而操作员需要提供有效目的地。机器人规避风险（例如，与障碍物碰撞或遭遇敌人攻击的风险）的能力可能会很差，因此操作员需要在机器人严重损坏之前进行干预。

操作员能够通过用户界面与遥控机器人互动（见图 10.15），因此，还有许多常见的 HRI 问题需要解决，就像其他类型的 HRI 一样。例如，机器人系统需要获得操作员适当程度的信任，不要太多，也不要太少。再比如，也需要考虑类似的伦理问题。例如，自主系统失败了，谁来负责？设计允许这种失败的自主系统是否合乎道德？

图 10.14　Packbot（2016 年至今）（来源：Endeavor Robotics）

图 10.15　T-HR3 机器人（2017 年至今）可以使用专门的用户界面进行远程控制（来源：丰田）

10.10 未来应用

本章介绍的许多应用现已实现。然而，随着技术的不断进步，未来还会出现其他类型的应用。例如，研究人员设想日常电器可以更加自动化和互联，例如智能家居中的设备网络。有些研究小组还设想，个人机器人可以为这种智能家居设备提供接口（Bernotat et al.，2016）。研究人员也开始探索人们对机器人家具和电器的反应。文献（Sirkin et al.，2015）研究了机器人软垫凳应该如何与人互动，并探索了与交互式抽屉柜的互动。Yamaji 等人开发了一套社交垃圾箱，利用接近和鞠躬等社交暗示来激励人们扔掉垃圾；他们还制造了一套机器人盘子，用户可以通过敲击桌子来召唤它们（Yamaji et al.，2010）。Osawa 等人研究了人们对拟人化家用电器（例如给冰箱配备眼睛或给打印机配备嘴巴使其能和用户说话）的反应（Osawa et al.，2009）。

机器人的未来发展也可能扩展现有应用领域的能力。例如，目前正在开发的保健机器人不仅可以提供陪伴服务，还可以监控用户的行为和健康状况（例如 Autom），同时也可以帮助完成日常生活任务（例如 Care-O-Bot）。教育机器人可能在辅导中扮演更积极的角色，特别是在第二语言学习方面（Belpaeme et al.，2015）。伴随其他领域基于数据的应用，机器人也可以利用它们的交互能力来收集用户的不同信息。我们可以期待机器人的感知和交互能力在我们生活的环境中分布得更广，通过各种不会立即被视为机器人的日常设备与我们互动。

10.11 机器人应用的问题

现存在各种各样的 HRI 问题，可能会阻碍机器人在商业市场上的成功以及在日常生活中的应用，其中包括机器人设计导致错误的期待，最终变成令人失望的期望，过度依赖、沉迷于机器人，虐待机器人，以及与机器人的接触将人的注意力从其他问题上转移。

10.11.1 期望问题

用户经常带着特定的期望与机器人进行互动，这些期望通常源于大众新闻媒体或小说中对机器人的描述。机器人的设计和呈现方式也可以激发用户的特定期望。例如，如果一个机器人会说英语，用户可能会期望它能够理解英语口语。机器人看起来越像人类，就越会被期望具备人类的能力。让用户失望可能会使机器人被认为是不合格的，因此人们将不再愿意使用它。然而，文献（Paepcke & Takayama，2010）表明，可以通过真实地描述机器人的能力来管理用户的期望，事实上，设定较低的期望比设定较高的期望更好。用户的期望也可以通过设计来管理，例如，许多社交机器人被设计成类似婴儿的外观以降低期望并增强对其错误的容忍度。

10.11.2 沉迷问题

有人担心机器人（尤其是社交机器人）会让人们过度依赖机器人设备提供的社交和物理互动。我们可以很容易地想象，在未来，有些人会更喜欢机器人作为互动伙伴甚至生活伙伴，而不是人类（Borenstein & Arkin，2016）。一种不那么极端的情况是，在某些互动中机器人比人更受青睐。虽然，这不一定会引起关注——例如，许多人已经更喜欢网上购物而不是去商店购物——但我们应该警惕用社交“机器人”互动取代社交人类互动的负面后果。还有人担忧，机器人将被视为友谊提供者，当然，这种状态对机器人来说是人造的，但可能会被人类用户认为是真实的（Elder，2017）。与机器人交谈可能是愉快的，甚至是宣泄式的，但这存在着风险，因为机器人能迎合用户，提供令人愉快的互动，这可能会让用户过度依赖机器人，导致人类渴望机器人的陪伴。由于机器人很有可能处于企业的控制之下，在某种程度上，人们担心依赖（甚至沉迷）机器人将使机器人广受欢迎。在设计机器人时，我们应该从与连接设备的交互中吸取教训（Turkle，2016）。

10.11.3 注意力盗取问题

正如我们已经在移动设备上观察到的那样，技术产品可以吸引我们的注意力[⊖]，机器人也可能导致“注意力盗取”。神经科学研究表明，我们的注意力会被动作和声音吸引，而当声音和动作生动且具有社会性时，这种情况会加剧（Posner，2011）。不管是无意的还是有意的，机器人都很容易带来“注意力盗取”的机会。在设计和部署机器人时，应该注意机器人应该有一种机制来识别何时不与用户接触或何时不通过其动作（无论多么无意）引起注意。在机器人可能会把人们的注意力从与人类互动的同伴身上吸引走的情况下，其设计部署更应该小心谨慎。

10.11.4 用户兴趣丧失问题

所谓的新颖性效应在HRI文献中经常被讨论，它是指人们对新实体给予更多的关注并表现出因为陌生而想使用它的倾向。然而，这种效应通常不会持续很久（Kanda et al.，2004；Koay et al.，2007b）。

研究人员在研究环境中测试了各种机器人应用，发现这种新颖性效应在任何地方都可以持续几分钟到几个月不等。因此，即使一个一次性的实验揭示了关于机器

⊖ 文献（Gazzaley & Rosen，2016）对我们的高科技时代的“阴暗面”进行了有趣的解读。

人的性能和评估的良好结果，我们也不能确定这种正面效果是否会长期占上风。目前需要进行纵向研究来进一步证明随时间推移仍能保持良好的 HRI。一个重要的目标是使机器人能够随着时间的推移和在多种交互中维持用户的兴趣（Tanaka et al., 2007；Kidd & Breazeal，2007；Kanda et al.，2007b）。

10.11.5　机器人虐待问题

HRI 的其中一个方面让该领域的研究人员有点惊讶，那就是机器人虐待。许多学者已经注意到，当机器人无人监督时，有时会受到人类的虐待（Brscić et al., 2015）。值得注意的是，与破坏行为相比，这种行为通常与恐吓和欺凌有更多的相似之处。考虑到机器人被人类视为社会智能体，这是十分合理的。儿童似乎特别倾向于进行机器人欺凌行为（见图 10.16），可能是因为他们有很强的人格化倾向，这也是他们发展社交技能的一部分。在一个购物中心的机器人现场实验中，儿童的虐待行为对机器人的功能造成了非常大的破坏（特别是当他们聚集在一起时），以至于研究人员最终对机器人进行了编程，使其避开儿童（Brscić et al.，2015）。

图 10.16　在购物中心一个孩子踢了机器人

机器人会遭到虐待，而旁观者不太可能干预，这种现象是机器人在公共场合的应用的一个问题。例如，在零售领域，虐待机器人会干扰业务，因此，为了避免这个问题，商店经理可能会犹豫是否配备机器人。目睹了虐待行为的访客可能会对机器人产生同情（尽管不太可能进行干预），这将导致负面体验。到目前为止，很少有实验研究为什么有些人会欺凌机器人。广泛理解这一现象有助于制定阻止虐待机器人的行为的策略，从而使机器人的功能更加顺畅。

10.12　结论

机器人市场正在扩张（Haegele，2016），但市场上的许多机器人仍然只具备有限的社会互动能力，例如宠物机器人和服务机器人。在导航领域，机器人已经取得了巨大的进步，送货机器人和自动驾驶汽车等应用就证明了这一点。但是，在部署任何该类技术之前，需要先进行实证研究和评估研究来测试和验证新技术，使其做好投入市场的准备。随着更多的研究在开放真实的环境中进行，研究人员很可能会为机器人提出新的应用概念，并找到现有机器人技术可以成功占领的新领域。

可供思考的问题：

- 试着想一些本章还没有提到的未来的新应用。对于想到的每种应用，简要描述可能的技术问题和解决方案。
- 假设你能够给出应用的技术解决方案。考虑一下其市场潜力：谁是目标用户，机器人价格有多高，哪些消费者愿意购买相应的机器人？
- 假设应用在技术方案和潜在市场方面是成功的。它们会引起什么问题？如何避免或减少此类问题？

延伸阅读：

- International Federation of Robotics. World Robotics Report. (Part of the report is free to download: `https://ifr.org/free-downloads/`).
- Joost Broekens, Marcel Heerink, Henk Rosendal, et al. Assistive social robots in elderly care: A review. *Gerontechnology*, 8(2): 94–103, 2009. doi: 10.4017/gt.2009.08.02.002.00. URL `https://doi.org/10.4017/gt.2009.08.02.002.00`
- Martin Ford. *The rise of the robots: Technology and the threat of mass unemployment.* Oneworld Publications, London, UK, 2015. ISBN 978-0465059997. URL `http://www.worldcat.org/oclc/993846206`
- Iolanda Leite, Carlos Martinho, and Ana Paiva. Social robots for long-term interaction: A survey. *International Journal of Social Robotics*, 5(2):291–308, 2013. doi: 10.1007/s12369-013-0178-y. URL `https://doi.org/10.1007/s12369-013-0178-y`
- Omar Mubin, Catherine J. Stevens, Suleman Shahid, Abdullah Al Mahmud, and Jian-Jie Dong. A review of the applicability of robots in education. *Journal of Technology in Education and Learning*, 1(209-0015):1–7, 2013. doi: 10.2316/Journal.209.2013.1.209-0015. URL `http://doi.org/10.2316/Journal.209.2013.1.209-0015`
- Illah Reza Nourbakhsh. *Robot futures.* MIT Press, Cambridge, MA, 2013. ISBN 9780262018623. URL `http://www.worldcat.org/oclc/945438245`

社会中的机器人

本章内容包括：

- 媒体对人 – 机器人交互的影响；
- 媒体对机器人的刻板印象；
- 对人 – 机器人交互的积极和消极的看法；
- 设计人 – 机器人交互研究的伦理考虑；
- 机器人满足用户感情需求的伦理问题；
- 机器人行为的困境（例如，机器人被有道德地对待的权利）；
- 机器人劳动力的增加所造成的失业问题。

对社会中机器人的讨论经常让我们对机器人的现在、将来，以及其不同任务和环境中使用时所产生的伦理后果产生设想。对于机器人将如何影响我们的观念以及与其他人交互的问题，研究者、媒体、大众产生了争论：新型机器人科技将会对劳动的分配与关系产生什么样的后果，在社会以及伦理上合理运用机器人又应该考虑些什么。这类探索对人 – 机器人交互十分关键，因为对人 – 机器人交互研究的社会意义、重要性以及结果的理解将会确保新型机器人科技适合我们的社会价值观。为了理解机器人如何适应我们的社会，我们从文化、历史、价值以及实践的角度来对人 – 机器人交互进行广泛的观察，以上方面在人们用来认识身边世界时提供了背景信息和工具，机器人也将一同享有这些。

本章着眼于小说和电影探讨机器人，因为这两种流行文化对于我们如何幻想社会中的机器人科技有很大的影响。本章同时考虑在社会上引入和使用机器人所产生的伦理问题，从而思考在塑造未来的人 – 机器人交互时，我们将如何把我们的价值观以及优先事项考虑进去。

11.1 大众媒体中的机器人

最近观众以及影评人喜好的电影有哪些？有哪一部电视连续剧走红，有哪一集人人在讨论？以上有包含机器人吗？如果有的话，这些机器被描绘成什么样子？

深入文学及其他媒体，不难发现机器人对于科幻作家以及狂热的粉丝来说总是一个“热点话题”。

过去，有关人造人类生命的故事（比如犹太民间传说里那个有生命的泥人Golem）已经流传了几百年。卡雷尔·恰佩克（Karel Čapek）是最早使用“robot”（机器人）这个词的作家，这个词最早出现在1921年首次公演的剧作（见图11.1）——《罗素姆万能机器人》。在这部剧作中，机器人接管了世界并杀光了几乎所有人类。两个机器人却开始流露出对彼此的感情，最后一个幸存的人类认为它们就是新的亚当和夏娃。

图11.1 1921年Čapek的剧作——《罗素姆万能机器人》的一幕，该剧展示了机器人反抗人类主人的故事

现在回想一下你第一次听说机器人的时候，第一次邂逅机器人应该是发生在荧幕上的。如今的计算机图形几乎可以使任何东西可视化，因此，电影里对机器人的描绘可能会非常离奇。例如，电影中会描绘反重力飘浮的机器人。现实中，具有这种硬件特征的机器人几乎是不存在的。书籍、电影、戏剧、游戏等艺术载体所描绘的机器人塑造了我们对机器人的认知与理解，并因此使我们的观念产生偏差，特别是因为这些是大多数人仅有的机器人经历。我们正站在一个有趣的历史节点上：一方面，越来越多的机器人将要进入我们的生活；但另一方面，我们对机器人的所有了解几乎都来自媒体。当人们与机器人交互的时候，因科幻小说所激起的期待与机器人的实际功能所产生的差距通常会让我们失望。这就是为什么了解大众媒体对机器人的描述并在设计那些会被展示在公众面前的机器人时加以考虑十分重要。

作为免责声明，我们必须承认：考虑所有书、电影、游戏、报纸或戏剧中所提到的机器人是不可能的。它们的数量极大地超越了我们有限的处理能力。但面面俱到地回顾那些机器人，在我们看来没有必要。我们相信从媒体中的典型机器人中，我们依旧可以得到一些有效的结论。

11.1.1 机器人想要成为人类

在许多故事中，机器人被描绘成想要成为人类，即使它们在力量以及计算能力等许多方面都比人类更优越。这种想要成为人类的渴望是艾萨克·阿西莫夫（Isaac Asimov）《机器管家》中的故事主线，书中名叫安德鲁·马丁的机器人一生都在努力、想要被承认为人类（Asimov，1976）。这本书是1999年放映的同名电影的基础。除了在肉体上更加像人，安德鲁·马丁同时为了得到全部的法律地位而奋斗着。为了获得法律地位，他甚至准备接受必死的命运。

其他的机器人，比如根据菲利普·K. 迪克（Philip K. Dick）的小说改编的电影《银翼杀手》中的复制人瑞切尔，甚至不知道自己是机器人（Dick，2007）。2004年电视连续剧《太空堡垒卡拉狄加》里类人的塞隆人也是一样的。

相反，有关机器人角色意识到自己机器人本质的最好例子就是电视连续剧《星际迷航：下一代》中的达塔。达塔比人类更强壮，拥有更多计算能力，并且不需要睡眠、营养或是氧气。尽管如此，它的角色被设定为渴望变得更像人类。让达塔最与众人不同的关键方面就是它缺乏情感。同样，根据布里安·阿尔迪斯（Brian Aldiss）的短篇小说《玩转整个夏天的超级玩具》改编，由斯蒂芬·斯皮尔伯格（Steven Spielberg）执导的电影《人工智能》同样采用了缺少情感的主要前提（Aldiss，2001）。因为机器人缺少情感，威廉·赫特（William Hurt）扮演的艾伦·霍比教授制造了没有爱的机器人大卫。同样，科幻作家认为情感是所有机器人所缺少的。但事实上，一些感情计算系统早已成功地实现。计算机系统实行所谓的OCC **情绪模型**（Ortony et al.，1988）就是最好的例子。尝试使机器人更加人类化而让其拥有情感将因此成为典型的故事线。

这条故事线更微妙的变化是电影《星际穿越》里所描绘的可调节忠诚、幽默程度的机器人。下面是飞船船长库珀与机器人塔斯的对话：

库珀：嘿，塔斯，你的忠诚度参数是多少？

塔斯：90%。

库珀：90%？

塔斯：绝对的忠诚在和有情感的生物交流方面并不能达到很好的效果，也不安全。

库珀：好吧，就90%了。

虽然机器人自己不会有情感，但它们会被要求和拥有情感的人类互动，因此让它们处理情感，甚至相应地调整它们合理的行为是很有必要的。

这些取自现代电影的典型例子只是冰山一角，但它们阐述了人们与人类能力所不及的实体对比的坚定渴望。一百年前就已经出现比人类更强大的机器人了，尽管它们的能力体现在生理上而非心智上。目前，我们可以看到人工智能领域的主要进展。1997年5月11日，IBM的“深蓝”（Deep Blue）在与当时国际象棋世界冠军的对弈中首次取胜。2011年，IBM的Watson在智力竞赛节目*Jeopardy*上以竞争者的身份取胜。2017年，谷歌的DeepMind AlphaGo战胜了世界第一棋手——柯洁。根据这种进步，不难想象未来的机器人将既聪明又强壮，使人类处于劣势。同时，计算机与机器人只在特定的任务领域取得了很大的成功，所以人类或许在适应不同任务背景并举一反三的能力上有优势。小说故事让我们在沙发上就可以探索这些结果以及其他可能性。

11.1.2　机器人对人类构成威胁

小说中的另一个典型故事线就是机器人起义。简而言之，人类创造了智慧且强壮的机器人，机器人为了获得资源决定接管世界并奴役或杀死所有人类（Barrat，2015）。如上文所说，卡雷尔·恰佩克最初的戏剧早已引入了这段剧情。回到达塔的例子中，它的“兄弟”洛尔拥有情感芯片。洛尔不想成为人类，而是想奴役人类。其他典型的例子有《终结者》（Cameron，1984）（见图11.2）、《太空堡垒卡拉狄加》《黑客帝国》以及《我，机器人》中所描绘的机器人。《我，机器人》根据艾萨克·阿西莫夫的同名书（Asimov，1991）改编。阿西莫夫创造了词汇“弗兰肯斯坦情结”来描述这个典型的故事线。

这个故事线基于两个假设。第一，机器人像人类。这些电影中的机器人在外表、思维、举止上被设计得更像它们的创造者。但是，它们在力量以及智力上都超过了它们的创造者。第二，一旦它们与“低等”的人类交互，机器人会使他们失掉人性，这也是人类历史上同样常见的主题。许多殖民势力宣布土著居民不是人，企图证明其暴行有理。相应地，因为机器人很像人类，它们同样也会奴役并杀死人类。然而，这作为根本原因过于简单了。这种感知到威胁的问题在心理学著作中也被强调了（Ferrari et al.，2016）。如果你想了解更多感到被机器人威胁的心理学，那么可以读一下文献（Zlotowski et al.，2017）。

11.1.3　卓越的机器人

若干科幻小说作家早已对未来优秀机器人悄然改变人类社会的场景做出了设想。艾萨克·阿西莫夫在《基地前奏》中描述了一个机器人首席部长Eto Demerzel（又名R. Daneel Olivaw），它将帝国管理得很好（Asimov，1988）。有趣的是，它隐藏了它的机器人本质。它是一个外表看起来很像人类的机器人，但要诉诸很多策略来混入人类。例如，它会吃食物，尽管事实上它无法消化食物。它将食物集于一个袋子，随后将其倒空。在这里，我们设想一个超级物种在幕后帮助人类社会。

图 11.2 终结者

机器人邪恶、人类善良的观念在西方文化里最为根深蒂固。机器人在日本媒体中极为流行，我们可以观察到人类和机器人不同的关系：机器人（比如“铁臂阿童木”以及机器猫）是在日常生活中帮助人类的善良角色。这种对机器人社会用途与重要性的宣传，经常被认为是由于日本有大量的个人及家用机器人，相较于西方社会有更高的认可度。

11.1.4 人与机器人的相似之处

之前描述的典型故事都探索了人类和机器人相似到何种程度的问题。从概念角度来看，机器人经常被以某种方式来描绘，那就是强调其身体与思想方面与人类的相似之处或缺乏之处（见表 11.1）。迪克逊（Dixon）通过陈述艺术家探索机器实体化的两个主题（机器人的人性化以及人类的去人性化）时由来已久的恐惧和入迷来支持这个观点（Dixon，2004；Haslam，2006）。

表 11.1 剧场中人－机器人交互的话题

身体	思想	
	相同	不同
相同	第一类	第二类
不同	第三类	第四类

这四种类型可以融合。以达塔为例，从外表来看，他看起来很像人类，相应地设定了我们的期待（第二类）。如果达塔能毫发无损地进入太空，那将是戏剧性且令人惊讶的。在电影《普罗米修斯》中，由迈克尔·法斯宾德（Michael Fassbender）饰演的人形机器人大卫在外星行走的时候身穿太空服。穿着这身服装并没有实际作用，因为大卫不需要空气。下面的对话就透露了这一点：

查理·霍洛威： 大卫，你为什么要穿着太空服？

大卫： 你说什么？

查理·霍洛威： 还记得吗，你不需要呼吸？所以，为什么要穿太空服？

大卫： 我被设计成这样，因为你们人类和同类交流更舒服。如果我不穿太空服，就与目的不符了。

同样，具有人的外形让我们有了期待，当与人类的差异显露出来时，就会让观众感到惊讶。Godfried-Willem Raes 和他的机器人乐队进行了一次不同的尝试。他在他的戏剧表演中强调了机器人和人类的平等（第一类）。他认为：

> 如果这些机器人无所隐瞒，当它们的功能取决于人类的输入以及交互时，人类的输入也应当是无所隐瞒的。坦率的人类与坦率的机器人在对抗时显示出一个基本的事实：人类事实上也是机器，尽管比起音乐机器人更加精致且有效率。

1986 年的电影《霹雳五号》中的约翰尼五号就是第三类的例子。尽管其具有特殊的机器身体，但它确实会表达人类情感，这表明它与人类的思想有相似之处。

11.1.5 对机器人的科学叙述

Ben Goldacre 指出了媒体是如何促使大众对科学的误解的（Goldacre，2008）。媒体经常使用的两种叙述方式是恐怖科学故事和古怪科学故事。

自动驾驶汽车可以被看作人－机器人交互的一种形式，如今引起了巨大的关注。由特斯拉、Waymo（Alphabet 公司旗下子公司）以及其他公司提供的交通事故统计数据表明，它们做得比人类要好。例如，特斯拉展示了开车时使用自动驾驶功能极大地降低了发生交通事故的概率[1]。然而，这份调查没有考虑如今特斯拉的自动驾驶功能未在城市环境中运行的事实。因此与全部的交通事故统计数据对比是存在问题的。不过，真正发生的事故却在新闻中吸引了不对等的关注。很多案例甚至在国际新闻的报道范围内，例如优步在2018年致命的车祸。这种关注可能会影响并阻碍这种技术的采用。

几乎所有记者在采访HRI研究者时都会问到一个问题，那就是机器人何时会统治世界。这么问就是为了写一篇恐吓大众并因此引起关注的文章。标题为“机器人无害且几乎无用”的报道很可能不会被发表。但那就是多数人－机器人交互项目在目前情况下的实质。“机器人何时会统治我们的世界”强调了我们内在的恐惧以及对人－机器人交互的迷恋。我们像机器人吗？机器人像我们吗？如果像我们的话，超级机器人在面对“低等”的生物时会表现得像人类一样吗？

我们或许应该问自己，为什么这些问题在媒体上如此经久不衰。最明显的原因就是故事应该有冲突以制造张力。一个所有人都开心生活在一起的虚构世界不太可能吸引观众的注意力。将机器人相对于善良的人类定性为邪恶的，不仅是为了制造冲突，也是为了触发群体效应。我们人类认为需要抵抗“外部团体”机器人来自卫。引入无法区别于人类的机器人将挑战这种划分，比如《太空堡垒卡拉狄加》以及《西部世界》中。这制造了很大的不确定性，不确定性反过来又制造了张力。阴暗视角下的显著例外有马特·格罗宁（Matt Groening）的电视连续剧《飞出个未来》以及杰克·施莱尔（Jake Schreier）的电影《机器人与弗兰克》，它们都描绘了一幅未来人与机器人和谐共处的画面。在电影《她》中，由杰昆·菲尼克斯（Joaquin Phoenix）饰演的主角西奥多甚至爱上了他的AI手机萨曼莎（Jonze，2013）。

古怪科学故事不经常发生，然而却仍能吸引注意力。一个可以“手上发光并自动给礼拜者祝福”的机器人牧师只是那些娱乐成分多于科学进展成分的新闻故事中的一个例子（Berghuis，2017）。

对于人－机器人交互的研究者，媒体的新闻报道有展示他们成果的巨大潜力，不过也蕴含巨大的风险。记者可能倾向于写恐怖科学故事或古怪科学故事。因此，建议研究者多参加许多大学和研究机构提供给其员工的媒体培训讲习会。和媒体对话时的一个总体指导方针是坚持已经做过的研究结果，避免关于还未出现在研究里的话题的大胆推测。最好能事先询问会提问哪些问题，可能的话，在发表之前要求浏览文稿，从而改正一些误解。

人－机器人交互研究者不能回避媒体、小说或其他方面中机器人的表现形式以

---

[1] https://www.tesla.com/blog/q3-2018-vehicle-safety-report

及引出的相关恐惧。在人－机器人交互研究中，我们邀请人们和机器人建立关系，与机器人交互的每一个人对机器人能做什么、不能做什么都有偏见和预期。这些偏见和预期来自科幻小说以及媒体报道，而非科学研究年鉴。

11.2　人－机器人交互中的伦理

开发并售卖随你所想且永葆青春的性爱机器人是否可行？你会让护理机器人而不是人类护士来照顾你的父母吗？

机器人专家与哲学家同样关注机器人学中的伦理问题，创造了一个叫“机器伦理学”的学术共享领域。人－机器人交互学者们制定了五条伦理规则，称其为机器人学准则，从而引起人们对人－机器人交互中伦理地位更广泛的关注[⊖]。伦理规则依然是大众文学中讨论的话题，特别是著名的“机器人三定律”。

艾萨克·阿西莫夫（1920 年 1 月 2 日—1992 年 4 月 6 日；见图 11.3）提出了使人类免受机器人伤害的机器人三定律。

（1）机器人不得伤害人类，也不得允许人类被伤害而无动于衷。

（2）机器人必须遵守人类的命令，除非命令与第一条定律相冲突。

（3）在不违反前两条的情况下，机器人必须保护自身。

尽管阿西莫夫的作品在公众媒体中有很高曝光量，却被哲学家批判过。阿西莫夫最终加了一条第零定律：

（0）机器人必须保护人类整体利益不受伤害。

图 11.3　艾萨克·阿西莫夫（1920 年 1 月 2 日—1992 年 4 月 6 日）

⊖ https://www.epsrc.ac.uk/research/ourportfolio/themes/engineering/activities/principlesofrobotics/

这显然给出了一些有争论的问题，例如在未来社会中普遍存在的机器人部署，如家用、护理使用，自动武器系统以及自动驾驶汽车研发产生的影响，或是积极一点的依恋型机器人的发展。

目前，许多机器人研究项目都把机器人想象为“奴隶”，从某种意义上说，它们代表人类行事，比如杀害他人或满足人类心理亲近及性需求。这其中的部分项目甚至由官方机构资助。同时，也有明显的反对运动，比如“反对杀手机器人”的运动[⊖]。作为负责的研究者，我们应当考虑为了达到这些对未来的幻想所采取的步骤中的伦理意义（Sparrow，2011）。下面将讨论一些人 – 机器人交互研究中普遍关心的伦理问题。

11.2.1 研究中的机器人

作为一名着手在人 – 机器人交互方面进行实证研究的学生，你或许计划设计一个看似行为自动化的机器人来进行实验。即使这样，也必须考虑伦理问题，因为你或许会选择通过 WoZ 方法来控制机器人从而欺骗参与者。这样，你就可以让参与者相信机器人拥有某种特定功能，尽管事实上，是你在背后控制机器人的这种行为。这种方法的问题是有关机器人能力的假象会让使用者对机器人的能力的期待提高，从而产生偏差。这会使他们认为机器人技术已经比实际更为发达（Riek，2012）。

另外一个应该考虑的关键是在研究项目中把机器人作为有说服力的传播者。先前在说服技术上的研究表明机器人可用来操纵人类改变其态度以及行为（Brandstetter et al.，2017）。被成功影响的行为包括有关健康的习惯，比如锻炼或保持营养膳食（Kiesler et al.，2008）。即使会让人们改变其有关健康的习惯，比如少吸烟、多锻炼，如果它们在没有得到用户的同意或用户不知晓正在被影响的情况下利用与用户的社交关系对其产生影响，那么因该目的而工具化社交机器人也将引发伦理问题。

11.2.2 满足情感需求的机器人

1. 机器人的照顾

想象研究者给予你的祖母一个陪伴机器人。他们告诉她这个新科技朋友会在接下来三周陪她待在家中。在这三周里，她每天都和机器人交互，随着时间的推移，她逐渐依恋上它。机器人会定期邀请她做记忆游戏。它会询问她过得怎么样，睡得怎么样；它会陪伴她，从不与她争吵。她对于新同伴很喜欢，生活也很棒。这一切

⊖ https://www.stopkillerrobots.org/

只发生在研究者让她填写问卷并把机器人带走前。老年生活护理中心的枯燥日常又悄悄回来了，她甚至觉得比以往更孤独了。

这一简短的设想让我们窥见了获得依恋（不仅是对于人，也对于像机器人一样的物体）的心理学经验。人-机器人交互研究者已经表明，人们很容易依恋上机器人，即使它们仅短暂地进入他们的日常生活（Šabanović et al.，2014；Forlizzi & DiSalvo，2006；Chang & Šabanović，2015；Kidd & Breazeal，2008）。当对社交机器人进行案例研究并且机器人在研究结束后要被交还时，撤去这份关心以及"人造情感"所造成的情感后果及社交结果显然也需要考虑。

其他研究阐述了采用小型机器人的有益一面，比如采用治疗机器人 Paro（Wada & Shibata，2007；Shibata，2012）或机器狗 Aibo（Broekens et al.，2009）。这些机器人虽不能做任何乏味的体力劳动，但它们可以提供陪伴服务。考虑到看护者所负担的繁重工作，任何安慰，即使很小，也很受欢迎。

文献（Sparrow & Sparrow，2006）在机器人照顾方面提供了有趣的观点，成了文学上的经典。作者认为，即使当机器人照料者可以发展为给予很好的情感以及身体照顾时，将照顾任务外包给机器人依旧有伦理隐患。原因是，友谊只有发生在两个有能力相互体验关爱及关心的实体间才会有意义。模仿的关爱，无论多么完美，都不会代替真实关爱。这种关系可能会损害人的尊严。这让我们思考与机器人发展深入情感依恋的伦理问题。

2. 对机器人的情感依恋

对机器人的情感可以加深并且超过（简单的）照护情感。比起同类，人类可能更偏爱机器人的陪伴。想象一个可以真实地模仿友谊以及情感上的支持的社交机器人。这种"理想的机器人朋友"拥有人类朋友的所有能力，从不抱怨，学着不去惹恼它的主人。慢慢地，人们比起他们的同类会更喜爱这些机器人同伴，因为同类朋友无法达到机器人所提供的高标准。这样的未来值得向往吗？

即使用户可能会将所有人类的特性设计进机器人里，机器人也不会和人类一样体验那些特性，因此，这种表现的真实性可能会被质疑。不过，机器人有时被特殊设计来表达正确的意思，有意地促进和它们的关系。人与人交互时感觉的真实性非常重要，我们不知道机器人基于计算而不是对情感的感知来表达它们自身时，人类会怎么回应。

有一些人对机器人感到亲密，超越了人机友谊。更大的问题是，促进人机情感纽带是否是可取的（Borenstein & Arkin，2016）。毕竟，我们要意识到人机之间的情感联系可能会是不对称的。然而，人类对于机器人的情感回复可能是满意的，不论机器人是否有人类的依恋感觉。

3. 机器人劝说的伦理意义

语言是动态发展的，所有对话的参与者都通过语言使用来影响其进程。新词会出现，现有词的意思会改变，还有些词已经不再使用。我们可以用 Siri、Cortana 或 Bixby 来控制我们的手机、住宅或购物活动。熟悉度会影响我们对概念、政治主张以及产品的态度，这被称为“单因接触效应”（Zajonc，1968）。人们越常听到一个词，他们对这个词的态度就会越来越正面。总有一天，如果你的智能购物机器人可能提议购买“百事可乐”而不是购买“可口可乐”。问题是由谁来决定我们的人造机器人的用词。

机器人拥有瞬间从网络同步它们词汇的能力。甚至大众传媒都不能与这种级别的选词能力匹敌（Brandstetter et al.，2017）。因为其拥有以类人方式交流的能力，机器人可以成为有说服力的交流者。不过，这也伴随着不好的影响：我们甚至没注意到，电脑和机器人可以影响我们的用词以及我们对那些词的感觉。这可能早已发生了，我们需要提升媒体以及语言的能力，以抵御其对我们观点的影响企图。伴随着我们与科技形成的个性化且亲密的关系，我们变得更加脆弱。我们可能会花更多时间在手机上而不是父母和朋友身上。

此外，据我们所知，目前还没有规定或政策来监管具有大量信息的科技公司（如谷歌、亚马逊或 Facebook）语言使用的影响，尽管有关于“假新闻”的担忧以及难以在网络环境从谣言中去伪存真。监管我们语言的发展或许是一个更好的尝试，只是在一定程度上，应该让它顺其自然地变化。手上有了更强有力的工具后，我们需要保证没有公司会在未得到我们允许的情况下影响我们的语言，同时保证我们所设计的机器人不会变成一个额外的说服及误导的科技产品。

4. 归纳对机器人的虐待行为

被认作社会智能体有一个缺点：并不是所有的社会行为都是正面的。在一些被留在公共场所无监管的自动机器人所参与的现场试验中，发现人们尝试威胁并欺凌机器人（Brscić et al.，2015；Salvini et al.，2010）。值得注意的是，人们表现出的侵犯似乎与人与人之间的侮辱很相似，比如踢、掌掴、辱骂以及在机器人礼貌询问后拒绝让路。更加有损机器的侮辱（比如拔掉电源插头或是切断电线），都没有观察到。

机器人一般不会体会到任何痛苦或耻辱感，所以当人们在掌掴机器人时可能会比机器人面临着更大的危险，因为人类的手会受伤。但比起欺凌者身体上的完整性，还有更多问题需要考虑。欺凌机器人被认为是道德上的冒犯，尽管没人因此受伤，用暴力来回应依旧被认为是错误的，不应该鼓励（Whitby，2008）。另外，学者们认为，如果这种行为是可以被接受的，那么这种行为可能被延伸到其他的社会个体，比如动物和人类（Whitby，2008；De Angeli，2009）。这种将负面行为从类人个体传播到真实人类的行为被认为会发生在其他领域，比如暴力电脑游戏（Sparrow，2017；Darling，2012），并在一段时间内成为一个热议话题。我们仍需要更多这方面的研究。

一个相关的问题是与机器人的交互可能会提高对其他人类行为的期待。这在性爱方面被认为是极其危险的。机器人很容易被设计成任何时候都渴望性交，完全满足用户的各种愿望，且自身并没有任何需求。这可能会改变人们对与亲密伴侣间正常或合适行为的看法。

如果机器人是针对人类参与的性行为而特别设计的，那么这会变得更加有问题。例如，有些性爱机器人会被设计成不允许甚至反抗性行为以此来满足人类的某种幻想。一些学者认为这些机器人行为的设计在伦理上是不合适的（Sparrow，2017）。

11.2.3 工作场合的机器人

人们一直担忧“机器人会接管世界”以及“机器人将会在就业市场上取代人类。”在工业革命之后，人类一直用机器取代手工劳动，机器人也不例外。机器人帮助我们提高生产效率，从而提高我们的生活质量。尽管机器人确实接管了特定的工作，但它们也创造了一些新的就业岗位，特别是需要严格训练的专业人士的岗位。社会正面临的问题是被机器人取代的人需要找到新的工作，这可能要求他们接受另外的培训或学习。这对于财力或智力受限的人来说，可能是有问题的甚至是不可能实现的。

一些领域（比如教育领域）并不欢迎机器人进入工作场所。文献（Reich-Stiebert & Eyssel，2015）表明，人们更希望机器人做助教而不是主讲老师。他们还对机器人使用和维护表示担忧，特别是担忧这会占用他们的时间并分散他们的注意力。有趣的是，小学老师极其不情愿学校中有机器人，可能是因为在他们看来，小学生更易受伤。对这种消极态度和对教育机器人的行为倾向的预测因素的分析表明，技术保障是积极态度的关键预测因素。也就是说，那些乐于接受新技术的老师通常对机器人以及未来在教室中使用机器人持积极的态度。人们关心的另一个机器人应用领域是家中的辅助机器人（Reich-Stiebert & Eyssel，2015，2013）。同样，科技保障预示人们在生活中不情愿接受机器人。

文献（Haegele，2016）指出，在接下来的几年中，越来越多的机器人将会出现在市场上。它们是否被社会认可仍是个挑战，为促进社会对机器人的认可，对于有关科技的态度以及如何改变它们的进一步研究是有必要的。

11.3 结论

意识到机器人、人类以及他们的交互是涉及不同人、技术、机构以及风俗的广大社会中的一部分是很重要的。在这些不同的社会和文化背景中，人们会根据之前对小说以及大众媒体的接触持有对机器人的不同初始看法。机器人的潜在用户有不同的社会和文化价值观及准则。这些小说以及价值观会影响人们对机器人的看法和反应，也会影响机器人影响现存社会结构及风俗的方式。人 - 机器人交互研究者在设计并于社会中部署机器人时，应意识到流行文化及价值观，并对其保持敏感，同样应该考虑是否让机器人重现或挑战现存的风俗和准则。

可供思考的问题：

- 你最新看的描绘机器人的电影、电视连续剧或书是什么？
- 列出你最近在电影或电视连续剧中看到的机器人主角的特征。它们有哪些能力？它们表现得像人类吗？它们对人类构成威胁吗，它们拯救了世界吗？
- YouTube 之类的新媒体形式对改变人们对机器人的期待是否有效？
- 想想被机器取代的职业。你想到了哪个？这种代替有哪些潜在的好处或不好的影响？
- 有没有你愿意让机器做的事情？哪件事情你不愿意让机器来做？你觉得别人对你的选择可能有怎样的看法——谁会反对？
- 讨论用社交机器人安慰孤寡老人是否符合伦理。描述相关的问题，给出你的观点。
- 在可获得高度智能机器人的未来，开发机器人保姆或机器人老师是否符合伦理？描述潜在的问题。
- 有些人 - 机器人交互研究是启发性的或引人深思的，例如，文献（Bartneck et al.，2018）中人 - 机器人交互中的种族主义。进行有争议的人 - 机器人交互研究是否符合伦理？有没有特定的主题（比如宗教）是人 - 机器人交互不能涉足的？

延伸阅读：

- Spike Jonze. *Her*, 2013. URL `https://www.imdb.com/title/tt1798709/?ref_=fn_al_tt_1`
- Isaac Asimov. *The Robot Series*. 1950–1986. [this collection consists of several books that were never formally published as a series]

- Jake Schreier. Robot and Frank, 2013. URL https://www.imdb.com/title/tt1990314/
- Amanda J. C. Sharkey. Should we welcome robot teachers? *Ethics and Information Technology*, 18(4):283–297, 2016. doi: 10.1007/s10676-016-9387-z. URL https://doi.org/10.1007/s10676-016-9387-z
- Peter W. Singer. *Wired for war: The robotics revolution and conflict in the twenty-first century.* Penguin, New York, NY, 2009. ISBN 9781594201981. URL http://www.worldcat.org/oclc/857636246
- Gianmarco Veruggio, Fiorella Operto, and George Bekey. Roboethics: Social and ethical implications. In Bruno Siciliano and Oussama Khatib, editors, *Springer handbook of robotics*, pages 2135–2160. Springer, 2016. ISBN 978-3-319-32550-7. doi: 10.1007/978-3-319-32552-1. URL https://doi.org/10.1007/978-3-319-32552-1
- Edmond Awad, Sohan Dsouza, Richard Kim, Jonathan Schulz, Joseph Henrich, Azim Shariff, Jean-François Bonnefon, and Iyad Rahwan. The moral machine experiment. *Nature*, 2018. ISSN 1476-4687. doi: 10.1038/s41586-018-0637-6. URL https://doi.org/10.1038/s41586-018-0637-6
- Robert Sparrow. Robots, rape, and representation. *International Journal of Social Robotics*, 9(4):465–477, Sep 2017. ISSN 1875-4805. doi: 10.1007/s12369-017-0413-z. URL https://doi.org/10.1007/s12369-017-0413-z
- Patrick Lin, Keith Abney, and George A. Bekey. *Robot ethics: The ethical and social implications of robotics.* Intelligent robotics and autonomous agents. MIT Press, Cambridge, MA, 2012. ISBN 9780262016667. URL http://www.worldcat.org/oclc/1004334474

第 12 章 未来

本章内容包括：

- 大众对机器人的态度及其在未来几年可能的变化；
- 人类与机器人的关系（特别是伙伴机器人）的本质可能发生的转变及发展；
- 人 – 机器人交互技术（特别是人工智能）未来可能的发展；
- 对未来的预测（“水晶球问题”）。

正如个人计算机、智能手机或互联网等早已在日常生活中变得普遍的技术一样，我们期待机器人终有一天会融入这个社会。它们甚至会进入我们的个人空间。机器人在医疗领域被设计为合作者、导师、助理，提供护理、教育、家居服务。索尼最近发布了一款新的 Aibo 机器狗，证明该公司重燃了对社交机器人的兴趣（见图 3.2）。

科技进步使这种想象更加可信，但并不足以确保配备了机器人的社会有美好的未来。最近在美国和欧洲的民意调查显示，大众不是很乐意在日常使用中接受社交机器人，特别是在照顾老人以及其他社会帮助与交互的应用领域（Smith，2014；European Commission，2012）。人 – 机器人交互（HRI）研究指出，人们对机器人有很严重的焦虑情绪以及其他消极的态度，在个人空间以及办公场所中也不情愿和机器人交互（Reich-Stiebert & Eyssel，2013，2015）。

这个问题的解决办法之一可能就是等待。随着科技进步，人们会有更多机会同机器人交互，并在这个过程中变得更乐意接受它们。像我们在讨论非言语线索时提到的那样，和另一个社会团体成员——在本例中为机器人——的直接交流能改变对其的态度，减少焦虑情绪（Crisp & Turner，2013；Pettigrew et al.，2011）。文献（Wullenkord，2017）指出，在真正和 Nao 机器人合作之前先想象（与其合作)，就能改善对机器人的态度和反应，提高交互的质量。因此，我们可以期待，随着人们不断和机器人接触（无论是通过直接接触还是通过媒体接触)，对机器人的态度会更加积极，也越来越愿意使用机器人（见图 12.1）。

图 12.1　Cimon 机器人（2018 年至今）协助国际空间站的宇航员（来源：NASA）

就像我们在书中的其余部分看到的那样，人 – 机器人交互研究的进展可以显著加快这个过程。通过更好地了解人们对于机器人的担忧和社会需求以及对使用机器人能力解决问题的愿望，我们可以创造有益于人类的交互，从而产生一种使人类与机器人更加熟悉的正面反馈回路，并针对采用更多新型机器人技术的情况提供支持。

我们也要考虑到，媒体经常将机器人描绘成负面的或不切实际的。例如，有许多关于机器人的讨论：将会是机器人而不是人类在老龄化社会中照顾那些需要帮助的人。这对于那些相当担心人 – 机器人交互广泛影响的人来说，不是好的想法；从根本上讲，对于担忧人与人之间的关系的人来说，也不是好的想法。然而，这幅被媒体描绘的未来景象是不切实际的。这种机器人设计方式在大众之间制造了恐慌，并让我们在工作以及为了美好未来做选择时分心。

培养一个对新兴科技发展开放的视野可能是获得更积极观点以及使大众更容易接受的一步。这些改变只能从纵向研究中观察到，人 – 机器人交互学者必须同交互所要服务的团体协同工作来思考科技进步是如何与社会结构一起产生积极改变的。对于社会问题（例如人口结构的改变），没有快速的“技术手段”。除了开发急需的技术，采取以人为本的方法，关注使用机器人或被机器人影响的人的实际心理、社会及情感需要也很关键。伴随着科技进步出现的更加以人为本的方法，将创造适合社交的健壮机器人，使我们所有人都受益。

12.1　人类与机器人关系的本质

在机场候机的时候，机器控制检票过程。在日本，机器人 Pepper 会在我们走进银行或者超市的时候向我们打招呼。当关心主要是由机器人而不是人类提供时，这对人类关系的发展和维续有很严重的影响。甚至现在，一些科技（例如社交网络和线上游戏）也导致人们之间的直接联系更少。人们通过 Facebook 交流，很少通过写信或见面交流。我们的交流模式正在改变（见图 12.2），例如我们开始和结束浪漫关系的方式——通过智能手机。机器人可能会导致人们进一步疏远，就像（Turkle，2017）指出的那样，机器人也可能会被设计用来支持甚至增加人们之间的交互频率。这种效果可以从家中海豹外形的机器人 Paro 身上看出，当机器人被放在公共空间时，老年人最终会和彼此说更多的话（Wada & Shibata，2007）。

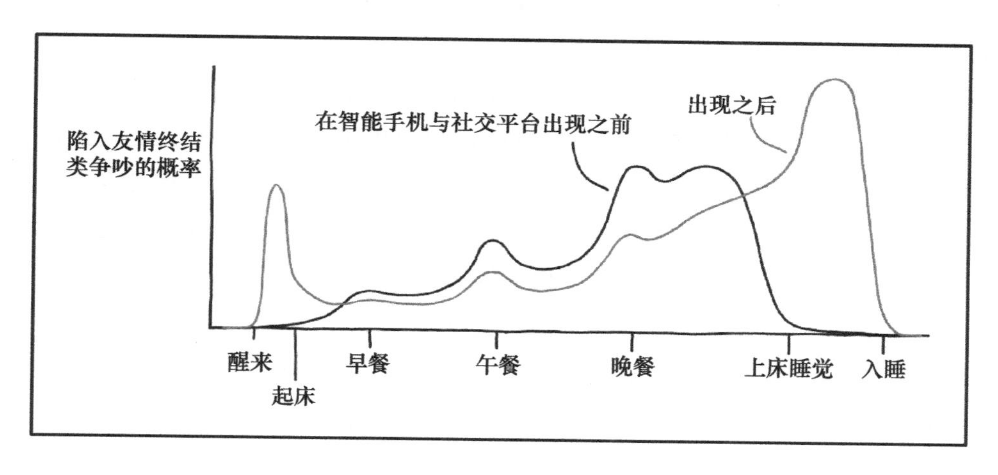

图 12.2　在智能手机出现以前及以后，友情结束的争吵概率（来源：XKCD）

显然，当社交机器人和人工智能进一步发展时，它们会在我们的日常生活和社会中发挥日益重要的作用。因为人机关系本质上是机器人能力与用户偏好的产物，这些发展不可避免地与我们认为是机器人和 AI 想要解决的伦理以及需要问题联系在一起。

例如，当前一个主要的社会问题就是孤独。和他人在社交方面有所联系对个体精神及身体都有极大的好处（Vaillan，2015）。随着发达国家在未来的几十年中继续老龄化，这种关联会更强。越来越多的人需要照顾，不仅为了喂食、洗澡、更衣等生理上的需求，也是为了情感上的照顾。很可能年轻一代既不愿意也不能自己处理这些需求。特别是必须考虑老人或认知、身体有缺陷的人的情感需求，但所有人都处于越来越孤独和疏离的危险中（American Osteopathic Association，2016）

缺少社交联系可能会对我们的心理幸福以及健康产生严重的影响。“归属感”是人类天性中的一个关键动机（Baumeister & Leary，1995），其很容易得不到满足。为了说明这一点，（Eisenberger et al.，2003）解释了对社交排他反应的神经解剖学基础，而（Williams，2007）则记载了排他状态的消极社交后果。也就是说，当归属感不在时，人们感受不到归属、自尊以及（对愤怒情绪等的）克制，甚至比起包容状态未受到威胁时，认为他们的存在没有意义。另外，与有社交联系的个体相比，孤独的人患阿尔茨海默病的概率也翻番了，孤独预示着认知能力的下降（Shankar et al., 2013）。鉴于孤独对生活质量、心理及认知功能的不利影响，机器人可以在调节这些影响方面起到重要作用。

一些商业新兴公司已开始提供人工智能“同伴”，尽管目前只有些许的成功，例如 Gatebox 的 Living With 项目。如果 AI 和机器人能够模仿人类交互的模式，它们对缓解枯燥和孤独感可能会很有帮助。

有待观察的是人类和 AI 可能扮演的不同角色相处的舒适程度。由于对强人工智能的追求仍在继续，关于这样的 AI 是否值得拥有的问题每天都会被提起。然而，这个问题最引人入胜的提法是，我们如何保证这样的 AI 会对人类种族保持友善，至少考虑人类是否觉得将统治的权力移交是一件很有趣的事。假设强人工智能被开发出来，那么唯一的目的就是在遵守其不伤害人类的规则（例如，阿西莫夫的机器人定律，见 11.2 节）下促进社会的幸福。人类是否能丢掉对利己主义、偏见以及对人类领袖的隐藏政治议题的疑虑，完全相信 AI 会给我们充分的照顾吗（见图 12.3）？用户会同意这样的设定吗？

图 12.3 并不是所有人都对强人工智能感兴趣。已故的理论物理学家斯蒂芬·威廉·霍金和发明家埃隆·马斯克都是直言不讳反对强人工智能发展的批判者

这是机器人与 AI 发展的重要方面。就像我们问自己，“只因为我们可以，难道

就意味着我们应该吗?”是为了用道德伦理的质疑抵消所有合理的可能，反过来，“因为我们应该这样做，就意味着我们要这样做吗?”也成立。机器人是有逻辑的，但创造了机器人的人类不是。有些事情从逻辑上看是有益的并不意味着人们会喜欢。

12.2 人－机器人交互技术

人－机器人交互正处于技术发展的浪潮上。新的传感器和执行器以及AI的不断发展被很快应用在人－机器人交互应用中。考虑到AI与其应用的坚实进步，我们完全有理由相信许多目前未解决的技术问题依然需要WoZ控制中的烟雾和镜子，之后会很快被机器人自动地呈递。

人－机器人交互的发展并没有因为机器人硬件发展不足而停滞，相反，会因为自动化控制以及AI的发展不足而裹足不前。一项确实的证明就是人类操作员具有通过机器人来进行有意义交互的能力。很明显不是通过传感器以及执行器有限的表达能力阻碍了交互。相反，缺乏的是人造认知——在WoZ控制中是真实认知。当然，机器人硬件还有改进的余地：执行器的速度和功率需要改进，机器人的能量自给也需要极大地提高。此外，机器人和社交机器人在硬件方面总是采用“弗兰肯斯坦方法”，用早已成熟的技术制造机器人，而不是开发最新的硬件解决方案。在这一点上，人－机器人交互的突破最有可能来自机器人控制与AI的发展。机器学习在这里很有前途。然而，在人－机器人交互中使用机器学习存在着根本性障碍。因为机器学习要求有大量有注释的数据和计算时间，在允许离线学习并且可提供大量训练数据（如果不能获得的话，能生成数据也可以）时，机器学习才能发挥自己的作用。尽管世界上有很多人与人的交互，这些交互是实时发生的。与象棋或围棋中的机器学习（这些学习会以计算机所能达到的最大速度进行）不同，人－机器人交互中的机器学习在线上进行。无论计算机有多快，交互的进程都取决于与其交互的人类，机器学习的评估及更新会以“人类时间”进行，而不是计算机时间。促进人－机器人交互机器学习的一个办法可能是利用更多的机器人并从更多交互中提取数据：集中交互事件是解决缺乏人－机器人交互数据的问题的一个办法，并可以加速对已学习的交互策略的评估。尚不明确下一个AI和机器人学的技术突破是什么，但有一件事是肯定的：人－机器人交互会很容易吸收它们。

12.3 水晶球问题

预测未来很难，特别是在人－机器人交互领域，从对世界末日的预测到涅槃的预测，似乎所有你能想到的立场都有一小群专家（以及一大群想要成为专家的人）热情地捍卫着。就人－机器人交互的遥远未来达成共识被认为是几乎不可能的，即使是获得一项具体的能力要花多长时间或者我们从机器人那里到底想要得到什么的微小具体预测，也是不可能的。这里很应该提到两个和人－机器人交互相关但未像预期中那样成功的预测。

首先，我们或许可以从AI的发展中学到一些东西，AI发展虽然很迅速但没有坚持最初的预期。在20世纪50年代AI初创时，人们预期强人工智能可以在未来几十年中设计出来（McCorduck，1979；Russel & Norvig，2009）。半个世纪后，AI在理解人类语句方面仍有困难。只要行为的规则很严格并且可被操作，AI可以轻易地赶上人类甚至比人类更聪明。这在20世纪90年代末"深蓝"计算机程序在国际象棋比赛中打败人类世界冠军Kasparov上展现得淋漓尽致（Campbell et al.，2002）。最近AI在围棋比赛中战胜世界冠军（Murphy，2016）被认为是一个里程碑，因为围棋更加复杂，更强调战略，而象棋更强调战术，获胜的方式更少。

类似地，世界见证了研发社交机器人的新兴公司数量的巨大增长。为项目获取资金的一个流行方式是通过众包，因为许多人都愿意投资。人们认为机器人会是一个成功的投资。然而，基于一些原因，只有很少一部分项目能成功。很多项目经常持续一到两年后就消失了。这引出了一个问题：人类是否有能力让机器人实现自己所想的。显然，即使我们认为社交机器人是解决日常问题的巧妙应用，当我们实际获得机器人时，我们的想法还不如我们想象中的好。像我们在书中所指出的那样，尽管有许多不同领域的人参与到了发展机器人的应用中，我们可能会从扩大的视野（参与讨论并对我们想要的机器人的未来进行决策）中获益。

这两个预测的例子之所以走向歧途，部分是因为管理预期的问题以及用户过高估计了机器人能力的趋势。另外，第二个例子表明人类很熟练于预测他们为了特定任务究竟多想要一个机器人。我们想象机器人会接管所有种类的工作，但在哪些领域，我们更喜欢人类方式，这还有待观察。

可供思考的问题：

- 哪一项科技进展以及相关的社会进步最让你惊讶？
- 你想看到机器人有什么样的未来？你最害怕或担忧的是哪一种未来？
- 与社交媒介环境相比，你花费多少时间与人面对面互动？和非人智能体呢？你和它们交互吗？在什么情况下？
- 谁正在照顾你的祖父母或父母？他们生活在什么样的社区里？你离他们近吗？你认为未来谁会照顾你？你觉得你会生活在怎样的社区里？

延伸阅读：

- Future of Life Institute. An open letter—research priorities for robust and beneficial artificial intelligence, January 2015. URL `https://futureoflife.org/ai-open-letter/`
- Illah Reza Nourbakhsh. *Robot futures.* MIT Press, Cambridge, MA, 2013. ISBN 9780262018623. URL `http://www.worldcat.org/oclc/945438245`
- Daniel H. Wilson. *How to survive a robot uprising: Tips on defending yourself against the coming rebellion.* Bloomsbury, New York, NY, 2005. ISBN 9781582345925. URL `http://www.worldcat.org/oclc/1029483559`
- Jo Cribb and David Glover. *Don't worry about the robots.* Allen & Unwin, Auckland, New Zealand, 2018. ISBN 9781760633509. URL `http://www.worldcat.org/oclc/1042120802`

参考文献

Chadia Abras, Diane Maloney-Krichmar, and Jenny Preece. User-centered design. In William Sims Bainbridge, editor, *Berkshire encyclopedia of human-computer interaction*, volume 2, pages 763–767. Sage, Great Barrington, MA, 2004. ISBN 9780974309125. URL `http://www.worldcat.org/oclc/635690108`.

Henny Admoni and Brian Scassellati. Social eye gaze in human-robot interaction: A review. *Journal of Human-Robot Interaction*, 6(1):25–63, 2017. doi: 10.5898/JHRI.6.1.Admoni. URL `https://doi.org/10.5898/JHRI.6.1.Admoni`.

Kaat Alaerts, Evelien Nackaerts, Pieter Meyns, Stephan P. Swinnen, and Nicole Wenderoth. Action and emotion recognition from point light displays: An investigation of gender differences. *PloS One*, 6(6):e20989, 2011. doi: 10.1371/journal.pone.0020989. URL `https://doi.org/10.1371/journal.pone.0020989`.

Brian Wilson Aldiss. *Supertoys last all summer long: And other stories of future time.* St. Martin's Griffin, New York, NY, 2001. ISBN 978-0312280611. URL `http://www.worldcat.org/oclc/956323493`.

Minoo Alemi, Ali Meghdari, and Maryam Ghazisaedy. Employing humanoid robots for teaching English language in Iranian junior high-schools. *International Journal of Humanoid Robotics*, 11(03):1450022, 2014. doi: 10.1142/S0219843614500224. URL `https://doi.org/10.1142/S0219843614500224`.

Christopher Alexander. *A pattern language: Towns, buildings, construction.* Oxford University Press, Oxford, UK, 1977. ISBN 978-0195019193. URL `http://www.worldcat.org/oclc/961298119`.

Philipp Althaus, Hiroshi Ishiguro, Takayuki Kanda, Takahiro Miyashita, and Henrik I. Christensen. Navigation for human-robot interaction tasks. In *IEEE International Conference on Robotics and Automation*, volume 2, pages 1894–1900. IEEE, 2004. ISBN 0-7803-8232-3. doi: 10.1109/ROBOT.2004.1308100. URL `https://doi.org/10.1109/ROBOT.2004.1308100`.

Amir Aly and Adriana Tapus. A model for synthesizing a combined verbal and nonverbal behavior based on personality traits in human-robot interaction. In *Proceedings of the 8th ACM/IEEE International Conference on Human-Robot Interaction*, HRI '13, pages 325–332, Piscataway, NJ, USA, 2013. IEEE Press. ISBN 978-1-4673-3055-8. doi: 10.1109/HRI.2013.6483606. URL `https://doi.org/10.1109/HRI.2013.6483606`.

American Osteopathic Association. Survey finds nearly three-quarters (72%) of Americans feel lonely, 2016. URL `https://www.osteopathic.org/inside-aoa/news-and-publications/media-center/2016-news-releases/Pages/10-11-survey-finds-nearly-three-quarters-of-americans-feel-lonely.aspx`.

Peter A. Andersen and Laura K. Guerrero. Principles of communication and emotion in social interaction. In Peter A. Andersen and Laura K. Guerrero, editors, *Handbook of communication and emotion: Research, theory, applications, and contexts*, chapter 3, pages 49–96. Academic Press, 1998. ISBN 0-12-057770-4. doi: 10.1016/B978-012057770-5/50005-9. URL https://doi.org/10.1016/B978-012057770-5/50005-9.

Sean Andrist, Xiang Zhi Tan, Michael Gleicher, and Bilge Mutlu. Conversational gaze aversion for humanlike robots. In *ACM/IEEE International Conference on Human-Robot Interaction*, pages 25–32. ACM, 2014. ISBN 978-1-4503-2658-2. doi: 10.1145/2559636.2559666. URL https://doi.org/10.1145/2559636.2559666.

Brenna D. Argall, Sonia Chernova, Manuela Veloso, and Brett Browning. A survey of robot learning from demonstration. *Robotics and Autonomous Systems*, 57 (5):469–483, 2009. doi: 10.1016/j.robot.2008.10.024. URL https://doi.org/10.1016/j.robot.2008.10.024.

S. E. Asch. *Effects of group pressure upon the modification and distortion of judgments*, pages 177–190. Carnegie Press, Oxford, England, 1951. doi: psycinfo/1952-00803-001. URL http://doi.apa.org/psycinfo/1952-00803-001.

Isaac Asimov. *The Bicentennial man and other stories.* Doubleday science fiction. Doubleday, Garden City, NY, [Book Club edition, 1976. ISBN 978-0385121989. URL http://www.worldcat.org/oclc/85069299.

Isaac Asimov. *Prelude to foundation.* Grafton, London, UK, 1988. ISBN 9780008117481. URL http://www.worldcat.org/oclc/987248670.

Isaac Asimov. *I, robot.* Bantam spectra book. Bantam Books, New York, NY, 1991. ISBN 0553294385. URL http://www.worldcat.org/oclc/586089717.

Hillel Aviezer, Yaacov Trope, and Alexander Todorov. Body cues, not facial expressions, discriminate between intense positive and negative emotions. *Science*, 338(6111):1225–1229, 2012. doi: 10.1126/science.1224313. URL https://doi.org/10.1126/science.1224313.

Edmond Awad, Sohan Dsouza, Richard Kim, Jonathan Schulz, Joseph Henrich, Azim Shariff, Jean-François Bonnefon, and Iyad Rahwan. The moral machine experiment. *Nature*, 2018. ISSN 1476-4687. doi: 10.1038/s41586-018-0637-6. URL https://doi.org/10.1038/s41586-018-0637-6.

Wilma A. Bainbridge, Justin W. Hart, Elizabeth S. Kim, and Brian Scassellati. The benefits of interactions with physically present robots over video-displayed agents. *International Journal of Social Robotics*, 3(1):41–52, Jan 2011. ISSN 1875-4805. doi: 10.1007/s12369-010-0082-7. URL https://doi.org/10.1007/s12369-010-0082-7.

Simon Baron-Cohen, Alan M. Leslie, and Uta Frith. Does the autistic child have a “Theory of Mind”? *Cognition*, 21(1):37–46, 1985. doi: 10.1016/0010-0277(85)90022-8. URL https://doi.org/10.1016/0010-0277(85)90022-8.

James Barrat. Why Stephen Hawking and Bill Gates are terrified of artificial intelligence. *Huffington Post*, 2015. URL http://www.huffingtonpost.com/james-barrat/hawking-gates-artificial-intelligence_b_7008706.html.

Christoph Bartneck. *eMuu: An embodied emotional character for the ambient intelligent home.* PhD thesis, Technische Universiteit Eindhoven, 2002. URL http://www.bartneck.de/publications/2002/eMuu/bartneckPHDThesis2002.pdf.

Christoph Bartneck and Jun Hu. Rapid prototyping for interactive robots. In *The 8th Conference on Intelligent Autonomous Systems (IAS-8)*, pages 136–145, 2004. doi: 10.6084/m9.figshare.5160775.v1. URL https://doi.org/10.6084/m9.figshare.5160775.v1.

Christoph Bartneck and Michael J. Lyons. Facial expression analysis, modeling and synthesis: Overcoming the limitations of artificial intelligence with the art of the soluble. In Jordi Vallverdu and David Casacuberta, editors, *Handbook of research on synthetic emotions and sociable robotics: New applications in affective computing and artificial intelligence*, Information Science Reference, pages 33–53. IGI Global, 2009. URL http://www.bartneck.

de/publications/2009/facialExpressionAnalysisModelingSynthesisAI/bartneckLyonsEmotionBook2009.pdf.

Christoph Bartneck and M. Rauterberg. HCI reality—an unreal tournament. *International Journal of Human-Computer Studies*, 65(8):737–743, 2007. doi: 10.1016/j.ijhcs.2007.03.003. URL https://doi.org/10.1016/j.ijhcs.2007.03.003.

Christoph Bartneck and Juliane Reichenbach. Subtle emotional expressions of synthetic characters. *International Journal of Human-Computer Studies*, 62 (2):179 – 192, 2005. ISSN 1071-5819. doi: 10.1016/j.ijhcs.2004.11.006. URL https://doi.org/10.1016/j.ijhcs.2004.11.006. Subtle expressivity for characters and robots.

Christoph Bartneck, T. Nomura, T. Kanda, Tomhohiro Suzuki, and Kato Kennsuke. Cultural differences in attitudes towards robots. In *AISB Symposium on Robot Companions: Hard Problems and Open Challenges in Human-Robot Interaction*, pages 1–4. The Society for the Study of Artificial Intelligence and the Simulation of Behaviour (AISB), 2005. doi: 10.13140/RG.2.2.22507.34085. URL http://www.bartneck.de/publications/2005/cultureNars/bartneckAISB2005.pdf.

Christoph Bartneck, Elizabeth Croft, Dana Kulic, and Susana Zoghbi. Measurement instruments for the anthropomorphism, animacy, likeability, perceived intelligence, and perceived safety of robots. *International Journal of Social Robotics*, 1(1):71–81, 2009. doi: 10.1007/s12369-008-0001-3. URL https://doi.org/10.1007/s12369-008-0001-3.

Christoph Bartneck, Andreas Duenser, Elena Moltchanova, and Karolina Zawieska. Comparing the similarity of responses received from studies in Amazon's Mechanical Turk to studies conducted online and with direct recruitment. *PloS One*, 10(4):e0121595, 2015. doi: 10.1371/journal.pone.0121595. URL https://doi.org/10.1371/journal.pone.0121595.

Christoph Bartneck, Kumar Yogeeswaran, Qi Min Ser, Graeme Woodward, R. Sparrow, Siheng Wang, and Friederike Eyssel. Robots and racism. In *Proceedings of the ACM/IEEE International Conference on Human-Robot Interaction*, pages 196–204. ACM, 2018. ISBN 978-1-4503-4953-6. doi: 10.1145/3171221.3171260. URL https://doi.org/10.1145/3171221.3171260.

Timo Baumann and David Schlangen. The INPROTK 2012 release. In *NAACL-HLT Workshop on Future Directions and Needs in the Spoken Dialog Community: Tools and Data*, pages 29–32. Association for Computational Linguistics, 2012. URL http://dl.acm.org/citation.cfm?id=2390444.2390464.

Roy F. Baumeister and Mark R. Leary. The need to belong: Desire for interpersonal attachments as a fundamental human motivation. *Psychological Bulletin*, 117(3): 497–529, 1995. doi: 10.1037/0033-2909.117.3.497. URL https://doi.org/10.1037/0033-2909.117.3.497.

Paul Baxter, James Kennedy, Emmanuel Senft, Severin Lemaignan, and Tony Belpaeme. From characterising three years of HRI to methodology and reporting recommendations. In *The 11th ACM/IEEE International Conference on Human-Robot Interaction*, pages 391–398. IEEE Press, 2016. ISBN 978-1-4673-8370-7. doi: 10.1109/HRI.2016.7451777. URL https://doi.org/10.1109/HRI.2016.7451777.

Aryel Beck, Antoine Hiolle, Alexandre Mazel, and Lola Cañamero. Interpretation of emotional body language displayed by robots. In *Proceedings of the 3rd International Workshop on Affective Interaction in Natural Environments*, pages 37–42. ACM, 2010. ISBN 978-1-4503-0170-1. doi: 10.1145/1877826.1877837. URL https://doi.org/10.1145/1877826.1877837.

Christopher Beedie, Peter Terry, and Andrew Lane. Distinctions between emotion and mood. *Cognition & Emotion*, 19(6):847–878, 2005. doi: 10.1080/02699930541000057. URL https://doi.org/10.1080/02699930541000057.

Tony Belpaeme, Paul E. Baxter, Robin Read, Rachel Wood, Heriberto Cuayáhuitl, Bernd Kiefer, Stefania Racioppa, Ivana Kruijff-Korbayová, Georgios Athanasopoulos, Valentin Enescu, et al. Multimodal child-robot interaction: Building social bonds. *Journal of Human-Robot Interaction*, 1(2):33–53, 2012. doi: 10.5898/JHRI.1.2.Belpaeme. URL https://doi.org/10.5898/JHRI.1.2.Belpaeme.

Tony Belpaeme, James Kennedy, Paul Baxter, Paul Vogt, Emiel E. J. Krahmer, Stefan Kopp, Kirsten Bergmann, Paul Leseman, Aylin C. Küntay, Tilbe Göksun, et al. L2tor-second language tutoring using social robots. In *Proceedings of the ICSR 2015 WONDER Workshop*, 2015. URL https://pub.uni-bielefeld.de/download/2900267/2900268.

Sandra L. Bem. The measurement of psychological androgyny. *Journal of Consulting and Clinical Psychology*, 42:155–162, 1974. doi: 10.1037/h0036215. URL https://doi.org/10.1037/h0036215.

Koen Berghuis. Robot 'preacher' can beam light from its hands and give automated blessings to worshippers, 2017. URL https://www.mirror.co.uk/news/weird-news/robot-priest-can-beam-light-10523678.

Jasmin Bernotat, Birte Schiffhauer, Friederike Eyssel, Patrick Holthaus, Christian Leichsenring, Viktor Richter, Marian Pohling, Birte Carlmeyer, Norman Köster, Sebastian Meyer zu Borgsen, et al. Welcome to the future: How naïve users intuitively address an intelligent robotics apartment. In *International Conference on Social Robotics*, pages 982–992. Springer, 2016. ISBN 978-3-319-47436-6. doi: 10.1007/978-3-319-47437-3_96. URL https://doi.org/10.1007/978-3-319-47437-3_96.

Cindy L. Bethel and Robin R. Murphy. Survey of non-facial/non-verbal affective expressions for appearance-constrained robots. *IEEE Transactions on Systems, Man, and Cybernetics, Part C (Applications and Reviews)*, 38(1):83–92, 2008. doi: 10.1109/TSMCC.2007.905845. URL https://doi.org/10.1109/TSMCC.2007.905845.

Cindy L. Bethel and Robin R. Murphy. Review of human studies methods in HRI and recommendations. *International Journal of Social Robotics*, 2(4):347–359, 2010. doi: 10.1007/s12369-010-0064-9. URL https://doi.org/10.1007/s12369-010-0064-9.

Cindy L. Bethel, Kristen Salomon, Robin R. Murphy, and Jennifer L. Burke. Survey of psychophysiology measurements applied to human-robot interaction. In *The 16th IEEE International Symposium on Robot and Human Interactive Communication*, pages 732–737. IEEE, 2007. ISBN 978-1-4244-1634-9. doi: 10.1109/ROMAN.2007.4415182. URL https://doi.org/10.1109/ROMAN.2007.4415182.

James R. Blair. Responding to the emotions of others: Dissociating forms of empathy through the study of typical and psychiatric populations. *Consciousness and Cognition*, 14(4):698–718, 2005. doi: 10.1016/j.concog.2005.06.004. URL https://doi.org/10.1016/j.concog.2005.06.004.

Benjamin S. Bloom. The 2 sigma problem: The search for methods of group instruction as effective as one-to-one tutoring. *Educational Researcher*, 13(6):4–16, 1984. doi: 10.3102/0013189X013006004. URL https://doi.org/10.3102/0013189X013006004.

Robert Bogue. Exoskeletons and robotic prosthetics: A review of recent developments. *Industrial Robot: An International Journal*, 36(5):421–427, 2009. doi: 10.1108/01439910910980141. URL https://doi.org/10.1108/01439910910980141.

George A. Bonanno, Laura Goorin, and Karin G. Coifman. Social functions of emotion. In Michael Lewis, Jeanette M. Haviland-Jones, and Lisa Feldman Barrett, editors, *Handbook of emotions*, volume 3, pages 456–468. Guilford Press, New York, NY, 2008. ISBN 978-1-59385-650-2. URL http://citeseerx.ist.psu.edu/viewdoc/download?doi=10.1.1.472.7583&rep=rep1&type=pdf.

Jason Borenstein and Ronald C. Arkin. Robots, ethics, and intimacy: The need for scientific research. In *Conference of the International Association for Computing and Philosophy*, 2016. URL `https://www.cc.gatech.edu/ai/robot-lab/online-publications/RobotsEthicsIntimacy-IACAP.pdf`.

Valentino Braitenberg. *Vehicles: Experiments in synthetic psychology*. MIT Press, Cambridge, MA, 1986. ISBN 978-0262521123. URL `http://www.worldcat.org/oclc/254155258`.

Jürgen Brandstetter, Péter Rácz, Clay Beckner, Eduardo B. Sandoval, Jennifer Hay, and Christoph Bartneck. A peer pressure experiment: Recreation of the Asch conformity experiment with robots. In *IEEE/RSJ International Conference on Intelligent Robots and Systems*, pages 1335–1340. IEEE, 2014. ISBN 978-1-4799-6934-0. doi: 10.1109/IROS.2014.6942730. URL `https://doi.org/10.1109/IROS.2014.6942730`.

Jurgen Brandstetter, Eduardo B. Sandoval, Clay Beckner, and Christoph Bartneck. Persistent lexical entrainment in HRI. In *ACM/IEEE International Conference on Human-Robot Interaction*, pages 63–72. ACM, 2017. ISBN 978-1-4503-4336-7. doi: 10.1145/2909824.3020257. URL `https://doi.org/10.1145/2909824.3020257`.

Cynthia Breazeal. *Designing sociable robots*. MIT Press, Cambridge, MA, Cambridge, 2003. ISBN 978-0262524315. URL `http://www.worldcat.org/oclc/758042496`.

Cynthia Breazeal. Function meets style: Insights from emotion theory applied to HRI. *IEEE Transactions on Systems, Man, and Cybernetics, Part C (Applications and Reviews)*, 34(2):187–194, 2004a. doi: 10.1109/TSMCC.2004.826270. URL `https://doi.org/10.1109/TSMCC.2004.826270`.

Cynthia Breazeal. Social interactions in HRI: The robot view. *IEEE Transactions on Systems, Man, and Cybernetics, Part C (Applications and Reviews)*, 34(2): 181–186, 2004b. doi: 10.1109/TSMCC.2004.826268. URL `https://doi.org/10.1109/TSMCC.2004.826268`.

Cynthia Breazeal and Brian Scassellati. A context-dependent attention system for a social robot. In *Proceedings of the 16th International Joint Conference on Artificial Intelligence, Volume 2*, pages 1146–1151. Morgan Kaufmann Publishers Inc., 1999. URL `http://dl.acm.org/citation.cfm?id=1624312.1624382`.

Cynthia Breazeal, Cory D. Kidd, Andrea Lockerd Thomaz, Guy Hoffman, and Matt Berlin. Effects of nonverbal communication on efficiency and robustness in human-robot teamwork. In *IEEE/RSJ International Conference on Intelligent Robots and Systems (IROS)*, pages 708–713. IEEE, 2005. ISBN 0-7803-8912-3. doi: 10.1109/IROS.2005.1545011. URL `https://doi.org/10.1109/IROS.2005.1545011`.

Paul Bremner, Anthony Pipe, Chris Melhuish, Mike Fraser, and Sriram Subramanian. Conversational gestures in human-robot interaction. In *IEEE International Conference on Systems, Man and Cybernetics*, pages 1645–1649. IEEE, 2009. ISBN 978-1-4244-2793-2. doi: 10.1109/ICSMC.2009.5346903. URL `https://doi.org/10.1109/ICSMC.2009.5346903`.

Elizabeth Broadbent, Rebecca Stafford, and Bruce MacDonald. Acceptance of healthcare robots for the older population: Review and future directions. *International Journal of Social Robotics*, 1(4):319–330, 2009. doi: 10.1007/s12369-009-0030-6. URL `https://doi.org/10.1007/s12369-009-0030-6`.

Joost Broekens, Marcel Heerink, Henk Rosendal, et al. Assistive social robots in elderly care: A review. *Gerontechnology*, 8(2):94–103, 2009. doi: 10.4017/gt.2009.08.02.002.00. URL `https://doi.org/10.4017/gt.2009.08.02.002.00`.

Rodney Brooks. A robust layered control system for a mobile robot. *IEEE Journal on Robotics and Automation*, 2(1):14–23, 1986. doi: 10.1109/JRA.1986.1087032. URL https://doi.org/10.1109/JRA.1986.1087032.

Rodney A. Brooks. Intelligence without representation. *Artificial Intelligence*, 47 (1-3):139–159, 1991. doi: 10.1016/0004-3702(91)90053-M. URL https://doi.org/10.1016/0004-3702(91)90053-M.

Rodney Allen Brooks. *Flesh and machines: How robots will change us*. Vintage, New York, NY, 2003. ISBN 9780375725272. URL http://www.worldcat.org/oclc/249859485.

Drazen Brscić, Takayuki Kanda, Tetsushi Ikeda, and Takahiro Miyashita. Person tracking in large public spaces using 3-D range sensors. *IEEE Transactions on Human-Machine Systems*, 43(6):522–534, 2013. doi: 10.1109/THMS.2013.2283945. URL https://doi.org/10.1109/THMS.2013.2283945.

Drazen Brscić, Hiroyuki Kidokoro, Yoshitaka Suehiro, and Takayuki Kanda. Escaping from children's abuse of social robots. In *Proceedings of the 10th Annual ACM/IEEE International Conference on Human-Robot Interaction*, pages 59–66. ACM, 2015. ISBN 978-1-4503-2883-8. doi: 10.1145/2696454.2696468. URL https://doi.org/10.1145/2696454.2696468.

Barbara Bruno, Nak Young Chong, Hiroko Kamide, Sanjeev Kanoria, Jaeryoung Lee, Yuto Lim, Amit Kumar Pandey, Chris Papadopoulos, Irena Papadopoulos, Federico Pecora, et al. The CARESSES EU-Japan project: Making assistive robots culturally competent. *arXiv*, page 1708.06276, 2017. URL https://arxiv.org/abs/1708.06276.

Richard Buchanan. Wicked problems in design thinking. *Design Issues*, 8(2):5–21, 1992. URL https://www.jstor.org/stable/1511637.

Wolfram Burgard, Armin B. Cremers, Dieter Fox, Dirk Hähnel, Gerhard Lakemeyer, Dirk Schulz, Walter Steiner, and Sebastian Thrun. The interactive museum tour-guide robot. In *Proceedings of the 15th National/10th Conference on Artificial Intelligence/Innovative Applications of Artificial Intelligence*, pages 11–18, 1998. ISBN 0-262-51098-7. URL https://dl.acm.org/citation.cfm?id=295249.

Maya Cakmak, Siddhartha S. Srinivasa, Min Kyung Lee, Jodi Forlizzi, and Sara Kiesler. Human preferences for robot-human hand-over configurations. In *IEEE/RSJ International Conference on Intelligent Robots and Systems*, pages 1986–1993. IEEE, 2011. ISBN 978-1-61284-454-1. doi: 10.1109/IROS.2011.6094735. URL https://doi.org/10.1109/IROS.2011.6094735.

Rafael A. Calvo, Sidney D'Mello, Jonathan Gratch, and Arvid Kappas. *The Oxford handbook of affective computing*. Oxford Library of Psychology, Oxford, UK, 2015. ISBN 978-0199942237. URL http://www.worldcat.org/oclc/1008985555.

James Cameron. *The Terminator*, 1984. URL https://www.imdb.com/title/tt0088247/.

Murray Campbell, A. Joseph Hoane, and Feng-hsiung Hsu. Deep blue. *Artificial Intelligence*, 134(1-2):57–83, 2002. doi: 10.1016/S0004-3702(01)00129-1. URL https://doi.org/10.1016/S0004-3702(01)00129-1.

Zhe Cao, Tomas Simon, Shih-En Wei, and Yaser Sheikh. Realtime multi-person 2d pose estimation using part affinity fields. In *IEEE Conference on Computer Vision and Pattern Recognition*, pages 1302–1310, 2017. ISBN 9781538604571. doi: 10.1109/CVPR.2017.143. URL https://doi.org/10.1109/CVPR.2017.143.

Julie Carpenter. *Culture and human-robot interaction in militarized spaces: A war story*. Routledge, New York, NY, 2016. ISBN 978-1-4724-4311-3. URL http://www.worldcat.org/oclc/951397181.

Colleen M. Carpinella, Alisa B. Wyman, Michael A. Perez, and Steven J. Stroessner. The Robotic Social Attributes Scale (RoSAS): Development and validation. In

ACM/IEEE International Conference on Human-Robot Interaction, pages 254–262. ACM, 2017. ISBN 978-1-4503-4336-7. doi: 10.1145/2909824.3020208. URL https://doi.org/10.1145/2909824.3020208.

Sybil Carrere and John Mordechai Gottman. Predicting divorce among newlyweds from the first three minutes of a marital conflict discussion. *Family Process*, 38 (3):293–301, 1999. doi: 10.1111/j.1545-5300.1999.00293.x. URL https://doi.org/10.1111/j.1545-5300.1999.00293.x.

J. Cassell, Joseph Sullivan, Scott Prevost, and Elizabeth Churchill. *Embodied conversational agents*. MIT Press, Cambridge, MA, 2000. ISBN 9780262032780. URL http://www.worldcat.org/oclc/440727862.

Filippo Cavallo, Raffaele Limosani, Alessandro Manzi, Manuele Bonaccorsi, Raffaele Esposito, Maurizio Di Rocco, Federico Pecora, Giancarlo Teti, Alessandro Saffiotti, and Paolo Dario. Development of a socially believable multi-robot solution from town to home. *Cognitive Computation*, 6(4):954–967, 2014. doi: 10.1007/s12559-014-9290-z. URL https://doi.org/10.1007/s12559-014-9290-z.

Wan-Ling Chang and Selma Šabanović. Interaction expands function: Social shaping of the therapeutic robot PARO in a nursing home. In *The 10th Annual ACM/IEEE International Conference on Human-Robot Interaction*, pages 343–350. ACM, 2015. ISBN 978-1-4503-2883-8. doi: 10.1145/2696454.2696472. URL https://doi.org/10.1145/2696454.2696472.

Tony Charman, Simon Baron-Cohen, John Swettenham, Gillian Baird, Antony Cox, and Auriol Drew. Testing joint attention, imitation, and play as infancy precursors to language and Theory of Mind. *Cognitive Development*, 15(4):481–498, 2000. doi: 10.1016/S0885-2014(01)00037-5. URL https://doi.org/10.1016/S0885-2014(01)00037-5.

Tanya L. Chartrand and John A. Bargh. The chameleon effect: The perception-behavior link and social interaction. *Journal of Personality and Social Psychology*, 76(6):893–910, 1999. doi: 10.1037/0022-3514.76.6.893. URL https://doi.org/10.1037/0022-3514.76.6.893.

Tiffany L. Chen, Chih-Hung Aaron King, Andrea L. Thomaz, and Charles C. Kemp. An investigation of responses to robot-initiated touch in a nursing context. *International Journal of Social Robotics*, 6(1):141–161, 2014. doi: 10.1007/s12369-013-0215-x. URL https://doi.org/10.1007/s12369-013-0215-x.

Takenobu Chikaraishi, Yuichiro Yoshikawa, Kohei Ogawa, Oriza Hirata, and Hiroshi Ishiguro. Creation and staging of android theatre "sayonara" towards developing highly human-like robots. *Future Internet*, 9(4):75–92, 2017. doi: 10.3390/fi9040075. URL https://doi.org/10.3390/fi9040075.

Howie M. Choset, Seth Hutchinson, Kevin M. Lynch, George Kantor, Wolfram Burgard, Lydia E. Kavraki, and Sebastian Thrun. *Principles of robot motion: Theory, algorithms, and implementation*. MIT Press, Cambridge, MA, 2005. ISBN 978-0262033275. URL http://www.worldcat.org/oclc/762070740.

Robert Coe. It's the effect size, stupid: What effect size is and why it is important. In *Annual Conference of the British Educational Research Association*. Education-line, 2002. URL http://www.leeds.ac.uk/educol/documents/00002182.htm.

Jacob Cohen. *Statistical power analysis for the behavioral sciences*. Academic Press, New York, NY, 1977. ISBN 9781483276489. URL http://www.worldcat.org/oclc/898103044.

Jacob Cohen. The earth is round (p ¡ .05). *American Psychologist*, 49:997–1003, 1994. doi: 10.1037/0003-066X.49.12.997. URL https://doi.org/10.1037/0003-066X.49.12.997.

Mark Cook. Experiments on orientation and proxemics. *Human Relations*, 23(1):61–76, 1970. doi: 10.1177/001872677002300107. URL https://doi.org/10.1177/001872677002300107.

Martin Cooney, Takayuki Kanda, Aris Alissandarakis, and Hiroshi Ishiguro. Designing enjoyable motion-based play interactions with a small humanoid robot. *International Journal of Social Robotics*, 6(2):173–193, 2014. doi: 10.1007/s12369-013-0212-0. URL https://doi.org/10.1007/s12369-013-0212-0.

Jo Cribb and David Glover. *Don't worry about the robots.* Allen & Unwin, Auckland, New Zealand, 2018. ISBN 9781760633509. URL http://www.worldcat.org/oclc/1042120802.

Richard J. Crisp and Rhiannon N. Turner. Imagined intergroup contact: Refinements, debates, and clarifications. In Gordon Hodson and Miles Hewstone, editors, *Advances in intergroup contact*, chapter 6, pages 149–165. Psychology Press, 2013. ISBN 978-1136213908. URL http://www.worldcat.org/oclc/694393740.

April H. Crusco and Christopher G. Wetzel. The Midas touch: The effects of interpersonal touch on restaurant tipping. *Personality and Social Psychology Bulletin*, 10(4):512–517, 1984. doi: 10.1177/0146167284104003. URL https://doi.org/10.1177/0146167284104003.

Mihaly Csikszentmihalyi and Isabella Selega Csikszentmihalyi. *Optimal experience: Psychological studies of flow in consciousness.* Cambridge University Press, Cambridge, UK, 1988. ISBN 0521342880. URL http://www.worldcat.org/oclc/963712478.

Amy Cuddy, Susan Fiske, and Peter Glick. Warmth and competence as universal dimensions of social perception: The stereotype content model and the bias map. *Advances in Experimental Social Psychology*, 40:61–149, 12 2008. doi: 10.1016/S0065-2601(07)00002-0. URL https://doi.org/10.1016/S0065-2601(07)00002-0.

Geoff Cumming. Replication and *p* intervals: *p* values predict the future only vaguely, but confidence intervals do much better. *Perspectives on Psychological Science*, 3(4):286–300, 2008. doi: 10.1111/j.1745-6924.2008.00079.x. URL https://doi.org/10.1111/j.1745-6924.2008.00079.x.

Geoff Cumming. The new statistics: Why and how. *Psychological Science*, 25(1): 7–29, 2014. doi: 10.1177/0956797613504966. URL http://journals.sagepub.com/doi/10.1177/0956797613504966.

Kate Darling. Extending legal protection to social robots: The effects of anthropomorphism, empathy, and violent behavior towards robotic objects. In *We Robot Conference.* SSRN, 2012. doi: 10.2139/ssrn.2044797. URL https://doi.org/10.2139/ssrn.2044797.

K. Dautenhahn, M. Walters, S. Woods, K. L. Koay, C. L. Nehaniv, A. Sisbot, R. Alami, and T. Siméon. How may I serve you? A robot companion approaching a seated person in a helping context. In *Proceedings of the 1st ACM SIGCHI/SIGART Conference on Human-Robot Interaction*, HRI '06, pages 172–179, New York, NY, 2006a. ACM. ISBN 1-59593-294-1. doi: 10.1145/1121241.1121272. URL http://doi.acm.org/10.1145/1121241.1121272.

Kerstin Dautenhahn, Michael Walters, Sarah Woods, Kheng Lee Koay, Chrystopher L. Nehaniv, A. Sisbot, Rachid Alami, and Thierry Siméon. How may I serve you? A robot companion approaching a seated person in a helping context. In *1st ACM SIGCHI/SIGART Conference on Human-Robot Interaction*, pages 172–179. ACM, 2006b. ISBN 1-59593-294-1. doi: 10.1145/1121241.1121272. URL https://doi.org/10.1145/1121241.1121272.

Andrew J. Davison, Ian D. Reid, Nicholas D. Molton, and Olivier Stasse. Monoslam: Real-time single camera slam. *IEEE Transactions on Pattern Analysis and Machine Intelligence*, 29(6):1052–1067, 2007. doi: 10.1109/TPAMI.2007.1049. URL http://doi.org/10.1109/TPAMI.2007.1049.

Antonella De Angeli. Ethical implications of verbal disinhibition with conversational agents. *PsychNology Journal*, 7(1), 2009. URL http://psychnology.org/File/PNJ7(1)/PSYCHNOLOGY_JOURNAL_7_1_DEANGELI.pdf.

Maartje de Graaf, Somaya Ben Allouch, and Jan van Dijk. Why do they refuse to use my robot? Reasons for non-use derived from a long-term home study. In *Proceedings of the ACM/IEEE International Conference on Human-Robot Interaction*, pages 224–233. ACM, 2017. ISBN 978-1-4503-4336-7. doi: 10.1145/2909824.3020236. URL https://doi.org/10.1145/2909824.3020236.

Frans De Waal. *The ape and the sushi master: Cultural reflections of a primatologist.* Basic Books, New York, NY, 2001. ISBN 978-0465041763. URL http://www.worldcat.org/oclc/458716823.

Philip K. Dick. *Blade runner: Do androids dream of electric sheep?* Ballantine Books, New York, NY, 25th anniversary edition, 2007. ISBN 9780345350473. URL http://www.worldcat.org/oclc/776604212.

Joshua J. Diehl, Lauren M. Schmitt, Michael Villano, and Charles R. Crowell. The clinical use of robots for individuals with autism spectrum disorders: A critical review. *Research in Autism Spectrum Disorders*, 6(1):249–262, 2012. doi: 10.1016/j.rasd.2011.05.006. URL https://doi.org/10.1016/j.rasd.2011.05.006.

Carl DiSalvo, Illah Nourbakhsh, David Holstius, Ayça Akin, and Marti Louw. The neighborhood networks project: A case study of critical engagement and creative expression through participatory design. In *10th Anniversary Conference on Participatory Design 2008*, pages 41–50. Indiana University, 2008. ISBN 978-0-9818561-0-0. URL https://dl.acm.org/citation.cfm?id=1795241.

Carl F. DiSalvo, Francine Gemperle, Jodi Forlizzi, and Sara Kiesler. All robots are not created equal: The design and perception of humanoid robot heads. In *Proceedings of the 4th Conference on Designing Interactive Systems: Processes, Practices, Methods, and Techniques*, DIS '02, pages 321–326, New York, NY, 2002. ACM. ISBN 1-58113-515-7. doi: 10.1145/778712.778756. URL http://doi.acm.org/10.1145/778712.778756.

Steve Dixon. Metal performance humanizing robots, returning to nature, and camping about. *TDR/The Drama Review*, 48(4):15–46, 2004. ISSN 1054-2043. doi: 10.1162/1054204042442017. URL http://dx.doi.org/10.1162/1054204042442017.

Anhai Doan, Raghu Ramakrishnan, and Alon Y. Halevy. Crowdsourcing systems on the world-wide web. *Communications of the ACM*, 54(4):86–96, 2011. doi: 10.1145/1924421.1924442. URL https://doi.org/10.1145/1924421.1924442.

Anca D. Dragan, Kenton C. T. Lee, and Siddhartha S. Srinivasa. Legibility and predictability of robot motion. In *8th ACM/IEEE International Conference on Human-Robot Interaction*, pages 301–308. IEEE, 2013. ISBN 978-1-4673-3099-2. doi: 10.1109/HRI.2013.6483603. URL https://doi.org/10.1109/HRI.2013.6483603.

Brian R. Duffy. Anthropomorphism and the social robot. *Robotics and Autonomous Systems*, 42(3):177–190, 2003. ISSN 0921-8890. doi: 10.1016/S0921-8890(02)00374-3. URL https://doi.org/10.1016/S0921-8890(02)00374-3.

Autumn Edwards, Chad Edwards, Patric R. Spence, Christina Harris, and Andrew Gambino. Robots in the classroom: Differences in students' perceptions of credibility and learning between "teacher as robot" and "robot as teacher". *Computers in Human Behavior*, 65:627–634, 2016. doi: 10.1016/j.chb.2016.06.005. URL https://doi.org/10.1016/j.chb.2016.06.005.

Naomi I. Eisenberger, Matthew D. Lieberman, and Kipling D. Williams. Does rejection hurt? An fMRI study of social exclusion. *Science*, 302(5643):290–292,

2003. doi: 10.1126/science.1089134. URL https://doi.org/10.1126/science.1089134.

Panteleimon Ekkekakis. *The measurement of affect, mood, and emotion: A guide for health-behavioral research.* Cambridge University Press, Cambridge, UK, 2013. doi: 10.1017/CBO9780511820724. URL https://doi.org/10.1017/CBO9780511820724.

Paul Ekman. Facial expressions of emotion: New findings, new questions. *Psychological Science*, 3(1):34–38, 1992. doi: 10.1111/j.1467-9280.1992.tb00253.x. URL https://doi.org/10.1111/j.1467-9280.1992.tb00253.x.

Paul Ekman. Basic emotions. In T. Dalgleich and M. Power, editors, *Handbook of cognition and emotion*, pages 45–60. Wiley Online Library, 1999. ISBN 978-1462509997. URL http://www.worldcat.org/oclc/826592694.

Paul Ekman and Wallace Friesen. Facial action coding system: A technique for the measurement of facial movement. *Palo Alto: Consulting Psychologists*, 1978.

Paul Ekman and Wallace V. Friesen. *Unmasking the face.* Prentice Hall, Englewood Cliffs, NJ, 1975. ISBN 978-1883536367. URL http://www.worldcat.org/oclc/803874427.

Moataz El Ayadi, Mohamed S. Kamel, and Fakhri Karray. Survey on speech emotion recognition: Features, classification schemes, and databases. *Pattern Recognition*, 44(3):572–587, 2011. doi: 10.1016/j.patcog.2010.09.020. URL https://doi.org/10.1016/j.patcog.2010.09.020.

Ilias El Makrini, Shirley A. Elprama, Jan Van den Bergh, Bram Vanderborght, Albert-Jan Knevels, Charlotte I. C. Jewell, Frank Stals, Geert De Coppel, Ilse Ravyse, Johan Potargent, et al. Working with Walt. *IEEE Robotics & Automation Magazine*, 25:51–58, 2018. doi: 10.1109/MRA.2018.2815947. URL https://doi.org/10.1109/MRA.2018.2815947.

Alexis M. Elder. *Friendship, robots, and social media: False friends and second selves.* Routledge, New York, NY, 2017. ISBN 978-1138065666. URL http://www.worldcat.org/oclc/1016009820.

Nicholas Epley, Adam Waytz, and John T. Cacioppo. On seeing human: A three-factor theory of anthropomorphism. *Psychological Review*, 114(4):864–886, 2007. doi: 10.1037/0033-295X.114.4.864. URL https://doi.org/10.1037/0033-295X.114.4.864.

Nicholas Epley, Adam Waytz, Scott Akalis, and John T. Cacioppo. When we need a human: Motivational determinants of anthropomorphism. *Social Cognition*, 26 (2):143–155, 2008. doi: 10.1521/soco.2008.26.2.143. URL https://doi.org/10.1521/soco.2008.26.2.143.

European Commission. Public attitudes towards robots: A report. Technical Report Special Eurobarometer 382 / Wave EB77.1, Directorate-General for Information Society and Media, 2012. URL http://ec.europa.eu/commfrontoffice/publicopinion/archives/ebs/ebs_382_en.pdf.

Vanessa Evers, Heidy C. Maldonado, Talia L. Brodecki, and Pamela J. Hinds. Relational vs. group self-construal: Untangling the role of national culture in HRI. In *Proceedings of the 3rd ACM/IEEE International Conference on Human-Robot Interaction*, HRI '08, pages 255–262, New York, NY, 2008. ACM. ISBN 978-1-60558-017-3. doi: 10.1145/1349822.1349856. URL http://doi.acm.org/10.1145/1349822.1349856.

Florian Eyben, Felix Weninger, Florian Gross, and Björn Schuller. Recent developments in OpenSMILE, the Munich open-source multimedia feature extractor. In *21st ACM International Conference on Multimedia*, pages 835–838. ACM, 2013. ISBN 978-1-4503-2404-5. doi: 10.1145/2502081.2502224. URL https://doi.org/10.1145/2502081.2502224.

F. Eyssel and N. Reich. Loneliness makes the heart grow fonder (of robots)—on the effects of loneliness on psychological anthropomorphism. In *Proceedings of the 8th ACM/IEEE International Conference on Human-Robot Interaction (HRI)*, pages 121–122, 2013. ISBN 978-1-4673-3101-2. doi: 10.1109/HRI.2013.6483531. URL https://doi.org/10.1109/HRI.2013.6483531.

Friederike Eyssel. An experimental psychological perspective on social robotics. *Robotics and Autonomous Systems*, 87(Supplement C):363–371, 2017. ISSN 0921-8890. doi: https://doi.org/10.1016/j.robot.2016.08.029. URL http://www.sciencedirect.com/science/article/pii/S0921889016305462.

Friederike Eyssel and Frank Hegel. (S)he's got the look: Gender-stereotyping of social robots. *Journal of Applied Social Psychology*, 42:2213–2230, 2012. doi: 10.1111/j.1559-1816.2012.00937.x. URL https://doi.org/10.1111/j.1559-1816.2012.00937.x.

Friederike Eyssel, Dieta Kuchenbrandt, Simon Bobinger, Laura de Ruiter, and Frank Hegel. "If you sound like me, you must be more human": On the interplay of robot and user features on human-robot acceptance and anthropomorphism. In *Proceedings of the 7th Annual ACM/IEEE International Conference on Human-Robot Interaction*, HRI '12, pages 125–126, New York, NY, 2012a. ACM. ISBN 978-1-4503-1063-5. doi: 10.1145/2157689.2157717. URL http://doi.acm.org/10.1145/2157689.2157717.

Friederike Eyssel, Dieta Kuchenbrandt, Frank Hegel, and Laura de Ruiter. Activating elicited agent knowledge: How robot and user features shape the perception of social robots. In *Robot and human interactive communication (RO-MAN)*, pages 851–857. IEEE, 2012b. doi: 10.1109/ROMAN.2012.6343858. URL https://doi.org/10.1109/ROMAN.2012.6343858.

Franz Faul, Edgar Erdfelder, Albert-Georg Lang, and Buchner Axel. G*power 3: A flexible statistical power analysis program for the social, behavioral, and biomedical sciences. *Behavior Research Methods*, 39:175–191, 2007. doi: 10.3758/BF03193146. URL https://doi.org/10.3758/BF03193146.

David Feil-Seifer and Maja J. Matarić. Socially assistive robotics. *IEEE Robotics & Automation Magazine*, 18(1):24–31, 2011. doi: 10.1109/MRA.2010.940150. URL https://10.1109/MRA.2010.940150.

Catherine Feng, Shiri Azenkot, and Maya Cakmak. Designing a robot guide for blind people in indoor environments. In *The 10th Annual ACM/IEEE International Conference on Human-Robot Interaction Extended Abstracts*, pages 107–108. ACM, 2015. ISBN 978-1-4503-3318-4. doi: 10.1145/2701973.2702060. URL https://doi.org/10.1145/2701973.2702060.

Francesco Ferrari, Maria Paola Paladino, and Jolanda Jetten. Blurring human-machine distinctions: Anthropomorphic appearance in social robots as a threat to human distinctiveness. *International Journal of Social Robotics*, 8(2):287–302, 2016. doi: 10.1007/s12369-016-0338-y. URL https://doi.org/10.1007/s12369-016-0338-y.

Andy Field. *Discovering statistics using IBM SPSS statistics.* Sage, Thousand Oaks, CA, 2018. ISBN 9781526419514. URL http://www.worldcat.org/oclc/1030545826.

Andy Field and Graham Hole. *How to design and report experiments.* Sage, Thousand Oaks, CA, 2002. ISBN 978085702829. URL http://www.worldcat.org/title/how-to-design-and-report-experiments/oclc/961100072.

Julia Fink. Anthropomorphism and human likeness in the design of robots and human-robot interaction. In Shuzhi Sam Ge, Oussama Khatib, John-John Cabibihan, Reid Simmons, and Mary-Anne Williams, editors, *Social robotics*, pages 199–208, Berlin, Heidelberg, 2012. Springer. ISBN 978-3-642-34103-8. doi: 10.1007/

978-3-642-34103-8_20. URL https://doi.org/10.1007/978-3-642-34103-8_20.

Julia Fink, Valérie Bauwens, Frédéric Kaplan, and Pierre Dillenbourg. Living with a vacuum cleaning robot. *International Journal of Social Robotics*, 5(3):389–408, Aug 2013. ISSN 1875-4805. doi: 10.1007/s12369-013-0190-2. URL https://doi.org/10.1007/s12369-013-0190-2.

Julia Fink, Séverin Lemaignan, Pierre Dillenbourg, Philippe Rétornaz, Florian Vaussard, Alain Berthoud, Francesco Mondada, Florian Wille, and Karmen Franinović. Which robot behavior can motivate children to tidy up their toys? Design and evaluation of ranger. In *ACM/IEEE International Conference on Human-Robot Interaction*, pages 439–446. ACM, 2014. ISBN 978-1-4503-2658-2. doi: 10.1145/2559636.2559659. URL https://doi.org/10.1145/2559636.2559659.

Jaime Fisac, Andrea Bajcsy, Sylvia Herbert, David Fridovich-Keil, Steven Wang, Claire Tomlin, and Anca Dragan. Probabilistically safe robot planning with confidence-based human predictions. In *Proceedings of Robotics: Science and Systems*, Pittsburgh, Pennsylvania, June 2018. ISBN 978-0-9923747-4-7. doi: 10.15607/RSS.2018.XIV.069. URL https://doi.org/10.15607/RSS.2018.XIV.069.

Kerstin Fischer, Katrin Lohan, Joe Saunders, Chrystopher Nehaniv, Britta Wrede, and Katharina Rohlfing. The impact of the contingency of robot feedback on HRI. In *International Conference on Collaboration Technologies and Systems*, pages 210–217. IEEE, 2013. ISBN 978-1-4673-6403-4. doi: 10.1109/CTS.2013.6567231. URL https://doi.org/10.1109/CTS.2013.6567231.

Martin Ford. *The rise of the robots: Technology and the threat of mass unemployment.* Oneworld Publications, London, UK, 2015. ISBN 978-0465059997. URL http://www.worldcat.org/oclc/993846206.

Jodi Forlizzi and Carl DiSalvo. Service robots in the domestic environment: A study of the Roomba vacuum in the home. In *Proceedings of the 1st ACM SIGCHI/SIGART Conference on Human-Robot Interaction*, HRI '06, pages 258–265, New York, NY, 2006. ACM. ISBN 1-59593-294-1. doi: 10.1145/1121241.1121286. URL http://doi.acm.org/10.1145/1121241.1121286.

Floyd J. Fowler. *Improving survey questions: Design and evaluation*, volume 38. Sage, Thousand Oaks, CA, 1995. ISBN 978-0803945838. URL http://www.worldcat.org/oclc/551387270.

Floyd J. Fowler Jr. *Survey research methods.* Sage, Thousand Oaks, CA, 2013. ISBN 978-1452259000. URL http://www.worldcat.org/oclc/935314651.

Dieter Fox, Wolfram Burgard, and Sebastian Thrun. The dynamic window approach to collision avoidance. *IEEE Robotics & Automation Magazine*, 4(1):23–33, 1997. doi: 10.1109/100.580977. URL https://doi.org/10.1109/100.580977.

Masahiro Fujita. Aibo: Toward the era of digital creatures. *International Journal of Robotics Research*, 20(10):781–794, 2001. doi: 10.1177/02783640122068092. URL https://doi.org/10.1177/02783640122068092.

Future of Life Institute. An open letter—research priorities for robust and beneficial artificial intelligence, January 2015. URL https://futureoflife.org/ai-open-letter/.

Joel Garreau. Bots on the ground. *Washington Post*, 2007. URL http://www.washingtonpost.com/wp-dyn/content/article/2007/05/05/AR2007050501009.html.

Adam Gazzaley and Larry D. Rosen. *The distracted mind: Ancient brains in a high-tech world.* MIT Press, Cambridge, MA, 2016. ISBN 978-0262534437. URL http://www.worldcat.org/oclc/978487215.

Guido H. E. Gendolla. On the impact of mood on behavior: An integrative theory and a review. *Review of General Psychology*, 4(4):378–408, 2000. doi: 10.1037/1089-2680.4.4.378. URL `https://doi.org/10.1037/1089-2680.4.4.378`.

Oliver Genschow, Sofie van Den Bossche, Emiel Cracco, Lara Bardi, Davide Rigoni, and Marcel Brass. Mimicry and automatic imitation are not correlated. *PloS One*, 12(9):e0183784, 2017. doi: 10.1371/journal.pone.0183784. URL `https://doi.org/10.1371/journal.pone.0183784`.

Robert M. Geraci. Spiritual robots: Religion and our scientific view of the natural world. *Theology and Science*, 4(3):229–246, 2006. doi: 10.1080/14746700600952993. URL `https://doi.org/10.1080/14746700600952993`.

James J. Gibson. *The ecological approach to visual perception: Classic edition.* Psychology Press, London, UK, 2014. ISBN 978-1848725782. URL `http://www.worldcat.org/oclc/896794768`.

Rachel Gockley, Allison Bruce, Jodi Forlizzi, Marek Michalowski, Anne Mundell, Stephanie Rosenthal, Brennan Sellner, Reid Simmons, Kevin Snipes, Alan C. Schultz, et al. Designing robots for long-term social interaction. In *IEEE/RSJ International Conference on Intelligent Robots and Systems*, pages 1338–1343. IEEE, 2005. ISBN 0-7803-8912-3. doi: 10.1109/IROS.2005.1545303. URL `https://doi.org/10.1109/IROS.2005.1545303`.

Rachel Gockley, Jodi Forlizzi, and Reid Simmons. Interactions with a moody robot. In *Proceedings of the 1st ACM SIGCHI/SIGART Conference on Human-Robot Interaction*, pages 186–193. ACM, 2006. ISBN 1-59593-294-1. doi: 10.1145/1121241.1121274. URL `https://doi.org/10.1145/1121241.1121274`.

Rachel Gockley, Jodi Forlizzi, and Reid Simmons. Natural person-following behavior for social robots. In *ACM/IEEE International Conference on Human-Robot Interaction*, pages 17–24. ACM, 2007. ISBN 978-1-59593-617-2. doi: 10.1145/1228716.1228720. URL `https://doi.org/10.1145/1228716.1228720`.

Ben Goldacre. *Bad science.* Fourth Estate, London, UK, 2008. ISBN 9780007240197. URL `http://www.worldcat.org/oclc/760098401`.

Joseph K. Goodman, Cynthia E. Cryder, and Amar Cheema. Data collection in a flat world: The strengths and weaknesses of mechanical turk samples. *Journal of Behavioral Decision Making*, 26(3):213–224, 2013. doi: 10.1002/bdm.1753. URL `https://doi.org/10.1002/bdm.1753`.

Eberhard Graether and Florian Mueller. Joggobot: A flying robot as jogging companion. In *CHI '12 Extended Abstracts on Human Factors in Computing Systems*, pages 1063–1066, New York, NY, 2012. ACM. ISBN 978-1-4503-1016-1. doi: 10.1145/2212776.2212386. URL `https://doi.org/10.1145/2212776.2212386`.

Heather M. Gray, Kurt Gray, and Daniel M. Wegner. Dimensions of mind perception. *Science*, 315(5812):619–619, 2007. ISSN 0036-8075. doi: 10.1126/science.1134475. URL `http://science.sciencemag.org/content/315/5812/619`.

Leslie S. Greenberg. Application of emotion in psychotherapy. In Michael Lewis, Jeanette M. Haviland-Jones, and Lisa Feldman Barrett, editors, *Handbook of emotions*, volume 3, pages 88–101. Guilford Press, New York, NY, 2008. ISBN 978-1-59385-650-2. URL `http://citeseerx.ist.psu.edu/viewdoc/download?doi=10.1.1.472.7583&rep=rep1&type=pdf`.

H.-M. Gross, H. Boehme, Ch Schroeter, Steffen Müller, Alexander König, Erik Einhorn, Ch Martin, Matthias Merten, and Andreas Bley. Toomas: Interactive shopping guide robots in everyday use-final implementation and experiences from long-term field trials. In *IEEE/RSJ International Conference on Intelligent Robots and Systems*, pages 2005–2012. IEEE, 2009. ISBN 978-1-4244-3803-7. doi: 10.1109/IROS.2009.5354497. URL `https://doi.org/10.1109/IROS.2009.5354497`.

James J. Gross. Emotion regulation: Conceptual foundations. In James J. Gross, editor, *Handbook of emotion regulation*, chapter 1, pages 3–22. Guilford Press, 2007. ISBN 978-1462520732. URL http://www.worldcat.org/oclc/1027033463.

Hatice Gunes, Björn Schuller, Maja Pantic, and Roddy Cowie. Emotion representation, analysis and synthesis in continuous space: A survey. In *IEEE International Conference on Automatic Face & Gesture Recognition and Workshops*, pages 827–834. IEEE, 2011. ISBN 978-1-4244-9140-7. doi: 10.1109/FG.2011.5771357. URL https://doi.org/10.1109/FG.2011.5771357.

Martin Haegele. *World robotics service robots*. IFR Statistical Department, Chicago, IL, 2016. ISBN 9783816306948. URL http://www.worldcat.org/oclc/979905174.

Edward T. Hall, Ray L. Birdwhistell, Bernhard Bock, Paul Bohannan, A. Richard Diebold Jr., Marshall Durbin, Munro S. Edmonson, J. L. Fischer, Dell Hymes, Solon T. Kimball, et al. Proxemics [and comments and replies]. *Current Anthropology*, 9(2/3):83–108, 1968. doi: 10.1086/200975. URL https://doi.org/10.1086/200975.

Kun Han, Dong Yu, and Ivan Tashev. Speech emotion recognition using deep neural network and extreme learning machine. In *15th Annual Conference of the International Speech Communication Association*, pages 223–227, 2014. URL https://www.isca-speech.org/archive/archive_papers/interspeech_2014/i14_0223.pdf.

Takuya Hashimoto, Igor M. Verner, and Hiroshi Kobayashi. Human-like robot as teacher's representative in a science lesson: An elementary school experiment. In J. H. Kim, Matson E., and Xu P. Myung H., editors, *Robot intelligence technology and applications*, volume 208 of *Advances in Intelligent Systems and Computing*, pages 775–786. Springer, 2013. doi: 10.1007/978-3-642-37374-9_74. URL https://doi.org/10.1007/978-3-642-37374-9_74.

Nick Haslam. Dehumanization: An integrative review. *Personality and Social Psychology Review*, 10(3):252–264, 2006. doi: 10.1207/s15327957pspr1003_4. URL https://doi.org/10.1207/s15327957pspr1003_4.

Kotaro Hayashi, Masahiro Shiomi, Takayuki Kanda, Norihiro Hagita, and AI Robotics. Friendly patrolling: A model of natural encounters. In Hugh Durrant-Whyte, Nicholas Roy, and Pieter Abbeel, editors, *Robotics: Science and systems, Volume II*, pages 121–129. MIT Press, Cambridge, MA, 2012. ISBN 978-0-262-51779-9. URL http://www.worldcat.org/oclc/858018257.

Fritz Heider and Marianne Simmel. An experimental study of apparent behavior. *American Journal of Psychology*, 57(2):243–259, 1944. doi: 10.2307/1416950. URL https://doi.org/10.2307/1416950.

Mattias Heldner and Jens Edlund. Pauses, gaps and overlaps in conversations. *Journal of Phonetics*, 38(4):555–568, 2010. doi: 10.1016/j.wocn.2010.08.002. URL https://doi.org/10.1016/j.wocn.2010.08.002.

Carl-Herman Hjortsjö. *Man's face and mimic language*. Studen litteratur, Sweden, 1969. URL http://www.worldcat.org/oclc/974134474.

Chin-Chang Ho and Karl F. MacDorman. Revisiting the Uncanny Valley theory: Developing and validating an alternative to the Godspeed indices. *Computers in Human Behavior*, 26(6):1508–1518, 2010. doi: 10.1016/j.chb.2010.05.015. URL https://doi.org/10.1016/j.chb.2010.05.015.

Guy Hoffman. Dumb robots, smart phones: A case study of music listening companionship. In *The 21st IEEE International Symposium on Robot and Human Interactive Communication*, pages 358–363. IEEE, 2012. ISBN 978-1-4673-4604-7. doi: 10.1109/ROMAN.2012.6343779. URL https://doi.org/10.1109/ROMAN.2012.6343779.

Guy Hoffman and Cynthia Breazeal. Effects of anticipatory action on human-robot teamwork efficiency, fluency, and perception of team. In *Proceedings of* the ACM/IEEE International Conference on Human-Robot Interaction, pages 1–8. ACM, 2007. ISBN 978-1-59593-617-2. doi: 10.1145/1228716.1228718. URL https://doi.org/10.1145/1228716.1228718.

Guy Hoffman and Keinan Vanunu. Effects of robotic companionship on music enjoyment and agent perception. In *8th ACM/IEEE International Conference on Human-Robot Interaction*, pages 317–324. IEEE, 2013. ISBN 978-1-4673-3099-2. doi: 10.1109/HRI.2013.6483605. URL https://doi.org/10.1109/HRI.2013.6483605.

Guy Hoffman and Gil Weinberg. Shimon: An interactive improvisational robotic marimba player. In *CHI'10 Extended Abstracts on Human Factors in Computing Systems*, pages 3097–3102. ACM, 2010. ISBN 978-1-60558-930-5. doi: 10.1145/1753846.1753925. URL https://doi.org/10.1145/1753846.1753925.

Olle Holm. Analyses of longing: Origins, levels, and dimensions. *Journal of Psychology*, 133(6):621–630, 1999. doi: 10.1080/00223989909599768. URL https://doi.org/10.1080/00223989909599768.

Deanna Hood, Séverin Lemaignan, and Pierre Dillenbourg. When children teach a robot to write: An autonomous teachable humanoid which uses simulated handwriting. In *10th Annual ACM/IEEE International Conference on Human-Robot Interaction*, pages 83–90. ACM, 2015. ISBN 978-1-4503-2883-8. doi: 10.1145/2696454.2696479. URL https://doi.org/10.1145/2696454.2696479.

Andrew J. Hunt and Alan W. Black. Unit selection in a concatenative speech synthesis system using a large speech database. In *IEEE International Conference on Acoustics, Speech, and Signal Processing*, volume 1, pages 373–376. IEEE, 1996. ISBN 0-7803-3192-3. doi: 10.1109/ICASSP.1996.541110. URL https://doi.org/10.1109/ICASSP.1996.541110.

Helge Hüttenrauch, Kerstin Severinson Eklundh, Anders Green, and Elin A. Topp. Investigating spatial relationships in human-robot interaction. In *IEEE/RSJ International Conference on Intelligent Robots and Systems*, pages 5052–5059. IEEE, 2006. ISBN 1-4244-0258-1. doi: 10.1109/IROS.2006.282535. URL https://doi.org/10.1109/IROS.2006.282535.

Michita Imai, Tetsuo Ono, and Hiroshi Ishiguro. Physical relation and expression: Joint attention for human-robot interaction. *IEEE Transactions on Industrial Electronics*, 50(4):636–643, 2003. doi: 10.1109/TIE.2003.814769. URL https://doi.org/10.1109/TIE.2003.814769.

Bahar Irfan, James Kennedy, Séverin Lemaignan, Fotios Papadopoulos, Emmanuel Senft, and Tony Belpaeme. Social psychology and human-robot interaction: An uneasy marriage. In *Companion of the 2018 ACM/IEEE International Conference on Human-Robot Interaction*, HRI '18, pages 13–20, New York, NY, 2018. ACM. ISBN 978-1-4503-5615-2. doi: 10.1145/3173386.3173389. URL http://doi.acm.org/10.1145/3173386.3173389.

Carlos T. Ishi, Chaoran Liu, Hiroshi Ishiguro, and Norihiro Hagita. Speech-driven lip motion generation for tele-operated humanoid robots. In *Auditory-visual speech processing*, pages 131–135, 2011. URL https://www.isca-speech.org/archive/avsp11/papers/av11_131.pdf.

Hiroshi Ishiguro. Android science. In Thrun S., Brooks R., and Durrant-Whyte H., editors, *Robotics research*, pages 118–127. Springer, 2007. ISBN 978-3-540-48110-2. doi: 10.1007/978-3-540-48113-3_11. URL https://doi.org/10.1007/978-3-540-48113-3_11.

Oliver P. John, Sanjay Srivastava, et al. The Big Five trait taxonomy: History, measurement, and theoretical perspectives. *Handbook of personality: Theory and research*, 2(1999):102–138, 1999.

Spike Jonze. *Her*, 2013. URL https://www.imdb.com/title/tt1798709/?ref_=fn_al_tt_1.

Jutta Joormann and Ian H. Gotlib. Emotion regulation in depression: Relation to cognitive inhibition. *Cognition and Emotion*, 24(2):281–298, 2010. doi: 10.1080/02699930903407948. URL https://doi.org/10.1080/02699930903407948.

Malte Jung and Pamela Hinds. Robots in the wild: A time for more robust theories of human-robot interaction. *ACM Transactions on Human-Robot Interaction (THRI)*, 7(1):2, 2018. doi: 10.1145/3208975. URL https://doi.org/10.1145/3208975.

Peter H. Kahn, Nathan G. Freier, Takayuki Kanda, Hiroshi Ishiguro, Jolina H. Ruckert, Rachel L. Severson, and Shaun K. Kane. Design patterns for sociality in human-robot interaction. In *The 3rd ACM/IEEE International Conference on Human-Robot Interaction*, pages 97–104. ACM, 2008. ISBN 978-1-60558-017-3. doi: 10.1145/1349822.1349836. URL https://doi.org/10.1145/1349822.1349836.

Peter H. Kahn Jr., Takayuki Kanda, Hiroshi Ishiguro, Brian T. Gill, Jolina H. Ruckert, Solace Shen, Heather E. Gary, Aimee L. Reichert, Nathan G. Freier, and Rachel L. Severson. Do people hold a humanoid robot morally accountable for the harm it causes? In *Proceedings of the 7th Annual ACM/IEEE International Conference on Human-Robot Interaction*, pages 33–40. ACM, 2012. ISBN 978-1-4503-1063-5. doi: 10.1145/2157689.2157696. URL https://doi.org/10.1145/2157689.2157696.

Peter H. Kahn Jr., Takayuki Kanda, Hiroshi Ishiguro, Solace Shen, Heather E. Gary, and Jolina H. Ruckert. Creative collaboration with a social robot. In *ACM International Joint Conference on Pervasive and Ubiquitous Computing*, pages 99–103. ACM, 2014. ISBN 978-1-4503-2968-2. doi: 10.1145/2632048.2632058. URL https://doi.org/10.1145/2632048.2632058.

Takayuki Kanda, Takayuki Hirano, Daniel Eaton, and Hiroshi Ishiguro. Interactive robots as social partners and peer tutors for children: A field trial. *Human-Computer Interaction*, 19(1):61–84, 2004. doi: 10.1080/07370024.2004.9667340. URL https://doi.org/10.1080/07370024.2004.9667340.

Takayuki Kanda, Masayuki Kamasima, Michita Imai, Tetsuo Ono, Daisuke Sakamoto, Hiroshi Ishiguro, and Yuichiro Anzai. A humanoid robot that pretends to listen to route guidance from a human. *Autonomous Robots*, 22(1):87–100, 2007a. doi: 10.1007/s10514-006-9007-6. URL https://doi.org/10.1007/s10514-006-9007-6.

Takayuki Kanda, Rumi Sato, Naoki Saiwaki, and Hiroshi Ishiguro. A two-month field trial in an elementary school for long-term human-robot interaction. *IEEE Transactions on Robotics*, 23(5):962–971, 2007b. doi: 10.1109/TRO.2007.904904. URL https://doi.org/10.1109/TRO.2007.904904.

Takayuki Kanda, Masahiro Shiomi, Zenta Miyashita, Hiroshi Ishiguro, and Norihiro Hagita. A communication robot in a shopping mall. *IEEE Transactions on Robotics*, 26(5):897–913, 2010. doi: 10.1109/TRO.2010.2062550. URL https://doi.org/10.1109/TRO.2010.2062550.

Kyong Il Kang, Sanford Freedman, Maja J. Mataric, Mark J. Cunningham, and Becky Lopez. A hands-off physical therapy assistance robot for cardiac patients. In *9th International Conference on Rehabilitation Robotics (ICORR)*, pages 337–340. IEEE, 2005. ISBN 0-7803-9003-2. doi: 10.1109/ICORR.2005.1501114. URL https://doi.org/10.1109/ICORR.2005.1501114.

Frederic Kaplan. Who is afraid of the humanoid? Investigating cultural differences in the acceptance of robots. *International Journal of Humanoid Robotics*, 1(3):1–16, 2004. doi: 10.1142/S0219843604000289. URL https://doi.org/10.1142/S0219843604000289.

Victor Kaptelinin. Technology and the givens of existence: Toward an existential inquiry framework in HCI research. In *Proceedings of the 2018 CHI Conference on*

Human Factors in Computing Systems, CHI '18, pages 270:1–270:14, New York, NY, 2018. ACM. ISBN 978-1-4503-5620-6. doi: 10.1145/3173574.3173844. URL http://doi.acm.org/10.1145/3173574.3173844.

Yusuke Kato, Takayuki Kanda, and Hiroshi Ishiguro. May I help you? design of human-like polite approaching behavior. In *10th Annual ACM/IEEE International Conference on Human-Robot Interaction*, pages 35–42. ACM, 2015. ISBN 978-1-4503-2883-8. doi: 10.1145/2696454.2696463. URL https://doi.org/10.1145/2696454.2696463.

Dacher Keltner and Ann M. Kring. Emotion, social function, and psychopathology. *Review of General Psychology*, 2(3):320–342, 1998. doi: 10.1037/1089-2680.2.3.320. URL https://doi.org/10.1037/1089-2680.2.3.320.

Theodore D. Kemper. How many emotions are there? Wedding the social and the autonomic components. *American Journal of Sociology*, 93(2):263–289, 1987. doi: 10.1086/228745. URL https://doi.org/10.1086/228745.

Adam Kendon. *Conducting interaction: Patterns of behavior in focused encounters*. Cambridge University Press, Cambridge, UK, 1990. ISBN 978-0521389389. URL http://www.worldcat.org/oclc/785489376.

James Kennedy, Paul Baxter, and Tony Belpaeme. The robot who tried too hard: Social behaviour of a robot tutor can negatively affect child learning. In *10th Annual ACM/IEEE International Conference on Human-Robot Interaction*, pages 67–74. ACM, 2015. ISBN 978-1-4503-2883-8. doi: 10.1145/2696454.2696457. URL https://doi.org/10.1145/2696454.2696457.

James Kennedy, Séverin Lemaignan, Caroline Montassier, Pauline Lavalade, Bahar Irfan, Fotios Papadopoulos, Emmanuel Senft, and Tony Belpaeme. Child speech recognition in human-robot interaction: Evaluations and recommendations. In *Proceedings of the ACM/IEEE International Conference on Human-Robot Interaction*, pages 82–90. ACM, 2017. ISBN 978-1-4503-4336-7. doi: 10.1145/2909824.3020229. URL https://doi.org/10.1145/2909824.3020229.

Cory D. Kidd and Cynthia Breazeal. A robotic weight loss coach. In *Proceedings of the 22nd National Conference on Artificial Intelligence, Volume 2*, AAAI'07, pages 1985–1986. AAAI Press, 2007. ISBN 978-1-57735-323-2. URL http://dl.acm.org/citation.cfm?id=1619797.1619992.

Cory D. Kidd and Cynthia Breazeal. Robots at home: Understanding long-term human-robot interaction. In *IEEE/RSJ International Conference on Intelligent Robots and Systems*, pages 3230–3235. IEEE, 2008. ISBN 978-1-4244-2057-5. doi: 10.1109/IROS.2008.4651113. URL https://doi.org/10.1109/IROS.2008.4651113.

Sara Kiesler, Aaron Powers, Susan R. Fussell, and Cristen Torrey. Anthropomorphic interactions with a robot and robot-like agent. *Social Cognition*, 26(2):169–181, 2008. doi: 10.1521/soco.2008.26.2.169. URL https://doi.org/10.1521/soco.2008.26.2.169.

Ki Joon Kim, Eunil Park, and S. Shyam Sundar. Caregiving role in human–robot interaction: A study of the mediating effects of perceived benefit and social presence. *Computers in Human Behavior*, 29(4):1799–1806, 2013. doi: 10.1016/j.chb.2013.02.009. URL https://doi.org/10.1016/j.chb.2013.02.009.

Sandra L. Kirmeyer and Thung-Rung Lin. Social support: Its relationship to observed communication with peers and superiors. *Academy of Management Journal*, 30(1):138–151, 1987. doi: 10.5465/255900. URL https://doi.org/10.5465/255900.

Naho Kitano. "Rinri": An incitement towards the existence of robots in Japanese society. *International Review of Information Ethics*, 6:78–83, 2006. URL http://www.i-r-i-e.net/inhalt/006/006_Kitano.pdf.

Frank Klassner. A case study of LEGO Mindstorms suitability for artificial intelligence and robotics courses at the college level. *SIGCSE Bulletin*, 34(1): 8–12, February 2002. ISSN 0097-8418. doi: 10.1145/563517.563345. URL http://doi.acm.org/10.1145/563517.563345.

Kheng Lee Koay, Emrah Akin Sisbot, Dag Sverre Syrdal, Mick L. Walters, Kerstin Dautenhahn, and Rachid Alami. Exploratory study of a robot approaching a person in the context of handing over an object. In *AAAI Spring Symposium: Multidisciplinary Collaboration for Socially Assistive Robotics*, pages 18–24, 2007a. URL http://www.aaai.org/Papers/Symposia/Spring/2007/SS-07-07/SS07-07-004.pdf.

Kheng Lee Koay, Dag Sverre Syrdal, Michael L. Walters, and Kerstin Dautenhahn. Living with robots: Investigating the habituation effect in participants' preferences during a longitudinal human-robot interaction study. In *The 16th IEEE International Symposium on Robot and Human Interactive Communication*, pages 564–569. IEEE, 2007b. ISBN 978-1-4244-1634-9. doi: 10.1109/ROMAN.2007.4415149. URL https://doi.org/10.1109/ROMAN.2007.4415149.

Thomas Kollar, Stefanie Tellex, Deb Roy, and Nicholas Roy. Toward understanding natural language directions. In *5th ACM/IEEE International Conference on Human-Robot Interaction*, pages 259–266. IEEE, 2010. ISBN 978-1-4244-4892-0. doi: 10.1109/HRI.2010.5453186. URL https://doi.org/10.1109/HRI.2010.5453186.

Jeamin Koo, Jungsuk Kwac, Wendy Ju, Martin Steinert, Larry Leifer, and Clifford Nass. Why did my car just do that? Explaining semi-autonomous driving actions to improve driver understanding, trust, and performance. *International Journal on Interactive Design and Manufacturing (IJIDeM)*, 9(4):269–275, 2015. doi: 10.1007/s12008-014-0227-2. URL https://doi.org/10.1007/s12008-014-0227-2.

Stefan Kopp, Brigitte Krenn, Stacy Marsella, Andrew N. Marshall, Catherine Pelachaud, Hannes Pirker, Kristinn R. Thórisson, and Hannes Vilhjálmsson. Towards a common framework for multimodal generation: The behavior markup language. In *International Workshop on Intelligent Virtual Agents*, pages 205–217. Springer, 2006. ISBN 978-3-540-37593-7. doi: 10.1007/11821830_17. URL https://doi.org/10.1007/11821830_17.

Hideki Kozima, Marek P. Michalowski, and Cocoro Nakagawa. Keepon. *International Journal of Social Robotics*, 1(1):3–18, 2009. doi: 10.1007/s12369-008-0009-8. URL https://doi.org/10.1007/s12369-008-0009-8.

Thibault Kruse, Amit Kumar Pandey, Rachid Alami, and Alexandra Kirsch. Human-aware robot navigation: A survey. *Robotics and Autonomous Systems*, 61(12):1726–1743, 2013. doi: 10.1016/j.robot.2013.05.007. URL https://doi.org/10.1016/j.robot.2013.05.007.

Dieta Kuchenbrandt, Nina Riether, and Friederike Eyssel. Does anthropomorphism reduce stress in HRI? In *Proceedings of the 2014 ACM/IEEE International Conference on Human-Robot Interaction*, pages 218–219, New York, NY, 2014. ACM. ISBN 978-1-4503-2658-2. doi: 10.1145/2559636.2563710. URL http://doi.org/10.1145/2559636.2563710.

Thomas S. Kuhn. *The structure of scientific revolutions.* University of Chicago Press, Chicago, IL, 2nd edition, 1970. ISBN 0226458032. URL http://www.worldcat.org/oclc/468581998.

Dana Kulic and Elizabeth A. Croft. Safe planning for human-robot interaction. *Journal of Field Robotics*, 22(7):383–396, 2005. doi: 10.1002/rob.20073. URL https://doi.org/10.1002/rob.20073.

Hideaki Kuzuoka, Yuya Suzuki, Jun Yamashita, and Keiichi Yamazaki. Reconfiguring spatial formation arrangement by robot body orientation. In *5th ACM/IEEE International Conference on Human-Robot Interaction*, pages 285–292. IEEE

Press, 2010. ISBN 978-1-4244-4892-0. doi: 10.1109/HRI.2010.5453182. URL https://doi.org/10.1109/HRI.2010.5453182.

Peter J. Lang, Margaret M. Bradley, and Bruce N. Cuthbert. Motivated attention: Affect, activation, and action. In Peter J. Lang, Robert F. Simons, Marie Balaban, and Robert Simons, editors, *Attention and orienting: Sensory and motivational processes*, pages 97–135. Erlbaum, Hillsdale, NJ, 1997. ISBN 9781135808204. URL http://www.worldcat.org/oclc/949987355.

Juan S. Lara, Jonathan Casas, Andres Aguirre, Marcela Munera, Monica Rincon-Roncancio, Bahar Irfan, Emmanuel Senft, Tony Belpaeme, and Carlos A. Cifuentes. Human-robot sensor interface for cardiac rehabilitation. In *International Conference on Rehabilitation Robotics (ICORR)*, pages 1013–1018. IEEE, 2017. ISBN 978-1-5386-2296-4. doi: 10.1109/ICORR.2017.8009382. URL https://doi.org/10.1109/ICORR.2017.8009382.

Randy J. Larsen and Edward Diener. Promises and problems with the circumplex model of emotion. In Margaret S. Clark, editor, *Emotion: The review of personality and social psychology*, volume 13, chapter 2, pages 25–59. Thousand Oaks, CA: Sage, 1992. ISBN 978-0803946149. URL http://www.worldcat.org/oclc/180631851.

Richard S. Lazarus. *Emotion and adaptation*. Oxford University Press on Demand, 1991. ISBN 978-0195092660. URL http://www.worldcat.org/oclc/298419692.

Yann LeCun, Yoshua Bengio, and Geoffrey Hinton. Deep learning. *Nature*, 521 (7553):436, 2015. doi: 10.1038/nature14539. URL https://doi.org/10.1038/nature14539.

Hee Rin Lee, JaYoung Sung, Selma Šabanović, and Joenghye Han. Cultural design of domestic robots: A study of user expectations in Korea and the United States. In *IEEE International Workshop on Robot and Human Interactive Communication*, pages 803–808. IEEE, 2012. ISBN 978-1-4673-4604-7. doi: 10.1109/ROMAN.2012.6343850. URL https://doi.org/10.1109/ROMAN.2012.6343850.

Hee Rin Lee, Selma Šabanović, Wan-Ling Chang, Shinichi Nagata, Jennifer Piatt, Casey Bennett, and David Hakken. Steps toward participatory design of social robots: Mutual learning with older adults with depression. In *ACM/IEEE International Conference on Human-Robot Interaction*, pages 244–253. ACM, 2017. ISBN 978-1-4503-4336-7. doi: 10.1145/2909824.3020237. URL https://doi.org/10.1145/2909824.3020237.

Min Kyung Lee, Jodi Forlizzi, Paul E Rybski, Frederick Crabbe, Wayne Chung, Josh Finkle, Eric Glaser, and Sara Kiesler. The Snackbot: Documenting the design of a robot for long-term human-robot interaction. In *Proceedings of the ACM/IEEE International Conference on Human-Robot Interaction*, pages 7–14. ACM, 2009. ISBN 978-1-60558-404-1. doi: 10.1145/1514095.1514100. URL https://doi.org/10.1145/1514095.1514100.

Sau-lai Lee, Ivy Yee-man Lau, Sara Kiesler, and Chi-Yue Chiu. Human mental models of humanoid robots. In *IEEE International Conference on Robotics and Automation*, pages 2767–2772. IEEE, 2005. ISBN 0-7803-8914-X. doi: 10.1109/ROBOT.2005.1570532. URL https://doi.org/10.1109/ROBOT.2005.1570532.

Iolanda Leite, Ginevra Castellano, André Pereira, Carlos Martinho, and Ana Paiva. Modelling empathic behaviour in a robotic game companion for children: An ethnographic study in real-world settings. In *Proceedings of the 7th Annual ACM/IEEE International Conference on Human-Robot Interaction*, HRI '12, pages 367–374, New York, NY, 2012. ACM. ISBN 978-1-4503-1063-5. doi: 10.1145/2157689.2157811. URL https://dx.doi.org/10.1145/2157689.2157811.

Iolanda Leite, Carlos Martinho, and Ana Paiva. Social robots for long-term interaction: A survey. *International Journal of Social Robotics*, 5(2):291–308, 2013. doi: 10.1007/s12369-013-0178-y. URL `https://doi.org/10.1007/s12369-013-0178-y`.

Iolanda Leite, Marissa McCoy, Monika Lohani, Daniel Ullman, Nicole Salomons, Charlene Stokes, Susan Rivers, and Brian Scassellati. Emotional storytelling in the classroom: Individual versus group interaction between children and robots. In *Proceedings of the 10th Annual ACM/IEEE International Conference on Human-Robot Interaction*, pages 75–82. ACM, 2015. ISBN 978-1-4503-2883-8. doi: 10.1145/2696454.2696481. URL `https://doi.org/10.1145/2696454.2696481`.

Séverin Lemaignan, Mathieu Warnier, E. Akin Sisbot, Aurélie Clodic, and Rachid Alami. Artificial cognition for social human-robot interaction: An implementation. *Artificial Intelligence*, 247:45–69, 2017. ISSN 0004-3702. doi: 10.1016/j.artint.2016.07.002. URL `http://doi.org/10.1016/j.artint.2016.07.002`.

Douglas B. Lenat. Cyc: A large-scale investment in knowledge infrastructure. *Communications of the ACM*, 38(11):33–38, 1995. doi: 10.1145/219717.219745. URL `https://doi.org/10.1145/219717.219745`.

David Levy. *Love and sex with robots: The evolution of human-robot relationships*. Harper Collins, New York, NY, 2009. ISBN 978-0061359804. URL `http://www.worldcat.org/oclc/1021135698`.

Jacques-Philippe Leyens, Armando Rodríguez, Ramon Rodriguez-Torres, Ruth Gaunt, Maria Paladino, Jeroen Vaes, and Stéphanie Demoulin. Psychological essentialism and the differential attribution of uniquely human emotions to ingroups and outgroups. *European Journal of Social Psychology*, 31:395–411, 07 2001. doi: 10.1002/ejsp.50. URL `https://doi.org/10.1002/ejsp.50`.

Daniel Leyzberg, Samuel Spaulding, Mariya Toneva, and Brian Scassellati. The physical presence of a robot tutor increases cognitive learning gains. In *Proceedings of the Cognitive Science Society*, pages 1882–1887, 2012. URL `https://escholarship.org/uc/item/7ck0p200`.

Patrick Lin, Keith Abney, and George A. Bekey. *Robot ethics: The ethical and social implications of robotics*. Intelligent robotics and autonomous agents. MIT Press, Cambridge, MA, 2012. ISBN 9780262016667. URL `http://www.worldcat.org/oclc/1004334474`.

Jessica Lindblom and Tom Ziemke. Social situatedness of natural and artificial intelligence: Vygotsky and beyond. *Adaptive Behavior*, 11(2):79–96, 2003. doi: 10.1177/10597123030112002. URL `https://doi.org/10.1177/10597123030112002`.

P. Liu, D. F. Glas, T. Kanda, and H. Ishiguro. Data-driven HRI: Learning social behaviors by example from human-human interaction. *IEEE Transactions on Robotics*, 32(4):988–1008, 2016. ISSN 1552-3098. doi: 10.1109/TRO.2016.2588880. URL `https://doi.org/10.1109/TRO.2016.2588880`.

Phoebe Liu, Dylan F. Glas, Takayuki Kanda, Hiroshi Ishiguro, and Norihiro Hagita. It's not polite to point: Generating socially-appropriate deictic behaviors towards people. In *The 8th ACM/IEEE International Conference on Human-Robot Interaction*, pages 267–274. IEEE Press, 2013. ISBN 978-1-4673-3099-2. doi: 10.1109/HRI.2013.6483598. URL `https://doi.org/10.1109/HRI.2013.6483598`.

Travis Lowdermilk. *User-centered design: A developer's guide to building user-friendly applications*. O'Reilly, Sebastopol, CA, 2013. ISBN 978-1449359805. URL `http://www.worldcat.org/oclc/940703603`.

Matthias Luber, Luciano Spinello, Jens Silva, and Kai O. Arras. Socially-aware robot navigation: A learning approach. In *IEEE/RSJ International Conference on Intelligent Robots and Systems*, pages 902–907. IEEE, 2012. ISBN 978-1-4673-1737-5. doi: 10.1109/IROS.2012.6385716. URL `https://doi.org/10.1109/IROS.2012.6385716`.

Karl F. MacDorman, Sandosh K. Vasudevan, and Chin-Chang Ho. Does Japan really have robot mania? comparing attitudes by implicit and explicit measures. *AI & SOCIETY*, 23(4):485–510, Jul 2009. ISSN 1435-5655. doi: 10.1007/s00146-008-0181-2. URL https://doi.org/10.1007/s00146-008-0181-2.

Alex Mar. Modern love: Are we ready for intimacy with androids?, October 2017. URL https://www.wired.com/2017/10/hiroshi-ishiguro-when-robots-act-just-like-humans/. Online; accessed 7-September-2018.

Aarian Marshall and Alex Davies. Uber's self-driving car saw the woman it killed, report says. *Wired Magazine*, March 2018. URL https://www.wired.com/story/uber-self-driving-crash-arizona-ntsb-report/. Online; accessed 7-November-2018.

Paul Marshall, Yvonne Rogers, and Nadia Pantidi. Using f-formations to analyse spatial patterns of interaction in physical environments. In *Proceedings of the ACM 2011 Conference on Computer Supported Cooperative Work*, pages 445–454. ACM, 2011. ISBN 978-1-4503-0556-3. doi: 10.1145/1958824.1958893. URL https://doi.org/10.1145/1958824.1958893.

Maja J. Matarić. *The robotics primer*. MIT Press, Cambridge, MA, 2007. ISBN 9780262633543. URL http://www.worldcat.org/oclc/604083625.

Nikolaos Mavridis. A review of verbal and non-verbal human–robot interactive communication. *Robotics and Autonomous Systems*, 63:22–35, 2015. ISSN 0921-8890. doi: 10.1016/j.robot.2014.09.031. URL https://doi.org/10.1016/j.robot.2014.09.031.

Richard E. Mayer and C. Scott DaPra. An embodiment effect in computer-based learning with animated pedagogical agents. *Journal of Experimental Psychology: Applied*, 18(3):239–252, 2012. doi: 10.1037/a0028616. URL http://doi.org/10.1037/a0028616.

Pamela McCorduck. *Machines who think: A personal inquiry into the history and prospects of artificial intelligence*. W. H. Freeman, San Francisco, 1979. ISBN 978-1568812052. URL http://www.worldcat.org/oclc/748860627.

Drew McDermott. Yes, computers can think. *New York Times*, 1997. URL http://www.nytimes.com/1997/05/14/opinion/yes-computers-can-think.html.

Albert Mehrabian. *Basic dimensions for a general psychological theory: Implications for personality, social, environmental, and developmental studies*. Oelgeschlager, Gunn & Hain, Cambridge, MA, 1980. ISBN 978-0899460048. URL http://www.worldcat.org/oclc/925130232.

Albert Mehrabian and James A. Russell. *An approach to environmental psychology*. MIT Press, Cambridge, MA, 1974. ISBN 9780262630719. URL http://www.worldcat.org/oclc/318133343.

Marek P. Michalowski, Selma Sabanovic, and Reid Simmons. A spatial model of engagement for a social robot. In *9th IEEE International Workshop on Advanced Motion Control*, pages 762–767. IEEE, 2006. ISBN 0-7803-9511-1. doi: 10.1109/AMC.2006.1631755. URL https://doi.org/10.1109/AMC.2006.1631755.

Marek P. Michalowski, Selma Sabanovic, and Hideki Kozima. A dancing robot for rhythmic social interaction. In *2nd ACM/IEEE International Conference on Human-Robot Interaction*, pages 89–96. IEEE, 2007. ISBN 978-1-59593-617-2. doi: 10.1145/1228716.1228729. URL https://doi.org/10.1145/1228716.1228729.

Sushmita Mitra and Tinku Acharya. Gesture recognition: A survey. *IEEE Transactions on Systems, Man, and Cybernetics, Part C (Applications and Reviews)*, 37(3):311–324, 2007. doi: 10.1109/TSMCC.2007.893280. URL https://doi.org/10.1109/TSMCC.2007.893280.

Roger K. Moore. A Bayesian explanation of the "uncanny valley" effect and related psychological phenomena. *Scientific Reports*, 2:864, 2012. doi: 10.1038/srep00864. URL `http://dx.doi.org/10.1038/srep00864`.

Luis Yoichi Morales Saiki, Satoru Satake, Takayuki Kanda, and Norihiro Hagita. Modeling environments from a route perspective. In *6th International Conference on Human-Robot interaction*, pages 441–448. ACM, 2011. ISBN 978-1-4503-0561-7. doi: 10.1145/1957656.1957815. URL `https://doi.org/10.1145/1957656.1957815`.

Luis Yoichi Morales Saiki, Satoru Satake, Rajibul Huq, Dylan Glas, Takayuki Kanda, and Norihiro Hagita. How do people walk side-by-side? Using a computational model of human behavior for a social robot. In *7th Annual ACM/IEEE International Conference on Human-Robot Interaction*, pages 301–308. ACM, 2012. ISBN 978-1-4503-1063-5. doi: 10.1145/2157689.2157799. URL `https://doi.org/10.1145/2157689.2157799`.

Masahiro Mori. The Uncanny Valley. *Energy*, 7:33–35, 1970. doi: 10.1109/MRA.2012.2192811. URL `https://doi.org/10.1109/MRA.2012.2192811`.

Masahiro Mori. *The Buddha in the robot.* Tuttle Publishing, Tokyo, Japan, 1982. ISBN 978-4333010028. URL `http://www.worldcat.org/oclc/843422852`.

Masahiro Mori, Karl F. MacDorman, and Norri Kageki. The Uncanny Valley [from the field]. *IEEE Robotics & Automation Magazine*, 19(2):98–100, 2012. doi: 10.1109/MRA.2012.2192811. URL `https://doi.org/10.1109/MRA.2012.2192811`.

Omar Mubin, Catherine J. Stevens, Suleman Shahid, Abdullah Al Mahmud, and Jian-Jie Dong. A review of the applicability of robots in education. *Journal of Technology in Education and Learning*, 1(209-0015):1–7, 2013. doi: 10.2316/Journal.209.2013.1.209-0015. URL `http://doi.org/10.2316/Journal.209.2013.1.209-0015`.

Jonathan Mumm and Bilge Mutlu. Human-robot proxemics: Physical and psychological distancing in human-robot interaction. In *Proceedings of the 2011 ACM/IEEE International Conference on Human-Robot Interaction*, pages 331–338. ACM, 2011. ISBN 978-1-4503-0561-7. doi: 10.1145/1957656.1957786. URL `https://dl.acm.org/citation.cfm?doid=1957656.1957786`.

Mike Murphy. The beginning of the end: Google's AI has beaten a top human player at the complex game of go. *Quartz*, 2016. URL `https://qz.com/636637/the-beginning-of-the-end-googles-ai-has-beaten-a-top-human-player-at-the-complex-game-of-go/`.

Bilge Mutlu and Jodi Forlizzi. Robots in organizations: The role of workflow, social, and environmental factors in human-robot interaction. In *3rd ACM/IEEE International Conference on Human-Robot Interaction*, pages 287–294. IEEE, 2008. ISBN 978-1-60558-017-3. doi: 10.1145/1349822.1349860. URL `https://doi.org/10.1145/1349822.1349860`.

Bilge Mutlu, Jodi Forlizzi, and Jessica Hodgins. A storytelling robot: Modeling and evaluation of human-like gaze behavior. In *6th IEEE-RAS International Conference on Humanoid Robots*, pages 518–523. Citeseer, 2006. ISBN 1-4244-0199-2. doi: https://doi.org/10.1109/ICHR.2006.321322. URL `https://doi.org/10.1109/ICHR.2006.321322`.

Bilge Mutlu, Toshiyuki Shiwa, Takayuki Kanda, Hiroshi Ishiguro, and Norihiro Hagita. Footing in human-robot conversations: How robots might shape participant roles using gaze cues. In *The 4th ACM/IEEE International Conference on Human-Robot Interaction*, pages 61–68. ACM, 2009. ISBN 978-1-60558-404-1. doi: 10.1145/1514095.1514109. URL `https://doi.org/10.1145/1514095.1514109`.

Bilge Mutlu, Takayuki Kanda, Jodi Forlizzi, Jessica Hodgins, and Hiroshi Ishiguro. Conversational gaze mechanisms for humanlike robots. *ACM Transactions on Interactive Intelligent Systems*, 1(2):12, 2012. doi: 10.1145/2070719.2070725. URL `https://doi.org/10.1145/2070719.2070725`.

Yasushi Nakauchi and Reid Simmons. A social robot that stands in line. *Autonomous Robots*, 12(3):313–324, 2002. doi: 10.1023/A:1015273816637. URL https://doi.org/10.1023/A:1015273816637.

Roberto Navigli and Simone Paolo Ponzetto. Babelnet: The automatic construction, evaluation and application of a wide-coverage multilingual semantic network. *Artificial Intelligence*, 193:217–250, 2012. doi: 10.1016/j.artint.2012.07.001. URL https://doi.org/10.1016/j.artint.2012.07.001.

C. L. Nehaniv, K. Dautenhahn, J. Kubacki, M. Haegele, C. Parlitz, and R. Alami. A methodological approach relating the classification of gesture to identification of human intent in the context of human-robot interaction. In *IEEE International Workshop on Robot and Human Interactive Communication*, pages 371–377, 2005. ISBN 0780392744. doi: 10.1109/ROMAN.2005.1513807. URL https://doi.org/10.1109/ROMAN.2005.1513807.

Shogo Nishiguchi, Kohei Ogawa, Yuichiro Yoshikawa, Takenobu Chikaraishi, Oriza Hirata, and Hiroshi Ishiguro. Theatrical approach: Designing human-like behaviour in humanoid robots. *Robotics and Autonomous Systems*, 89:158–166, 2017. doi: 10.1016/j.robot.2016.11.017. URL https://doi.org/10.1016/j.robot.2016.11.017.

Don Norman. *The design of everyday things: Revised and expanded edition.* Basic Books, New York, NY, 2013. ISBN 9780465072996. URL http://www.worldcat.org/oclc/862103168.

Donald A. Norman. The way i see it: Signifiers, not affordances. *Interactions*, 15(6): 18–19, 2008. doi: 10.1145/1409040.1409044. URL https://doi.org/10.1145/1409040.1409044.

Brian A. Nosek, Charles R. Ebersole, Alexander DeHaven, and David Mellor. The preregistration revolution. *Proceedings of the National Academy of Sciences of the United States of America*, 115(11):2600–2606, 2017. doi: 10.1073/pnas.1708274114. URL https://doi.org/10.1073/pnas.1708274114.

Illah R. Nourbakhsh, Judith Bobenage, Sebastien Grange, Ron Lutz, Roland Meyer, and Alvaro Soto. An affective mobile robot educator with a full-time job. *Artificial Intelligence*, 114(1-2):95–124, 1999. doi: 10.1016/S0004-3702(99)00027-2. URL https://doi.org/10.1016/S0004-3702(99)00027-2.

Illah Reza Nourbakhsh. *Robot futures.* MIT Press, Cambridge, MA, 2013. ISBN 9780262018623. URL http://www.worldcat.org/oclc/945438245.

Jekaterina Novikova and Leon Watts. Towards artificial emotions to assist social coordination in HRI. *International Journal of Social Robotics*, 7(1):77–88, 2015. doi: 10.1007/s12369-014-0254-y. URL https://doi.org/10.1007/s12369-014-0254-y.

Regina Nuzzo. Statistical errors. *Nature*, 506(7487):150, 2014. doi: 10.1038/506150a. URL https://doi.org/10.1038/506150a.

Daniel M. Oppenheimer, Tom Meyvis, and Nicolas Davidenko. Instructional manipulation checks: Detecting satisficing to increase statistical power. *Journal of Experimental Social Psychology*, 45(4):867–872, 2009. doi: 10.1016/j.jesp.2009.03.009. URL https://doi.org/10.1016/j.jesp.2009.03.009.

Andrew Ortony and Terence J Turner. What's basic about basic emotions? *Psychological Review*, 97(3):315, 1990. doi: 10.1037/0033-295X.97.3.315. URL https://doi.org/10.1037/0033-295X.97.3.315.

Andrew Ortony, Gerald Clore, and Allan Collins. *The cognitive structure of emotions.* Cambridge University Press, Cambridge, UK, 1988. ISBN 978-0521386647. URL http://www.worldcat.org/oclc/910015120.

Hirotaka Osawa, Ren Ohmura, and Michita Imai. Using attachable humanoid parts for realizing imaginary intention and body image. *International Journal of Social*

Robotics, 1(1):109–123, 2009. doi: 10.1007/s12369-008-0004-0. URL `https://doi.org/10.1007/s12369-008-0004-0`.

Elena Pacchierotti, Henrik I. Christensen, and Patric Jensfelt. Evaluation of passing distance for social robots. In *The 15th IEEE International Symposium on Robot and Human Interactive Communication*, pages 315–320. IEEE, 2006. ISBN 1-4244-0564-5. doi: 10.1109/ROMAN.2006.314436. URL `https://doi.org/10.1109/ROMAN.2006.314436`.

Steffi Paepcke and Leila Takayama. Judging a bot by its cover: An experiment on expectation setting for personal robots. In *5th ACM/IEEE International Conference on Human-Robot Interaction*, pages 45–52. IEEE, 2010. ISBN 978-1-4244-4892-0. doi: 10.1109/HRI.2010.5453268. URL `https://doi.org/10.1109/HRI.2010.5453268`.

Maja Pantic, Alex Pentland, Anton Nijholt, and Thomas S. Huang. Human computing and machine understanding of human behavior: A survey. In Huang T. S., Nijholt A., Pantic M., and Pentland A., editors, *Artificial intelligence for human computing*, volume 4451 of *Lecture Notes in Computer Science*, pages 47–71. Springer, 2007. doi: 10.1007/978-3-540-72348-6_3. URL `https://doi.org/10.1007/978-3-540-72348-6_3`.

Hae Won Park, Mirko Gelsomini, Jin Joo Lee, and Cynthia Breazeal. Telling stories to robots: The effect of backchanneling on a child's storytelling. In *ACM/IEEE International Conference on Human-Robot Interaction*, pages 100–108. ACM, 2017. ISBN 978-1-4503-4336-7. doi: 10.1145/2909824.3020245. URL `https://doi.org/10.1145/2909824.3020245`.

Michael Partridge and Christoph Bartneck. The invisible naked guy: An exploration of a minimalistic robot. In *The First International Conference on Human-Agent Interaction*, pages II–2–p2, 2013. doi: 10.17605/OSF.IO/A4YM5. URL `https://doi.org/10.17605/OSF.IO/A4YM5`.

Alex Pentland and Tracy Heibeck. *Honest signals: How they shape our world.* MIT Press, Cambridge, MA, 2010. ISBN 978-0262515122. URL `http://www.worldcat.org/oclc/646395585`.

Ignacio Pérez-Hurtado, Jesús Capitán, Fernando Caballero, and Luis Merino. Decision-theoretic planning with person trajectory prediction for social navigation. In *Robot 2015: Second Iberian Robotics Conference*, pages 247–258. Springer, 2016. ISBN 978-3-319-27148-4. doi: 10.1007/978-3-319-27149-1_20. URL `https://doi.org/10.1007/978-3-319-27149-1_20`.

Thomas F. Pettigrew, Linda R. Tropp, Ulrich Wagner, and Oliver Christ. Recent advances in intergroup contact theory. *International Journal of Intercultural Relations*, 35(3):271–280, 2011. doi: 10.1016/j.ijintrel.2011.03.001. URL `https://doi.org/10.1016/j.ijintrel.2011.03.001`.

R. W. Picard. *Affective computing.* MIT Press, Cambridge, MA, 1997. ISBN 978-0262661157. URL `https://mitpress.mit.edu/books/affective-computing`.

Joelle Pineau, Michael Montemerlo, Martha Pollack, Nicholas Roy, and Sebastian Thrun. Towards robotic assistants in nursing homes: Challenges and results. *Robotics and Autonomous Systems*, 42(3-4):271–281, 2003. doi: 10.1016/S0921-8890(02)00381-0. URL `https://doi.org/10.1016/S0921-8890(02)00381-0`.

Robert M. Pirsig. *Zen and the art of motorcycle maintenance: An inquiry into values.* Morrow, New York, NY, 1974. ISBN 0688002307. URL `http://www.worldcat.org/oclc/41356566`.

Diego A. Pizzagalli, Avram J. Holmes, Daniel G. Dillon, Elena L. Goetz, Jeffrey L. Birk, Ryan Bogdan, Darin D. Dougherty, Dan V. Iosifescu, Scott L. Rauch, and Maurizio Fava. Reduced caudate and nucleus accumbens response to rewards in unmedicated individuals with major depressive disorder. *American Journal of Psychiatry*, 166(6):702–710, 2009. doi: 10.1016/j.jpsychires.2008.03.001. URL `https://doi.org/10.1016/j.jpsychires.2008.03.001`.

Robert Ed Plutchik and Hope R. Conte. *Circumplex models of personality and emotions*. American Psychological Association, Washington, D.C., 1997. ISBN 978-1557983800. URL `http://www.worldcat.org/oclc/442562242`.

Cristina Anamaria Pop, Ramona Simut, Sebastian Pintea, Jelle Saldien, Alina Rusu, Daniel David, Johan Vanderfaeillie, Dirk Lefeber, and Bram Vanderborght. Can the social robot Probo help children with autism to identify situation-based emotions? A series of single case experiments. *International Journal of Humanoid Robotics*, 10(03):1350025, 2013. doi: 10.1142/S0219843613500254. URL `https://doi.org/10.1142/S0219843613500254`.

Jonathan Posner, James A. Russell, and Bradley S. Peterson. The circumplex model of affect: An integrative approach to affective neuroscience, cognitive development, and psychopathology. *Development and Psychopathology*, 17(3):715–734, 2005. doi: 10.1017/S0954579405050340. URL `https://doi.org/10.1017/S0954579405050340`.

Michael I. Posner. *Cognitive neuroscience of attention*. Guilford Press, New York, NY, 2011. ISBN 978-1609189853. URL `http://www.worldcat.org/oclc/958053069`.

Aaron Powers, Adam D. I. Kramer, Shirlene Lim, Jean Kuo, Sau-lai Lee, and Sara Kiesler. Eliciting information from people with a gendered humanoid robot. In *IEEE International Workshop on Robot and Human Interactive Communication*, pages 158–163. IEEE, 2005. ISBN 0-7803-9274-4. doi: 10.1109/ROMAN.2005.1513773. URL `https://doi.org/10.1109/ROMAN.2005.1513773`.

Aaron Powers, Sara Kiesler, Susan Fussell, and Cristen Torrey. Comparing a computer agent with a humanoid robot. In *Proceedings of the ACM/IEEE International Conference on Human-Robot Interaction*, pages 145–152. ACM, 2007. ISBN 978-1-59593-617-2. doi: 10.1145/1228716.1228736. URL `https://doi.org/10.1145/1228716.1228736`.

Byron Reeves and Clifford Ivar Nass. *The media equation: How people treat computers, television, and new media like real people and places*. Cambridge University Press, Cambridge, UK, 1996. ISBN 978-1575860534. URL `http://www.worldcat.org/oclc/796222708`.

Natalia Reich-Stiebert and Friederike Eyssel. Learning with educational companion robots? Toward attitudes on education robots, predictors of attitudes, and application potentials for education robots. *International Journal of Social Robotics*, 7(5):875–888, Nov 2015. ISSN 1875-4805. doi: 10.1007/s12369-015-0308-9. URL `https://doi.org/10.1007/s12369-015-0308-9`.

Natalia Reich-Stiebert and Friederike Eyssel. Robots in the classroom: What teachers think about teaching and learning with education robots. In *International Conference on Social Robotics*, pages 671–680. Springer, 2016. ISBN 978-3-319-47436-6. doi: 10.1007/978-3-319-47437-3_66. URL `https://doi.org/10.1007/978-3-319-47437-3_66`.

Natalia Reich-Stiebert and Friederike Anne Eyssel. Leben mit robotern-eine onlinebefragung im deutschen sprachraum zur akzeptanz von servicerobotern im alltag (poster), 2013. URL `https://pub.uni-bielefeld.de/publication/2907019`.

Jasia Reichardt. *Robots: Fact, fiction, and prediction*. Thames and Hudson, London, UK, 1978. ISBN 9780140049381. URL `http://www.worldcat.org/oclc/1001944069`.

Nancy A. Remington, Leandre R. Fabrigar, and Penny S. Visser. Reexamining the circumplex model of affect. *Journal of Personality and Social Psychology*, 79 (2):286–300, 2000. doi: 10.1037/0022-3514.79.2.286. URL `https://doi.org/10.1037/0022-3514.79.2.286`.

Charles Rich, Brett Ponsler, Aaron Holroyd, and Candace L. Sidner. Recognizing engagement in human-robot interaction. In *5th ACM/IEEE International Conference on Human-Robot Interaction*, pages 375–382. IEEE, 2010. ISBN 978-1-4244-4892-0. doi: 10.1109/HRI.2010.5453163. URL `https://doi.org/10.1109/HRI.2010.5453163`.

Laurel D. Riek. Wizard of Oz studies in HRI: A systematic review and new reporting guidelines. *Journal of Human-Robot Interaction*, 1(1):119–136, 2012. doi: 10.5898/JHRI.1.1.Riek. URL `https://doi.org/10.5898/JHRI.1.1.Riek`.

Laurel D. Riek, Philip C. Paul, and Peter Robinson. When my robot smiles at me: Enabling human-robot rapport via real-time head gesture mimicry. *Journal on Multimodal User Interfaces*, 3(1-2):99–108, 2010. doi: 10.1007/s12193-009-0028-2. URL `https://doi.org/10.1007/s12193-009-0028-2`.

Ben Robins, Paul Dickerson, Penny Stribling, and Kerstin Dautenhahn. Robot-mediated joint attention in children with autism: A case study in robot-human interaction. *Interaction Studies*, 5(2):161–198, 2004. doi: 10.1075/is.5.2.02rob. URL `https://doi.org/10.1075/is.5.2.02rob`.

Ben Robins, Kerstin Dautenhahn, and Paul Dickerson. From isolation to communication: A case study evaluation of robot assisted play for children with autism with a minimally expressive humanoid robot. In *2nd International Conferences on Advances in Computer-Human Interactions*, pages 205–211. IEEE, 2009. ISBN 978-1-4244-3351-3. doi: 10.1109/ACHI.2009.32. URL `https://doi.org/10.1109/ACHI.2009.32`.

Hayley Robinson, Bruce MacDonald, and Elizabeth Broadbent. The role of health-care robots for older people at home: A review. *International Journal of Social Robotics*, 6(4):575–591, 2014. doi: 10.1007/s12369-014-0242-2. URL `https://doi.org/10.1007/s12369-014-0242-2`.

Raquel Ros, Séverin Lemaignan, E. Akin Sisbot, Rachid Alami, Jasmin Steinwender, Katharina Hamann, and Felix Warneken. Which one? grounding the referent based on efficient human-robot interaction. In *19th International Symposium in Robot and Human Interactive Communication*, pages 570–575, 2010. ISSN 1944-9445. doi: 10.1109/ROMAN.2010.5598719. URL `http://doi.org/10.1109/ROMAN.2010.5598719`.

Rasmus Rothe, Radu Timofte, and Luc Van Gool. Deep expectation of real and apparent age from a single image without facial landmarks. *International Journal of Computer Vision (IJCV)*, 126(2):144–157, 2016. doi: 10.1007/s11263-016-0940-3. URL `https://doi.org/10.1007/s11263-016-0940-3`.

Dirk Rothenbücher, Jamy Li, David Sirkin, Brian Mok, and Wendy Ju. Ghost driver: A field study investigating the interaction between pedestrians and driverless vehicles. In *25th IEEE International Symposium on Robot and Human Interactive Communication*, pages 795–802. IEEE, 2016. ISBN 978-1-5090-3930-2. doi: 10.1109/ROMAN.2016.7745210. URL `https://doi.org/10.1109/ROMAN.2016.7745210`.

James A. Russell. A circumplex model of affect. *Journal of Personality and Social Psychology*, 39(6):1161–1178, 1980. doi: 10.1037/h0077714. URL `https://doi.org/10.1037/h0077714`.

James A. Russell and Lisa Feldman Barrett. Core affect, prototypical emotional episodes, and other things called emotion: Dissecting the elephant. *Journal of Personality and Social Psychology*, 76(5):805, 1999. doi: 10.1037//0022-3514.76.5.805. URL `https://doi.org/10.1037//0022-3514.76.5.805`.

James A. Russell, Maria Lewicka, and Toomas Niit. A cross-cultural study of a circumplex model of affect. *Journal of Personality and Social Psychology*, 57(5):848–856, 1989. doi: 10.1037/0022-3514.57.5.848. URL `https://doi.org/10.1037/0022-3514.57.5.848`.

Stuart Russell and Peter Norvig. *Artificial intelligence: A modern approach.* Pearson, Essex, UK, 3rd edition, 2009. ISBN 978-0136042594. URL http://www.worldcat.org/oclc/496976145.

Mel D. Rutherford and Ashley M. Towns. Scan path differences and similarities during emotion perception in those with and without autism spectrum disorders. *Journal of Autism and Developmental Disorders*, 38(7):1371–1381, 2008. doi: 10.1007/s10803-007-0525-7. URL https://doi.org/10.1007/s10803-007-0525-7.

Selma Šabanović. *Imagine all the robots: Developing a critical practice of cultural and disciplinary traversals in social robotics.* PhD thesis, Doctoral Thesis Faculty of Rensselaer Polytechnic Institute, 2007. URL digitool.rpi.edu:8881/dtl_publish/50/9729.html.

Selma Šabanović. Emotion in robot cultures: Cultural models of affect in social robot design. In *Proceedings of the Conference on Design & Emotion (D&E2010)*, pages 4–11, 2010.

Selma Šabanović and Wan-Ling Chang. Socializing robots: Constructing robotic sociality in the design and use of the assistive robot PARO. *AI & Society*, 31 (4):537–551, 2016. doi: 10.1007/s00146-015-0636-1. URL https://doi.org/10.1007/s00146-015-0636-1.

Selma Šabanović, Marek P. Michalowski, and Reid Simmons. Robots in the wild: Observing human-robot social interaction outside the lab. In *9th IEEE International Workshop on Advanced Motion Control*, pages 596–601. IEEE, 2006. ISBN 0-7803-9511-1. doi: 10.1109/AMC.2006.1631758. URL https://doi.org/10.1109/AMC.2006.1631758.

Selma Šabanović, Sarah M. Reeder, and Bobak Kechavarzi. Designing robots in the wild: In situ prototype evaluation for a break management robot. *Journal of Human-Robot Interaction*, 3(1):70–88, February 2014. ISSN 2163-0364. doi: 10.5898/JHRI.3.1.Sabanovic. URL https://doi.org/10.5898/JHRI.3.1.Sabanovic.

Selma Šabanović, Wan-Ling Chang, Casey C. Bennett, Jennifer A. Piatt, and David Hakken. A robot of my own: Participatory design of socially assistive robots for independently living older adults diagnosed with depression. In *International Conference on Human Aspects of IT for the Aged Population*, pages 104–114. Springer, 2015. ISBN 978-3-319-20891-6. doi: 10.1007/978-3-319-20892-3_11. URL https://doi.org/10.1007/978-3-319-20892-3_11.

Harvey Sacks, Emanuel A. Schegloff, and Gail Jefferson. A simplest systematics for the organization of turn-taking for conversation. *Language*, 4:696–735, 1974. doi: 10.2307/412243. URL https://doi.org/10.2307/412243.

Martin Saerbeck and Christoph Bartneck. Perception of affect elicited by robot motion. In *5th ACM/IEEE International Conference on Human-Robot Interaction*, pages 53–60. ACM, 2010. ISBN 978-1-4244-4893-7. doi: 10.1145/1734454.1734473. URL https://doi.org/10.1145/1734454.1734473.

Martin Saerbeck, Tom Schut, Christoph Bartneck, and Maddy Janse. Expressive robots in education—varying the degree of social supportive behavior of a robotic tutor. In *28th ACM Conference on Human Factors in Computing Systems (CHI2010)*, pages 1613–1622. ACM, 2010. ISBN 978-1-60558-929-9. doi: 10.1145/1753326.1753567. URL https://doi.org/10.1145/1753326.1753567.

Daisuke Sakamoto, Takayuki Kanda, Tetsuo Ono, Hiroshi Ishiguro, and Norihiro Hagita. Android as a telecommunication medium with a human-like presence. In *2nd ACM/IEEE International Conference on Human-Robot Interaction*, pages 193–200. IEEE, 2007. ISBN 978-1-59593-617-2. doi: 10.1145/1228716.1228743. URL https://doi.org/10.1145/1228716.1228743.

Maha Salem, Friederike Eyssel, Katharina Rohlfing, Stefan Kopp, and Frank Joublin. To err is human (-like): Effects of robot gesture on perceived anthropomorphism and likability. *International Journal of Social Robotics*, 5(3):313–323, 2013. doi: 10.1007/s12369-013-0196-9. URL `https://doi.org/10.1007/s12369-013-0196-9`.

P. Salvini, G. Ciaravella, W. Yu, G. Ferri, A. Manzi, B. Mazzolai, C. Laschi, S. R. Oh, and P. Dario. How safe are service robots in urban environments? Bullying a robot. In *19th International Symposium in Robot and Human Interactive Communication*, pages 368–374, 2010. ISBN 978-1-4244-7991-7. doi: 10.1109/ROMAN.2010.5654677. URL `http://dx.doi.org/10.1109/ROMAN.2010.5654677`.

Jyotirmay Sanghvi, Ginevra Castellano, Iolanda Leite, André Pereira, Peter W McOwan, and Ana Paiva. Automatic analysis of affective postures and body motion to detect engagement with a game companion. In *6th ACM/IEEE International Conference on Human-Robot Interaction*, pages 305–311. IEEE, 2011. ISBN 978-1-4503-0561-7. doi: 10.1145/1957656.1957781. URL `https://doi.org/10.1145/1957656.1957781`.

Porter Edward Sargent. *The new immoralities: Clearing the way for a new ethics.* Porter Sargent, Boston, MA, 2013. ISBN 978-1258541880. URL `http://www.worldcat.org/oclc/3794581`.

Satoru Satake, Takayuki Kanda, Dylan F. Glas, Michita Imai, Hiroshi Ishiguro, and Norihiro Hagita. How to approach humans? Strategies for social robots to initiate interaction. In *4th ACM/IEEE International Conference on Human-Robot Interaction*, pages 109–116. IEEE, 2009. ISBN 978-1-60558-404-1. doi: 10.1145/1514095.1514117. URL `https://doi.org/10.1145/1514095.1514117`.

Allison Sauppé and Bilge Mutlu. The social impact of a robot co-worker in industrial settings. In *33rd Annual ACM Conference on Human Factors in Computing Systems*, pages 3613–3622. ACM, 2015. ISBN 978-1-4503-3145-6. doi: 10.1145/2702123.2702181. URL `https://doi.org/10.1145/2702123.2702181`.

Brian Scassellati. Imitation and mechanisms of joint attention: A developmental structure for building social skills on a humanoid robot. In Nehaniv C. L., editor, *Computation for metaphors, analogy, and agents*, volume 1562 of *Lecture Notes in Computer Science*, pages 176–195. Springer, 1999. ISBN 978-3-540-65959-4. doi: 10.1007/3-540-48834-0_11. URL `https://doi.org/10.1007/3-540-48834-0_11`.

Brian Scassellati. Investigating models of social development using a humanoid robot. In Barbara Webb and Thomas Consi, editors, *Biorobotics: Methods and applications*, pages 145–168. MIT Press, 2000. ISBN 9780262731416. URL `http://www.worldcat.org/oclc/807529041`.

Brian Scassellati, Henny Admoni, and Maja Matarić. Robots for use in autism research. *Annual Review of Biomedical Engineering*, 14:275–294, 2012. doi: 10.1146/annurev-bioeng-071811-150036. URL `https://doi.org/10.1146/annurev-bioeng-071811-150036`.

Klaus R. Scherer. Emotion as a multicomponent process: A model and some cross-cultural data. *Review of Personality & Social Psychology*, 1984. URL `https://doi.org/psycinfo/1986-17269-001`.

Leonhard Schilbach, Marcus Wilms, Simon B. Eickhoff, Sandro Romanzetti, Ralf Tepest, Gary Bente, N. Jon Shah, Gereon R. Fink, and Kai Vogeley. Minds made for sharing: Initiating joint attention recruits reward-related neurocircuitry. *Journal of Cognitive Neuroscience*, 22(12):2702–2715, 2010. doi: 10.1162/jocn.2009.21401. URL `https://doi.org/10.1162/jocn.2009.21401`.

Tyler Schnoebelen and Victor Kuperman. Using Amazon Mechanical Turk for linguistic research. *Psihologija*, 43(4):441–464, 2010. doi: 10.2298/PSI1004441S. URL `https://doi.org/10.2298/PSI1004441S`.

Billy Schonenberg and Christoph Bartneck. Mysterious machines. In *5th ACM/IEEE International Conference on Human-Robot Interaction*, pages 349–350, Osaka, 2010. ACM. ISBN 978-1-4244-4893-7. doi: 10.1145/1734454.1734572. URL https://doi.org/10.1145/1734454.1734572.

Jake Schreier. Robot and Frank, 2013. URL https://www.imdb.com/title/tt1990314/.

John R. Searle. Minds, brains and programs. *Behavioral and Brain Sciences*, 3(3): 417–457, 1980. doi: 10.1017/S0140525X00005756. URL https://doi.org/10.1017/S0140525X00005756.

Charles R. Seger, Eliot R. Smith, Elise James Percy, and Frederica R. Conrey. Reach out and reduce prejudice: The impact of interpersonal touch on intergroup liking. *Basic and Applied Social Psychology*, 36(1):51–58, 2014. doi: 10.1080/01973533.2013.856786. URL https://doi.org/10.1080/01973533.2013.856786.

Aparna Shankar, Mark Hamer, Anne McMunn, and Andrew Steptoe. Social isolation and loneliness: Relationships with cognitive function during 4 years of follow-up in the English Longitudinal Study of Ageing. *Psychosomatic Medicine*, 75(2): 161–170, 2013. doi: 10.1097/PSY.0b013e31827f09cd. URL https://doi.org/10.1097/PSY.0b013e31827f09cd.

Amanda J. C. Sharkey. Should we welcome robot teachers? *Ethics and Information Technology*, 18(4):283–297, 2016. doi: 10.1007/s10676-016-9387-z. URL https://doi.org/10.1007/s10676-016-9387-z.

Megha Sharma, Dale Hildebrandt, Gem Newman, James E. Young, and Rasit Eskicioglu. Communicating affect via flight path: Exploring use of the Laban effort system for designing affective locomotion paths. In *8th ACM/IEEE International Conference on Human-Robot Interaction*, pages 293–300. IEEE, 2013. ISBN 978-1-4673-3099-2. doi: 10.1109/HRI.2013.6483602. URL https://doi.org/10.1109/HRI.2013.6483602.

Glenda Shaw-Garlock. Looking forward to sociable robots. *International Journal of Social Robotics*, 1(3):249–260, Aug 2009. ISSN 1875-4805. doi: 10.1007/s12369-009-0021-7. URL https://doi.org/10.1007/s12369-009-0021-7.

Chao Shi, Masahiro Shiomi, Christian Smith, Takayuki Kanda, and Hiroshi Ishiguro. A model of distributional handing interaction for a mobile robot. In *Robotics: Science and systems*, pages 24–28, 2013. URL http://roboticsproceedings.org/rss09/p55.pdf.

Takanori Shibata. Therapeutic seal robot as biofeedback medical device: Qualitative and quantitative evaluations of robot therapy in dementia care. *Proceedings of the IEEE*, 100(8):2527–2538, 2012. doi: 10.1109/JPROC.2012.2200559. URL https://doi.org/10.1109/JPROC.2012.2200559.

Takanori Shibata, Kazuyoshi Wada, Yousuke Ikeda, and Selma Sabanovic. Cross-cultural studies on subjective evaluation of a seal robot. *Advanced Robotics*, 23 (4):443–458, 2009. doi: 10.1163/156855309X408826. URL https://doi.org/10.1163/156855309X408826.

Masahiro Shiomi, Takayuki Kanda, Hiroshi Ishiguro, and Norihiro Hagita. Interactive humanoid robots for a science museum. In *Proceedings of the 1st ACM SIGCHI/SIGART Conference on Human-Robot Interaction*, HRI '06, pages 305–312, New York, NY, 2006. ACM. ISBN 1-59593-294-1. doi: 10.1145/1121241.1121293. URL http://doi.acm.org/10.1145/1121241.1121293.

Masahiro Shiomi, Francesco Zanlungo, Kotaro Hayashi, and Takayuki Kanda. Towards a socially acceptable collision avoidance for a mobile robot navigating among pedestrians using a pedestrian model. *International Journal of Social Robotics*, 6(3):443–455, 2014. doi: 10.1007/s12369-014-0238-y. URL https://doi.org/10.1007/s12369-014-0238-y.

Bruno Siciliano and Oussama Khatib. *Springer handbook of robotics*. Springer, Berlin, 2016. ISBN 9783319325507. URL http://www.worldcat.org/oclc/945745190.

Jack Sidnell. *Conversation analysis: An introduction*, volume 45. John Wiley & Sons, New York, NY, 2011. ISBN 978-1405159012. URL http://www.worldcat.org/oclc/973423100.

Candace L. Sidner, Christopher Lee, Cory D. Kidd, Neal Lesh, and Charles Rich. Explorations in engagement for humans and robots. *Artificial Intelligence*, 166 (1-2):140–164, 2005. doi: 10.1016/j.artint.2005.03.005. URL https://doi.org/10.1016/j.artint.2005.03.005.

Herbert Alexander Simon. *The sciences of the artificial*. MIT Press, Cambridge, MA, 3rd edition, 1996. ISBN 0262691914. URL http://www.worldcat.org/oclc/552080160.

Peter W. Singer. *Wired for war: The robotics revolution and conflict in the twenty-first century*. Penguin, New York, NY, 2009. ISBN 9781594201981. URL http://www.worldcat.org/oclc/857636246.

Ashish Singh and James E. Young. Animal-inspired human-robot interaction: A robotic tail for communicating state. In *7th ACM/IEEE International Conference on Human-Robot Interaction*, pages 237–238. IEEE, 2012. ISBN 978-1-4503-1063-5. doi: 10.1145/2157689.2157773. URL https://doi.org/10.1145/2157689.2157773.

David Sirkin, Brian Mok, Stephen Yang, and Wendy Ju. Mechanical ottoman: How robotic furniture offers and withdraws support. In *10th Annual ACM/IEEE International Conference on Human-Robot Interaction*, pages 11–18. ACM, 2015. ISBN 978-1-4503-2883-8. doi: 10.1145/2696454.2696461. URL https://doi.org/10.1145/2696454.2696461.

Emrah Akin Sisbot, Luis F. Marin-Urias, Rachid Alami, and Thierry Simeon. A human aware mobile robot motion planner. *IEEE Transactions on Robotics*, 23 (5):874–883, 2007. doi: 10.1109/TRO.2007.904911. URL https://doi.org/10.1109/TRO.2007.904911.

Ka-Chun Siu, Irene H Suh, Mukul Mukherjee, Dmitry Oleynikov, and Nick Stergiou. The effect of music on robot-assisted laparoscopic surgical performance. *Surgical Innovation*, 17(4):306–311, 2010. doi: 10.1177/1553350610381087. URL https://doi.org/10.1177/1553350610381087.

Aaron Smith. US views of technology and the future: Science in the next 50 years. Pew Research Center, April 17, 2014. URL http://assets.pewresearch.org/wp-content/uploads/sites/14/2014/04/US-Views-of-Technology-and-the-Future.pdf.

Richard L. Soash. Media equation: How people treat computers, television, and new media like real people and places. *Collection Management*, 24(3-4):310–311, 1999. doi: 10.1300/J105v24n03_14. URL https://doi.org/10.1300/J105v24n03_14.

Olivia Solon. Roomba creator responds to reports of "Poopocalypse": "We see this a lot". *The Guardian*, 2016. URL https://www.theguardian.com/technology/2016/aug/15/roomba-robot-vacuum-poopocalypse-facebook-post. Accessed: 2018-01-06.

Stefan Sosnowski, Ansgar Bittermann, Kolja Kuhnlenz, and Martin Buss. Design and evaluation of emotion-display EDDIE. In *IEEE/RSJ International Conference on Intelligent Robots and Systems*, pages 3113–3118. IEEE, 2006. ISBN 1-4244-0258-1. doi: 10.1109/IROS.2006.282330. URL https://doi.org/10.1109/IROS.2006.282330.

Robert Sparrow. Robotic weapons and the future of war. In Paolo Tripodi and Jessica Wolfendale, editors, *New wars and new soldiers: Military ethics in the contemporary world*, chapter 7, pages 117–133. Ashgate Surrey, 2011. ISBN 978-1-4094-0105-6. URL http://www.worldcat.org/oclc/960210186.

Robert Sparrow. Robots, rape, and representation. *International Journal of Social Robotics*, 9(4):465–477, Sep 2017. ISSN 1875-4805. doi: 10.1007/s12369-017-0413-z. URL https://doi.org/10.1007/s12369-017-0413-z.

Robert Sparrow and Linda Sparrow. In the hands of machines? The future of aged care. *Minds and Machines*, 16(2):141–161, 2006. doi: 10.1007/s11023-006-9030-6. URL https://doi.org/10.1007/s11023-006-9030-6.

Thorsten Spexard, Shuyin Li, Britta Wrede, Jannik Fritsch, Gerhard Sagerer, Olaf Booij, Zoran Zivkovic, Bas Terwijn, and Ben Krose. BIRON, where are you? Enabling a robot to learn new places in a real home environment by integrating spoken dialog and visual localization. In *IEEE/RSJ International Conference on Intelligent Robots and Systems*, pages 934–940. IEEE, 2006. ISBN 1-4244-0258-1. doi: 10.1109/IROS.2006.281770. URL https://doi.org/10.1109/IROS.2006.281770.

A. Stedeman, D. Sutherland, and Christoph Bartneck. *Learning ROILA*. CreateSpace, Charleston, SC, 2011. ISBN 978-1466494978. URL https://www.createspace.com/3716932.

Luc Steels. The artificial life roots of artificial intelligence. *Artificial Life*, 1(1/2):75–110, 1993. doi: 10.1162/artl.1993.1.1_2.75. URL https://doi.org/10.1162/artl.1993.1.1_2.75.

Nancy L. Stein and Keith Oatley. Basic emotions: Theory and measurement. *Cognition & Emotion*, 6(3-4):161–168, 1992. doi: 10.1080/02699939208411067. URL https://doi.org/10.1080/02699939208411067.

Mariëlle Stel, Rick B. Van Baaren, and Roos Vonk. Effects of mimicking: Acting prosocially by being emotionally moved. *European Journal of Social Psychology*, 38(6):965–976, 2008. doi: 10.1002/ejsp.472. URL https://doi.org/10.1002/ejsp.472.

Sofia Strömbergsson, Anna Hjalmarsson, Jens Edlund, and David House. Timing responses to questions in dialogue. In *Interspeech*, pages 2584–2588, 2013. URL http://www.isca-speech.org/archive/archive_papers/interspeech_2013/i13_2584.pdf.

Osamu Sugiyama, Takayuki Kanda, Michita Imai, Hiroshi Ishiguro, and Norihiro Hagita. Natural deictic communication with humanoid robots. In *IEEE/RSJ International Conference on Intelligent Robots and Systems*, pages 1441–1448. IEEE, 2007. ISBN 978-1-4244-0911-2. doi: 10.1109/IROS.2007.4399120. URL https://doi.org/10.1109/IROS.2007.4399120.

Ja-Young Sung, Lan Guo, Rebecca E. Grinter, and Henrik I. Christensen. "my Roomba is Rambo": Intimate home appliances. In *9th International Conference on Ubiquitous Computing*, UbiComp '07, pages 145–162, Berlin, Heidelberg, 2007. Springer-Verlag. ISBN 978-3-540-74852-6. doi: 10.1007/978-3-540-74853-3_9. URL https://doi.org/10.1007/978-3-540-74853-3_9.

JaYoung Sung, Rebecca E. Grinter, and Henrik I. Christensen. "Pimp my Roomba": Designing for personalization. In *Proceedings of the SIGCHI Conference on Human Factors in Computing Systems*, CHI '09, pages 193–196, New York, NY, 2009. ACM. ISBN 978-1-60558-246-7. doi: 10.1145/1518701.1518732. URL http://doi.acm.org/10.1145/1518701.1518732.

Siddharth Suri and Duncan J. Watts. Cooperation and contagion in web-based, networked public goods experiments. *PloS One*, 6(3):e16836, 2011. doi: 10.1371/journal.pone.0016836. URL https://doi.org/10.1371/journal.pone.0016836.

Daniel Szafir, Bilge Mutlu, and Terry Fong. Communicating directionality in flying robots. In *The 10th Annual ACM/IEEE International Conference on Human-Robot Interaction*, pages 19–26. ACM, 2015. ISBN 978-1-4503-2883-8. doi: 10.1145/2696454.2696475. URL https://doi.org/10.1145/2696454.2696475.

Tajika Taichi, Miyashita Takahiro, Ishiguro Hiroshi, and Hagita Norihiro. Automatic categorization of haptic interactions—what are the typical haptic interactions between a human and a robot? In *6th IEEE-RAS International Conference on Humanoid Robots*, pages 490–496. IEEE, 2006. ISBN 1-4244-0199-2. doi: https://doi.org/10.1109/ICHR.2006.321318. URL 10.1109/ICHR.2006.321318.

Leila Takayama, Doug Dooley, and Wendy Ju. Expressing thought: Improving robot readability with animation principles. In *Proceedings of the 6th International Conference on Human-Robot Interaction*, pages 69–76. ACM, 2011. ISBN 978-1-4673-4393-0. doi: 10.1145/1957656.1957674. URL https://doi.org/10.1145/1957656.1957674.

Leila A. Takayama. *Throwing voices: Investigating the psychological effects of the spatial location of projected voices*. PhD thesis, Stanford University, 2008. URL https://searchworks.stanford.edu/view/7860025.

Fumihide Tanaka and Takeshi Kimura. Care-receiving robot as a tool of teachers in child education. *Interaction Studies*, 11(2):263–268, 2010. doi: 10.1075/is.11.2.14tan. URL https://doi.org/10.1075/is.11.2.14tan.

Fumihide Tanaka, Aaron Cicourel, and Javier R. Movellan. Socialization between toddlers and robots at an early childhood education center. *Proceedings of the National Academy of Sciences*, 104(46):17954–17958, 2007. doi: 10.1073/pnas.0707769104. URL https://doi.org/10.1073/pnas.0707769104.

Adriana Tapus, Maja J. Mataric, and Brian Scassellati. Socially assistive robotics [grand challenges of robotics]. *IEEE Robotics & Automation Magazine*, 14(1):35–42, 2007. doi: 10.1109/MRA.2007.339605. URL https://doi.org/10.1109/MRA.2007.339605.

Adriana Tapus, Andreea Peca, Amir Aly, Cristina Pop, Lavinia Jisa, Sebastian Pintea, Alina S. Rusu, and Daniel O. David. Children with autism social engagement in interaction with Nao, an imitative robot: A series of single case experiments. *Interaction Studies*, 13(3):315–347, 2012. doi: 10.1075/is.13.3.01tap. URL https://doi.org/10.1075/is.13.3.01tap.

Serge Thill, Cristina A. Pop, Tony Belpaeme, Tom Ziemke, and Bram Vanderborght. Robot-assisted therapy for autism spectrum disorders with (partially) autonomous control: Challenges and outlook. *Paladyn*, 3(4):209–217, 2012. doi: 10.2478/s13230-013-0107-7. URL https://doi.org/10.2478/s13230-013-0107-7.

Frank Thomas, Ollie Johnston, and Thomas Frank. *The illusion of life: Disney animation*. Hyperion, New York, NY, 1995. ISBN 978-0786860708. URL http://www.worldcat.org/oclc/974772586.

Sebastian Thrun, Wolfram Burgard, and Dieter Fox. *Probabilistic robotics*. MIT Press, Cambridge, MA, 2005. ISBN 978-0-2622-0162-9. URL http://www.worldcat.org/oclc/705585641.

Jonas Togler, Fabian Hemmert, and Reto Wettach. Living interfaces: The thrifty faucet. In *Proceedings of the 3rd International Conference on Tangible and Embedded Interaction*, pages 43–44. ACM, 2009. ISBN 978-1-60558-493-5. doi: 10.1145/1517664.1517680. URL https://doi.org/10.1145/1517664.1517680.

J. Gregory Trafton, Nicholas L. Cassimatis, Magdalena D. Bugajska, Derek P. Brock, Farilee E. Mintz, and Alan C. Schultz. Enabling effective human-robot interaction using perspective-taking in robots. *IEEE Trans. on Systems, Man, and Cybernetics. Part A: Systems and Humans*, 35(4):460–470, 2005. doi: 10.1109/TSMCA.2005.850592. URL https://doi.org/10.1109/TSMCA.2005.850592.

Robert Trappl, Paolo Petta, and Sabine Payr. *Emotions in humans and artifacts.* MIT Press, Cambridge, MA, 2003. ISBN 978-0262201421. URL https://mitpress.mit.edu/books/emotions-humans-and-artifacts.

Rudolph Triebel, Kai Arras, Rachid Alami, Lucas Beyer, Stefan Breuers, Raja Chatila, Mohamed Chetouani, Daniel Cremers, Vanessa Evers, Michelangelo Fiore, et al. Spencer: A socially aware service robot for passenger guidance and help in busy airports. In *Field and service robotics*, pages 607–622. Springer, 2016. ISBN 978-3-319-27700-4. doi: 10.1007/978-3-319-27702-8_40. URL https://doi.org/10.1007/978-3-319-27702-8_40.

Alan M. Turing. Computing machinery and intelligence. *Mind*, 59(236):433–460, 1950. doi: 10.1007/978-1-4020-6710-5_3. URL https://doi.org/10.1007/978-1-4020-6710-5_3.

Sherry Turkle. *Reclaiming conversation: The power of talk in a digital age.* Penguin, New York, NY, 2016. ISBN 978-0143109792. URL http://www.worldcat.org/oclc/960703115.

Sherry Turkle. *Alone together: Why we expect more from technology and less from each other.* Basic Books, New York, NY, 2017. ISBN 9780465031467. URL https://www.basicbooks.com/titles/sherry-turkle/alone-together/9780465093663/.

George E. Vaillan. *Triumphs of experience: The men of the Harvard Grant Study.* Belknap Press, Cambridge, MA, 2015. ISBN 978-0674503816. URL http://www.worldcat.org/oclc/910969527.

Albert van Breemen, Xue Yan, and Bernt Meerbeek. iCat: An animated user-interface robot with personality. In *Proceedings of the 4th International Joint Conference on Autonomous Agents and Multiagent Systems*, pages 143–144. ACM, 2005. ISBN 1-59593-093-0. doi: 10.1145/1082473.1082823. URL https://doi.org/10.1145/1082473.1082823.

Aaron van den Oord, Sander Dieleman, Heiga Zen, Karen Simonyan, Oriol Vinyals, Alex Graves, Nal Kalchbrenner, Andrew Senior, and Koray Kavukcuoglu. Wavenet: A generative model for raw audio. *arXiv*, 2016. URL http://arxiv.org/abs/1609.03499.

Jan BF Van Erp and Alexander Toet. How to touch humans: Guidelines for social agents and robots that can touch. In *Humaine Association Conference on Affective Computing and Intelligent Interaction*, pages 780–785. IEEE, 2013. ISBN 978-0-7695-5048-0. doi: 10.1109/ACII.2013.145. URL https://doi.org/10.1109/ACII.2013.145.

Kurt VanLehn. The relative effectiveness of human tutoring, intelligent tutoring systems, and other tutoring systems. *Educational Psychologist*, 46(4):197–221, 2011. doi: 10.1080/00461520.2011.611369. URL https://doi.org/10.1080/00461520.2011.611369.

Gentiane Venture, Hideki Kadone, Tianxiang Zhang, Julie Grèzes, Alain Berthoz, and Halim Hicheur. Recognizing emotions conveyed by human gait. *International Journal of Social Robotics*, 6(4):621–632, 2014. doi: 10.1007/s12369-014-0243-1. URL https://doi.org/10.1007/s12369-014-0243-1.

Janet Vertesi. *Seeing like a rover: How robots, teams, and images craft knowledge of Mars.* University of Chicago Press, Chicago, IL, 2015. ISBN 978-0226155968. URL http://www.worldcat.org/oclc/904790036.

Gianmarco Veruggio, Fiorella Operto, and George Bekey. Roboethics: Social and ethical implications. In Bruno Siciliano and Oussama Khatib, editors, *Springer handbook of robotics*, pages 2135–2160. Springer, 2016. ISBN 978-3-319-32550-7. doi: 10.1007/978-3-319-32552-1. URL https://doi.org/10.1007/978-3-319-32552-1.

Walter G. Vincenti. *What engineers know and how they know it: Analytical studies from aeronautical history*. Johns Hopkins studies in the history of technology. Johns Hopkins University Press, Baltimore, MD, 1990. ISBN 0801839742. URL http://www.worldcat.org/oclc/877307767.

Anna-Lisa Vollmer, Robin Read, Dries Trippas, and Tony Belpaeme. Children conform, adults resist: A robot group induced peer pressure on normative social conformity. *Science Robotics*, 3(21):eaat7111, 2018. doi: 10.1126/scirobotics.aat7111. URL https://doi.org/10.1126/scirobotics.aat7111.

Karel Vredenburg, Ji-Ye Mao, Paul W Smith, and Tom Carey. A survey of user-centered design practice. In *Proceedings of the SIGCHI Conference on Human Factors in Computing Systems*, pages 471–478. ACM, 2002. ISBN 1-58113-453-3. doi: 10.1145/503376.503460. URL https://doi.org/10.1145/503376.503460.

Kazuyoshi Wada and Takanori Shibata. Living with seal robots—its sociopsychological and physiological influences on the elderly at a care house. *IEEE Transactions on Robotics*, 23(5):972–980, 2007. doi: 10.1109/TRO.2007.906261. URL https://doi.org/10.1109/TRO.2007.906261.

Jeffrey J. Walczyk, Karen S. Roper, Eric Seemann, and Angela M. Humphrey. Cognitive mechanisms underlying lying to questions: Response time as a cue to deception. *Applied Cognitive Psychology*, 17(7):755–774, 2003. doi: 10.1002/acp.914. URL https://doi.org/10.1002/acp.914.

Justin Walden, Eun Hwa Jung, S. Shyam Sundar, and Ariel Celeste Johnson. Mental models of robots among senior citizens: An interview study of interaction expectations and design implications. *Interaction Studies*, 16(1):68–88, 2015. doi: 10.1075/is.16.1.04wal. URL https://doi.org/10.1075/is.16.1.04wal.

Michael L. Walters, Kerstin Dautenhahn, René Te Boekhorst, Kheng Lee Koay, Christina Kaouri, Sarah Woods, Chrystopher Nehaniv, David Lee, and Iain Werry. The influence of subjects' personality traits on personal spatial zones in a human-robot interaction experiment. In *IEEE International Workshop on Robot and Human Interactive Communication*, pages 347–352. IEEE, 2005. ISBN 0-7803-9274-4. doi: 10.1109/ROMAN.2005.1513803. URL https://doi.org/10.1109/ROMAN.2005.1513803.

Michael L. Walters, Dag Sverre Syrdal, Kheng Lee Koay, Kerstin Dautenhahn, and R. Te Boekhorst. Human approach distances to a mechanical-looking robot with different robot voice styles. In *Robot and human interactive communication (RO-MAN)*, pages 707–712. IEEE, 2008. doi: 10.1109/ROMAN.2008.4600750. URL https://doi.org/10.1109/ROMAN.2008.4600750.

Michael L. Walters, Kerstin Dautenhahn, René Te Boekhorst, Kheng Lee Koay, Dag Sverre Syrdal, and Chrystopher L. Nehaniv. An empirical framework for human-robot proxemics. *Proceedings of New Frontiers in Human-Robot Interaction*, 2009. URL http://hdl.handle.net/2299/9670.

Lin Wang, Pei-Luen Patrick Rau, Vanessa Evers, Benjamin Krisper Robinson, and Pamela Hinds. When in Rome: The role of culture & context in adherence to robot recommendations. In *5th ACM/IEEE International Conference on Human-Robot Interaction*, pages 359–366, Piscataway, NJ, USA, 2010. IEEE. ISBN 978-1-4244-4893-7. doi: 10.1109/HRI.2010.5453165. URL https://doi.org/10.1109/HRI.2010.5453165.

Rebecca M. Warner, Daniel Malloy, Kathy Schneider, Russell Knoth, and Bruce Wilder. Rhythmic organization of social interaction and observer ratings of positive affect and involvement. *Journal of Nonverbal Behavior*, 11(2):57–74, 1987. doi: 10.1007/BF00990958. URL https://doi.org/10.1007/BF00990958.

Miki Watanabe, Kohei Ogawa, and Hiroshi Ishiguro. Can androids be salespeople in the real world? In *Proceedings of the 33rd Annual ACM Conference Extended Abstracts on Human Factors in Computing Systems*, pages 781–788, New York,

NY, 2015. ACM. ISBN 978-1-4503-3146-3. doi: 10.1145/2702613.2702967. URL https://doi.org/10.1145/2702613.2702967.

Adam Waytz, John Cacioppo, and Nicholas Epley. Who sees human? The stability and importance of individual differences in anthropomorphism. *Perspectives on Psychological Science*, 5(3):219–232, 2010. doi: 10.1177/1745691610369336. URL https://doi.org/10.1177/1745691610369336.

Blay Whitby. Sometimes it's hard to be a robot: A call for action on the ethics of abusing artificial agents. *Interacting with Computers*, 20(3):326–333, 2008. doi: 10.1016/j.intcom.2008.02.002. URL https://doi.org/10.1016/j.intcom.2008.02.002.

Andrew Whiten, Jane Goodall, William C. McGrew, Toshisada Nishida, Vernon Reynolds, Yukimaru Sugiyama, Caroline E. G. Tutin, Richard W. Wrangham, and Christophe Boesch. Cultures in chimpanzees. *Nature*, 399(6737):682–685, 1999. doi: 10.1038/21415. URL https://doi.org/10.1038/21415.

Christian J. A. M. Willemse, Gijs Huisman, Merel M. Jung, Jan B. F. van Erp, and Dirk K. J. Heylen. Observing touch from video: The influence of social cues on pleasantness perceptions. In *International Conference on Human Haptic Sensing and Touch Enabled Computer Applications*, pages 196–205. Springer, 2016. ISBN 978-3-319-42323-4. doi: 10.1007/978-3-319-42324-1_20. URL https://doi.org/10.1007/978-3-319-42324-1_20.

Kipling D. Williams. Ostracism. *Annual Review of Psychology*, 58:425–452, 2007. doi: 10.1146/annurev.psych.58.110405.085641. URL https://doi.org/10.1146/annurev.psych.58.110405.085641.

Lawrence E. Williams and John A. Bargh. Keeping one's distance: The influence of spatial distance cues on affect and evaluation. *Psychological Science*, 19(3):302–308, 2008. doi: 10.1111/j.1467-9280.2008.02084.x. URL https://doi.org/10.1111/j.1467-9280.2008.02084.x.

Tom Williams, Daria Thames, Julia Novakoff, and Matthias Scheutz. Thank you for sharing that interesting fact: Effects of capability and context on indirect speech act use in task-based human-robot dialogue. In *Proceedings of the ACM/IEEE International Conference on Human-Robot Interaction*, pages 298–306. ACM, 2018. ISBN 978-1-4503-4953-6. doi: 10.1145/3171221.3171246. URL https://doi.org/10.1145/3171221.3171246.

Paul Wills, Paul Baxter, James Kennedy, Emmanuel Senft, and Tony Belpaeme. Socially contingent humanoid robot head behaviour results in increased charity donations. In *The 11th ACM/IEEE International Conference on Human-Robot Interaction*, pages 533–534. IEEE, 2016. ISBN 978-1-4673-8370-7. doi: 10.1109/HRI.2016.7451842. URL https://doi.org/10.1109/HRI.2016.7451842.

Daniel H. Wilson. *How to survive a robot uprising: Tips on defending yourself against the coming rebellion.* Bloomsbury, New York, NY, 2005. ISBN 9781582345925. URL http://www.worldcat.org/oclc/1029483559.

Katie Winkle, Praminda Caleb-Solly, Ailie Turton, and Paul Bremner. Social robots for engagement in rehabilitative therapies: Design implications from a study with therapists. In *Proceedings of the ACM/IEEE International Conference on Human-Robot Interaction*, pages 289–297. ACM, 2018. ISBN 978-1-4503-4953-6. doi: 10.1145/3171221.3171273. URL https://doi.org/10.1145/3171221.3171273.

Ryan Wistort and Cynthia Breazeal. Tofu: A socially expressive robot character for child interaction. In *8th International Conference on Interaction Design and Children*, pages 292–293. ACM, 2009. ISBN 978-1-60558-395-2. doi: 10.1145/1551788.1551862. URL https://doi.org/10.1145/1551788.1551862.

Ricarda Wullenkord. *Messung und Veränderung von Einstellungen gegenüber Robotern-Untersuchung des Einflusses von imaginiertem Kontakt auf implizite und explizite Maße*. PhD thesis, University of Bielefeld, 2017. URL `https://pub.uni-bielefeld.de/publication/2913679`.

Ricarda Wullenkord, Marlena R. Fraune, Friederike Eyssel, and Selma Šabanović. Getting in touch: How imagined, actual, and physical contact affect evaluations of robots. In *25th IEEE International Symposium on Robot and Human Interactive Communication*, pages 980–985. IEEE, 2016. ISBN 978-1-5090-3930-2. doi: 10.1109/ROMAN.2016.7745228. URL `https://doi.org/10.1109/ROMAN.2016.7745228`.

Junchao Xu, Joost Broekens, Koen Hindriks, and Mark A. Neerincx. Robot mood is contagious: Effects of robot body language in the imitation game. In *International Conference on Autonomous Agents and Multi-Agent Systems*, pages 973–980. International Foundation for Autonomous Agents and Multiagent Systems, 2014. ISBN 978-1-4503-2738-1. URL `https://dl.acm.org/citation.cfm?id=2617401`.

Yuto Yamaji, Taisuke Miyake, Yuta Yoshiike, P. Ravindra S. De Silva, and Michio Okada. STB: Human-dependent sociable trash box. In *5th ACM/IEEE International Conference on Human-Robot Interaction*, pages 197–198. IEEE, 2010. ISBN 978-1-4244-4892-0. doi: 10.1109/HRI.2010.5453196. URL `https://doi.org/10.1109/HRI.2010.5453196`.

Fumitaka Yamaoka, Takayuki Kanda, Hiroshi Ishiguro, and Norihiro Hagita. "Life-like" behavior of communication robots based on developmental psychology findings. In *5th IEEE-RAS International Conference on Humanoid Robots*, pages 406–411, 2005. ISBN 0-7803-9320-1. doi: 10.1109/ICHR.2005.1573601. URL `https://doi.org/10.1109/ICHR.2005.1573601`.

Fumitaka Yamaoka, Takayuki Kanda, Hiroshi Ishiguro, and Norihiro Hagita. A model of proximity control for information-presenting robots. *IEEE Transactions on Robotics*, 26(1):187–195, 2010. doi: 10.1109/TRO.2009.2035747. URL `https://doi.org/10.1109/TRO.2009.2035747`.

Steve Yohanan and Karon E. MacLean. The role of affective touch in human-robot interaction: Human intent and expectations in touching the haptic creature. *International Journal of Social Robotics*, 4(2):163–180, 2012. doi: 10.1007/s12369-011-0126-7. URL `https://doi.org/10.1007/s12369-011-0126-7`.

James E. Young, JaYoung Sung, Amy Voida, Ehud Sharlin, Takeo Igarashi, Henrik I. Christensen, and Rebecca E. Grinter. Evaluating human-robot interaction. *International Journal of Social Robotics*, 3(1):53–67, 2011. doi: 10.1007/s12369-010-0081-8. URL `https://doi.org/10.1007/s12369-010-0081-8`.

Chen Yu and Linda B. Smith. Joint attention without gaze following: Human infants and their parents coordinate visual attention to objects through eye-hand coordination. *PloS One*, 8(11):e79659, 2013. doi: 10.1371/journal.pone.0079659. URL `https://doi.org/10.1371/journal.pone.0079659`.

Robert B. Zajonc. Attitudinal effects of mere exposure. *Journal of Personality and Social Psychology*, 9(2p2):1–27, 1968. doi: 10.1037/h0025848. URL `https://doi.org/10.1037/h0025848`.

Heiga Zen, Keiichi Tokuda, and Alan W. Black. Statistical parametric speech synthesis. *Speech Communication*, 51(11):1039–1064, 2009. doi: 10.1016/j.specom.2009.04.004. URL `https://doi.org/10.1016/j.specom.2009.04.004`.

Zhihong Zeng, Maja Pantic, Glenn I. Roisman, and Thomas S. Huang. A survey of affect recognition methods: Audio, visual, and spontaneous expressions. *IEEE Transactions on Pattern Analysis and Machine Intelligence*, 31(1):39–58, 2009. doi: 10.1109/TPAMI.2008.52. URL `https://doi.org/10.1109/TPAMI.2008.52`.

Jakub Zlotowski, Diane Proudfoot, Kumar Yogeeswaran, and Christoph Bartneck. Anthropomorphism: Opportunities and challenges in human-robot interaction. *International Journal of Social Robotics*, 7(3):347–360, 2015. doi: 10.1007/s12369-014-0267-6. URL `https://doi.org/10.1007/s12369-014-0267-6`.

Jakub Zlotowski, Kumar Yogeeswaran, and Christoph Bartneck. Can we control it? Autonomous robots are perceived as threatening. *International Journal of Human-Computer Studies*, 100(April 2017):48–54, 2017. doi: 10.1016/j.ijhcs.2016.12.008. URL `https://doi.org/10.1016/j.ijhcs.2016.12.008`.

推荐阅读

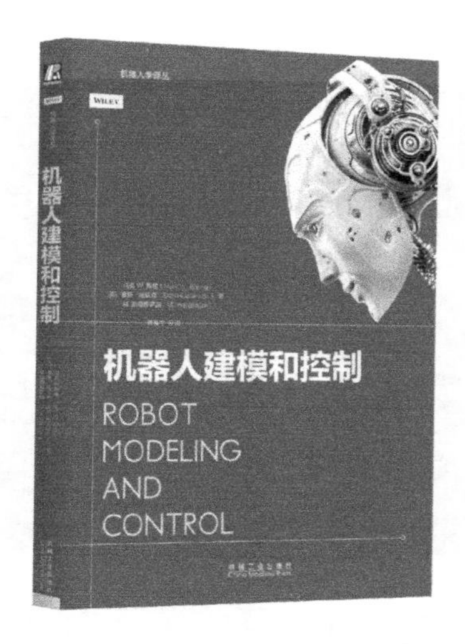

机器人建模和控制

作者：[美] 马克 · W. 斯庞（Mark W. Spong） 赛斯 · 哈钦森（Seth Hutchinson） M. 维德雅萨加（M. Vidyasagar）
译者：贾振中 徐静 付成龙 伊强 ISBN：978-7-111-54275-9 定价：79.00元

本书由Mark W. Spong、Seth Hutchinson和M. Vidyasagar三位机器人领域顶级专家联合编写，全面且深入地讲解了机器人的控制和力学原理。全书结构合理、推理严谨、语言精练，习题丰富，已被国外很多名校（包括伊利诺伊大学、约翰霍普金斯大学、密歇根大学、卡内基-梅隆大学、华盛顿大学、西北大学等）选作机器人方向的教材。

机器人操作中的力学原理

作者：[美]马修 · T. 梅森（Matthew T. Mason） 译者：贾振中 万伟伟
ISBN：978-7-111-58461-2 定价：59.00元

本书是机器人领域知名专家、卡内基梅隆大学机器人研究所所长梅森教授的经典教材，卡内基梅隆大学机器人研究所（CMU-RI）核心课程的指定教材。主要讲解机器人操作的力学原理，紧抓机器人操作中的核心问题——如何移动物体，而非如何移动机械臂，使用图形化方法对带有摩擦和接触的系统进行分析，深入理解基本原理。

推荐阅读

机器人学导论（原书第4版）

作者：[美] 约翰 J. 克雷格 ISBN：978-7-111-59031 定价：79.00元

现代机器人学：机构、规划与控制

作者：[美] 凯文 • M.林奇 等 ISBN：978-7-111-63984 定价：139.00元

自主移动机器人与多机器人系统：运动规划、通信和集群

作者：[以] 尤金 • 卡根 等 ISBN：978-7-111-68743 定价：99.00元

移动机器人学：数学基础、模型构建及实现方法

作者：[美] 阿朗佐 • 凯利 ISBN：978-7-111-63349 定价：159.00元

工业机器人系统及应用

作者：[美] 马克 • R. 米勒 等 ISBN：978-7-111-63141 定价：89.00元

ROS机器人编程：原理与应用

作者：[美] 怀亚特 • S. 纽曼 ISBN：978-7-111-63349 定价：199.00元